建筑与市政工程施工现场专业人员职业标准培训教材

安全员岗位知识与专业技能

（第2版）

建筑与市政工程施工现场专业人员职业标准培训教材编审委员会　编

主　编　范建伟

副主编　王　磊

主　审　刘青宜

黄河水利出版社

·郑州·

内容摘要

本书以《建筑与市政工程施工现场专业人员职业标准》和安全员考核评价大纲、专业规范为指导，结合教学实际进行编写，全面系统地介绍了与《建筑工程安全生产管理条例》相关的法律、法规、标准、施工管理规定和标准，施工现场安全管理，施工现场安全事故的防范、救援处理，文明施工，绿色管理以及施工，项目安全生产管理计划，安全施工方案和安全资料的管理。

本书是建筑与市政工程施工现场专业人员职业标准培训教材，也可供大中专院校、建筑施工企业安全管理人员和监理人员阅读参考。

图书在版编目(CIP)数据

安全员岗位知识与专业技能/范建伟主编;建筑与市政工程施工现场专业人员职业标准培训教材编审委员会编.—2版.—郑州:黄河水利出版社,2018.2

建筑与市政工程施工现场专业人员职业标准培训教材

ISBN 978-7-5509-1991-4

Ⅰ.①安… Ⅱ.①范… ②建… Ⅲ.①建筑工程-安全管理-职业培训-教材 Ⅳ.①TU714

中国版本图书馆 CIP 数据核字(2018)第 044735 号

出 版 社:黄河水利出版社　　网址:www.yrcp.com

地址:河南省郑州市顺河路黄委会综合楼 14 层　　邮政编码:450003

发行单位:黄河水利出版社

发行部电话:0371-66026940、66020550、66028024、66022620(传真)

E-mail:hhslcbs@126.com

承印单位:河南承创印务有限公司

开本:787 mm×1 092 mm　1/16

印张:15.5

字数:377 千字　　印数:1—3 000

版次:2018 年 2 月第 2 版　　印次:2018 年 2 月第 1 次印刷

定价:50.00 元

建筑与市政工程施工现场专业人员职业标准培训教材
编审委员会

序

为了加强建筑工程施工现场专业人员队伍的建设，规范专业人员的职业能力评价方法，指导专业人员的使用与教育培训，提高其职业素质、专业知识和专业技能水平，住房和城乡建设部颁布了《建筑与市政工程施工现场专业人员职业标准》(JGJ/T 250—2011)，并自2012年1月1日起颁布实施。我们根据《建筑与市政工程施工现场专业人员职业标准》(JGJ/T 250—2011)配套的考核评价大纲，组织建设类专业高等院校资深教授、一线教师，以及建筑施工企业的专家共同编写了《建筑与市政工程施工现场专业人员职业标准培训教材》，为2014年全面启动《建筑与市政工程施工现场专业人员职业标准》的贯彻实施工作奠定了一个坚实的基础。

本系列培训教材包括《建筑与市政工程施工现场专业人员职业标准》涉及的土建、装饰、市政、设备4个专业的施工员、质量员、安全员、材料员、资料员5个岗位的内容，教材内容覆盖了考核评价大纲中的各个知识点和能力点。我们在编写过程中始终紧扣《建筑与市政工程施工现场专业人员职业标准》(JGJ/T 250—2011)和考核评价大纲，坚持与施工现场专业人员的定位相结合、与现行的国家标准和行业标准相结合、与建设类职业院校的专业设置相结合、与当前建设行业关键岗位管理人员培训工作现状相结合，力求体现当前建筑与市政行业技术发展水平，注重科学性、针对性、实用性和创新性，避免内容偏深、偏难，理论知识以满足使用为度。对每个专业、岗位，根据其职业工作的需要，注意精选教学内容、优化知识结构，突出能力要求，对知识和技能经过归纳，编写了《通用与基础知识》和《岗位知识与专业技能》，其中施工员和质量员按专业分类，安全员、资料员和材料员为通用专业。本系列教材第一批编写完成19本，以后将根据住房和城乡建设部颁布的其他岗位职业标准和施工现场专业人员的工作需要进行补充完善。

本系列培训教材的使用对象为职业院校建设类相关专业的学生、相关岗位的在职人员和转入相关岗位的从业人员，既可作为建筑与市政工程现场施工人员的考试学习用书，也可供建筑与市政工程的从业人员自学使用，还可供建设类专业职业院校的相关专业师生参考。

本系列培训教材的编撰者大多为建设类专业高等院校、行业协会和施工企业的专家和教师，在此，谨向他们表示衷心的感谢。

在本系列培训教材的编写过程中，虽经反复推敲，仍难免有不妥甚至疏漏之处，恳请广大读者提出宝贵意见，以便再版时补充修改，使其在提升建筑与市政工程施工现场专业人员的素质和能力方面发挥更大的作用。

建筑与市政工程施工现场专业人员职业标准培训教材编审委员会

2013年9月

前　言

随着建筑业的发展，对建筑施工企业岗位人员的要求越来越高，为了满足施工现场安全管理的需求，在广泛征求意见的基础上，本书以新颁发的法律、法规、标准、规范为依据，体现科学性、适用性、系统性和可操作性特点，既注重了内容的全面性，又突出了重点，做到理论联系实际。

本书是依据行业岗位准入和安全员培训考试大纲编写而成的，可以作为建筑工程安全考试培训教材，也可供大中专院校、建筑施工企业安全管理人员和监理人员参考。

全书共包括九章，包括安全管理相关的管理规定和标准、施工安全技术标准知识、施工项目安全生产管理计划、施工现场安全管理、安全施工方案的内容和编制、施工现场安全事故的防范、安全事故救援处理、项目文明施工和绿色施工管理、安全资料管理。

本书由范建伟任主编。具体分工如下：第一、第四章由河南水利与环境职业学院范建伟编写，第二章第一～第四节由河南省第一建筑工程集团有限责任公司张斌、第五～第十节由黄河建工集团有限公司刘德庆编写，第三章由河南工程学院余兴华编写，第五章由河南元森建设工程监理有限公司孙宏伟编写，第六章由开封大学李军编写，第七章由河南开大工程管理有限公司郭效军编写，第八章由开封大学王磊编写，第九章由河南元森建设工程监理有限公司程丽粉编写。全书由范建伟统稿，由刘青宜主审。

本书在编写过程中参阅并吸收了大量的文献，在此对这些文献的作者表示深深的谢意，并对为本书付出辛勤劳动的编辑同志表示衷心的感谢！

由于编者水平有限，书中疏漏、错误之处在所难免，恳请使用本教材的师生和读者不吝指正。

作　者

2017 年 5 月

目　录

第一章　安全管理相关的管理规定和标准

【学习目标】

通过安全管理相关的管理规定的学习，了解施工现场领导带班制度、施工安全生产许可证管理，了解建筑工程安全防护、文明施工措施费用的规定，了解施工人员劳动保护用品的规定，了解重大隐患排查治理挂牌督办的规定；熟悉施工单位、项目经理部、总包单位、分包单位安全生产责任制，熟悉施工企业主要负责人、项目负责人、专职安全生产管理人员生产考核的规定，熟悉建筑起重机械安全监督管理的规定，熟悉施工作业人员安全生产权利和义务，熟悉安全技术措施、专项施工方案和安全技术交底的规定，熟悉高大模板支撑系统施工安全监督管理的规定，熟悉施工现场临时设施和封闭管理的规定，熟悉建筑施工消防安全的规定，熟悉施工生产安全事故应急救援预案的规定；掌握施工企业安全生产管理机构、专职安全生产管理人员配备及其职责规定，掌握建筑施工特种作业人员管理规定，掌握危险性较大的分部分项工程安全管理规定。

第一节　施工安全生产责任制

我国在1998年开始实施的《中华人民共和国建筑法》（简称《建筑法》）中就规定了有关部门和单位的安全生产责任。2004年开始实施的《建设工程安全生产管理条例》中对各级部门和建设工程有关单位的安全责任有了更为明确的规定。安全生产责任制度是施工单位最基本的安全管理制度，是施工单位安全生产的核心和中心。

一、施工单位、项目经理部、总包单位、分包单位安全生产责任制

（一）施工单位的安全生产责任

（1）施工单位从事建设工程的新建、扩建、改建和拆除等活动，应当根据本单位的注册资本、专业技术人员、技术装备和安全生产等条件，依法取得相应等级的资质证书，并在其资质等级许可的范围内承揽工程。

（2）施工单位主要负责人依法对本单位的安全生产工作全面负责。施工单位应当建立健全安全生产责任制度和安全生产教育培训制度，制定安全生产规章制度和操作规程，保证本单位安全生产条件所需资金的投入，对所承担的建设工程进行定期和专项安全检查，并做好安全检查记录。施工单位的项目负责人应当由取得相应职业资格的人员担任，对建设工程项目的安全施工负责，落实安全生产责任制度、安全生产规章制度和操作规程，确保安全生产费用的有效使用，并根据工程的特点制定安全施工措施，消除安全事故隐患，及时如实地报告生产安全事故。

（3）施工单位对列入建设工程概算的安全作业环境及安全施工措施所需费用，应当用于施工安全防护用具及设施的采购和更新、安全施工措施的落实、安全生产条件的改善，不得挪作他用。

(4)施工单位应当设立安全生产管理机构,配备专职安全生产管理人员。

专职安全生产管理人员负责对安全生产进行现场监督检查。发现安全事故隐患,应当及时向项目负责人和安全生产管理机构报告;对违章指挥、违章作业的,应当立即制止。专职安全生产管理人员的配备办法由国务院建设行政主管部门会同国务院其他有关部门制定。

(5)建设工程实行施工总承包的,由总承包单位对施工现场的安全生产负总责。

总承包单位应当自行完成建设工程主体结构的施工。

总承包单位依法将工程分包给其他单位的,分包合同中应当明确各自的安全生产方面的权利、义务。总承包单位和分包单位对分包工程的安全生产承担连带责任。分包单位应当服从总承包单位的安全生产管理,分包单位不服从管理导致生产安全事故的,由分包单位承担主要责任。

(6)垂直运输机械作业人员、安装拆卸工、爆破作业人员、起重信号工、登高架设作业人员等特种作业人员,必须按照国家有关规定经过专门的安全作业培训,并取得特种作业操作资格证书后,方可上岗作业。

(7)施工单位应当在施工组织设计中编制安全技术措施和施工现场临时用电方案,对下列达到一定规模的危险性较大的分部分项工程编制专项施工方案,并附具安全验算结果,经施工单位技术负责人、总监理工程师签字后实施,由专职安全生产管理人员进行现场监督。

①基坑支护与降水工程;

②土方开挖工程;

③模板工程;

④起重吊装工程;

⑤脚手架工程;

⑥拆除、爆破工程;

⑦国务院建设行政主管部门或者其他有关部门规定的其他危险性较大的工程。

对前款所列工程中涉及深基坑、地下暗挖工程、高大模板工程的专项施工方案,施工单位还应当组织专家进行论证、审查。

(8)建设工程施工前,施工单位负责项目管理的技术人员应当对有关安全施工的技术要求向施工作业班组、作业人员作出详细说明,并由双方签字确认。

(9)施工单位应当在施工现场入口处、施工起重机械、临时用电设施、脚手架、出入通道口、楼梯、电梯井口、孔洞口、桥梁口、隧道口、基坑边沿、爆破物及有害砌体和液体存放处等危险部位,设置明显的安全警示标志。安全警示标志必须符合国家标准。

施工单位应当根据不同施工阶段和周围环境及季节、气候的变化,在施工现场采取相应的安全施工措施。施工现场暂时停止施工的,施工单位应当做好现场防护,所需费用由责任方承担,或者按照合同约定执行。

(10)施工单位应当将施工现场的办公、生活区与作业区分开设置,并保持安全距离;办公、生活区的选址应当符合安全性要求。职工的膳食、饮食、休息场所等应当符合卫生标准。施工单位不得在尚未竣工的建筑物内设置员工集体宿舍。施工现场临时搭建的建筑物应当符合安全使用要求。施工现场使用的装配式活动房屋应当具有产品合格证。

(11)施工单位对建设工程施工可能造成损坏的毗邻建筑物、构筑物和地下管线等,应当采取专项防护措施。施工单位应当遵守有关环境保护法律、法规的规定,在施工现场采取措施,防止或者减少粉尘、废气、废水、固体废物、噪声、振动和施工照明对人体与环境的危害和污染。在城市市区的建设工程,施工单位应当对施工现场实行封闭围挡。

(12)施工单位应当在施工现场实施建立消防安全责任制度,确定消防安全责任人,制定用火、用电等各项消防安全管理制度和操作规程,设置消防通道、消防水源,配备消防设施和灭火器材,并在施工现场入口处设置明显标志。

(13)施工单位应当向作业人员提供安全防护用具和安全防护服装,并书面告知危险岗位的操作规程和违章操作的危害。作业人员有权对施工现场的作业条件、作业方式中存在的安全问题提出批评、检举和控告,有权拒绝违章指挥和强令作业。在施工中发生危及人身安全的紧急情况时,作业人员有权立即停止作业或者在采取必要的应急措施后撤离危险区域。

(14)作业人员应当遵守安全施工的强制性标准、规章制度和操作规程,正确使用安全防护用具、机械设备等。

(15)施工单位采购、租赁的安全防护用具、机械设备、施工机具及配件,应当具有生产(制造)许可证、产品合格证,并在进入施工现场前进行检验。施工现场的安全防护用具、机械设备、施工机具及配件必须有专人管理,定期进行检查、维修和保养,建立相应的资料档案,并按照国家有关规定及时报废。

(16)施工单位在使用起重机械和整体提升脚手架前,应当组织有关单位进行验收,也可以委托具有相应资质的检测机构进行验收;使用租赁的机械设备和施工机具及配件的,由施工总承包单位、分包单位、出租单位和安装单位共同进行验收。验收合格的方可使用。《特种设备安全监察条例》规定的施工起重机械,在验收前应当经有相应资质的检验检测机构监督检验合格。施工单位应当自施工起重机械和整体提升脚手架等设施验收合格30日内,向建设行政主管部门或者其他有关部门登记。登记标志应当放置于该设备的显著位置。

(17)施工单位的主要负责人、项目负责人、专项安全生产管理人员应取得建设行政主管部门或者其他有关部门考核合格证后方可任职。施工单位应当对管理人员和作业人员每年至少进行一次安全生产培训,其教育培训情况记入个人工作档案。安全生产教育培训考核不合格的人员,不得上岗。

(18)作业人员进入新的岗位或者新的施工现场前,应当接受生产教育培训,未经教育培训或者教育培训考核不合格的人员,不得施工。施工单位在采取新技术、新工艺、新设备、新材料时,应当对作业人员进行相应的安全生产教育培训。

(19)施工单位应当为施工现场从事危险作业的人员办理意外伤害保险。意外伤害保险费用由施工单位支付。实施施工总承包的,由总承包单位支付意外伤害保险费用。意外伤害保险期限自建设工程开工之日起至竣工验收合格止。

(二)项目经理部的安全生产责任

中华人民共和国国家标准《建设工程项目管理规范》(GB/T 50326—2006)规定项目经理部的安全生产责任制的内容如下。

1. 项目经理安全职责

项目经理应当由取得相应执业资格的人员担任,对建设工程项目的安全施工负责,其安全职责应包括：认真贯彻安全生产方针、政策、法规和各项规章制度，制定和执行安全生产管理办法，严格执行安全考核指标和安全生产奖惩办法，确保安全生产措施费用的有效使用，严格执行安全技术措施审批和施工安全技术措施交底制度；建设工程施工前，施工单位负责项目管理的技术人员应对有关安全施工的技术要求向施工作业班组、作业人员作出详细说明，并由双方签字确认。施工中定期组织安全生产检查和分析，针对可能产生的安全隐患制定相应的预防措施；当施工过程中发生安全事故时，项目经理必须及时、如实地按安全事故处理的有关规定和程序及时上报和处置，并制定防止同类事故再次发生的措施。

2. 施工单位安全员的安全职责

落实安全设施的设置，对安全生产进行现场监督检查，组织安全教育和全员安全活动，监督检查劳保用品的质量和正确使用。发现安全事故隐患，应当及时向项目负责人和安全生产管理机构报告，并配合有关部门排除安全隐患；对违章指挥、违章操作的，应当立即制止。

3. 班组长安全职责

认真执行安全生产规章制度及安全操作要求，合理安排班组人员工作，对本班组人员在生产中的安全和健康负责；经常组织班组人员认真学习安全操作规程，监督班组人员正确使用个人防护用品，不断提高组员的自保能力；认真落实施工员的安全交底，做好班前讲话，不违章指挥、冒险蛮干；经常检查班组作业现场安全生产状况，发现问题及时解决并上报有关领导；认真做好新工人的岗位教育；发生工伤事故及未遂事故，保护现场并立即上报生产指挥者。

4. 工人安全职责

认真学习、严格执行安全技术操作规程，模范遵守安全生产规章制度；积极参加安全活动，认真执行安全交底，不违章作业，服从安全人员的指导；发扬团结友爱精神，在安全生产方面做到互相帮助、互相监督，对新工人要积极传授安全生产知识，维护一切安全设施和护具，做到正确使用，不准拆改；对不安全作业要积极提出意见，并有权拒绝违章指令；发生伤亡和未遂事故，保护现场并立即上报。

（三）总包单位的安全生产责任

《建筑法》规定，施工现场安全由建筑施工企业负责。实行施工总承包的，由总承包单位负责。《建设工程安全生产管理条例》规定，总承包单位和分包单位对分包工程的安全生产承担连带责任。分包单位向总承包单位负责，服从总承包单位对施工现场的安全生产管理。因此，总包单位的安全生产责任如下：

（1）分包合同应当明确总分包双方的安全生产责任。

施工总承包单位与分包单位的安全生产责任，可以分为法定责任和约定责任两种表现形式。

（2）统一组织编制建设工程生产安全应急救援预案。

工程总承包单位和分包单位按照应急救援预案，各自建立应急救援组织或者配备应急救援人员，配备救援器材、设备，并定期组织演练。

（3）负责向有关部门上报生产安全事故。一旦发生施工安全事故，施工总承包单位应当依法担负起及时报告的义务。

（4）自行完成建设工程主体结构的施工。

（5）承担连带责任。

（四）分包单位的安全生产责任

分包单位应当服从总承包单位的安全生产管理，分包单位不服从管理导致生产安全事故的，由分包单位承担主要责任。

（五）法律责任

1. 违反本条例的规定，施工单位有下列行为之一的，责令限期改正；逾期未改正的，责令停业整顿，依照《中华人民共和国安全生产法》的有关规定处以罚款；造成重大安全事故，构成犯罪的，对直接责任人员，依照刑法有关规定追究刑事责任：

（1）未设立安全生产管理机构、配备专职安全生产管理人员或者分部分项工程施工时无专职安全生产管理人员现场监督的；

（2）施工单位的主要负责人、项目负责人、专职安全生产管理人员、作业人员或者特种作业人员，未经安全教育培训或者经考核不合格即从事相关工作的；

（3）未在施工现场的危险部位设置明显的安全警示标志，或者未按照国家有关规定在施工现场设置消防通道、消防水源、配备消防设施和灭火器材的；

（4）未向作业人员提供安全防护用具和安全防护服装的；

（5）未按照规定在施工起重机械和整体提升脚手架、模板等自升式架设设施验收合格后登记的；

（6）使用国家明令淘汰、禁止使用的危及施工安全的工艺、设备、材料的。

2. 违反本条例的规定，施工单位挪用列入建设工程概算的安全生产作业环境及安全施工措施所需费用的，责令限期改正，处挪用费用20%以上50%以下的罚款；造成损失的，依法承担赔偿责任。

3. 违反本条例的规定，施工单位有下列行为之一的，责令限期改正；逾期未改正的，责令停业整顿，并处5万元以上10万元以下的罚款；造成重大安全事故，构成犯罪的，对直接责任人员，依照刑法有关规定追究刑事责任：

（1）施工前未对有关安全施工的技术要求作出详细说明的；

（2）未根据不同施工阶段和周围环境及季节、气候的变化，在施工现场采取相应的安全施工措施，或者在城市市区内的建设工程的施工现场未实行封闭围挡的；

（3）在尚未竣工的建筑物内设置员工集体宿舍的；

（4）施工现场临时搭建的建筑物不符合安全使用要求的；

（5）未对因建设工程施工可能造成损害的毗邻建筑物、构筑物和地下管线等采取专项防护措施的。

施工单位有前款规定第（4）项、第（5）项行为，造成损失的，依法承担赔偿责任。

4. 违反本条例的规定，施工单位有下列行为之一的，责令限期改正；逾期未改正的，责令停业整顿，并处10万元以上30万元以下的罚款；情节严重的，降低资质等级，直至吊销资质证书；造成重大安全事故，构成犯罪的，对直接责任人员，依照刑法有关规定追究刑事责任；造成损失的，依法承担赔偿责任：

（1）安全防护用具、机械设备、施工机具及配件在进入施工现场前未经查验或者查验不合格即投入使用的；

(2)使用未经验收或者验收不合格的施工起重机械和整体提升脚手架、模板等自升式架设设施的；

(3)委托不具有相应资质的单位承担施工现场安装、拆卸施工起重机械和整体提升脚手架、模板等自升式架设设施的；

(4)在施工组织设计中未编制安全技术措施、施工现场临时用电方案或者专项施工方案的。

5. 违反本条例的规定，施工单位的主要负责人、项目负责人未履行安全生产管理职责的，责令限期改正；逾期未改正的，责令施工单位停业整顿；造成重大安全事故、重大伤亡事故或者其他严重后果，构成犯罪的，依照刑法有关规定追究刑事责任。作业人员不服管理、违反规章制度和操作规程冒险作业造成重大伤亡事故或者其他严重后果，构成犯罪的，依照刑法有关规定追究刑事责任。施工单位的主要负责人、项目负责人有前款违法行为，尚不够刑事处罚的，处 2 万元以上 20 万元以下的罚款或者按照管理权限给予撤职处分；自刑罚执行完毕或者受处分之日起，5 年内不得担任任何施工单位的主要负责人、项目负责人。

6. 施工单位取得资质证书后，降低安全生产条件的，责令限期改正；经整改仍未达到与其资质等级相适应的安全生产条件的，责令停业整顿，降低其资质等级直至吊销资质证书。

二、施工现场领导带班制度

为了进一步加强建筑施工现场质量安全管理工作，根据《建筑施工企业负责人及项目负责人施工现场带班暂行办法》（建质〔2011〕111 号）规定，建筑施工企业应当建立企业负责人及项目负责人施工现场带班制度，施工现场带班制度应明确其工作内容、职责权限和考核奖惩等要求，并严格考核。施工现场带班包括企业负责人带班检查和项目负责人带班生产。企业负责人带班检查是指由建筑施工企业负责人带队实施对工程项目质量安全生产状况及项目负责人带班生产情况的检查。项目负责人带班生产是指项目负责人在施工现场组织协调工程项目的质量安全生产活动。

（一）企业负责人施工现场带班制度

建筑施工企业负责人，是指企业的法定代表人、总经理、主管质量安全和生产工作的副总经理、总工程师和副总工程师。企业负责人施工现场带班制度要求如下：

(1)建筑施工企业法定代表人是落实企业负责人及项目负责人施工现场带班制度的第一责任人，对落实带班制度全面负责。

(2)建筑施工企业负责人要定期带班检查，每月检查时间不少于其工作日的 25%。

(3)建筑施工企业负责人带班检查时，应认真做好检查记录，并分别在企业和工程项目存档备查。

(4)工程项目进行超过一定规模的危险性较大的分部分项工程施工时，建筑施工企业负责人应到施工现场进行带班检查。对于有分公司（非独立法人）的企业集团，集团负责人因故不能到现场的，可书面委托工程所在地的分公司负责人对施工现场进行带班检查。

(5)工程项目出现险情或发现重大隐患时，建筑施工企业负责人应到施工现场带班检查，督促工程项目进行整改，及时消除险情和隐患。

（二）项目负责人施工现场带班制度

项目负责人，是指工程项目的项目经理。项目负责人施工现场带班制度要求如下：

（1）项目负责人是工程项目质量安全管理的第一责任人，应对工程项目落实带班制度负责。

（2）项目负责人在同一时期只能承担一个工程项目的管理工作。

（3）项目负责人带班生产时，要全面掌握工程项目质量安全生产状况，加强对重点部位、关键环节的控制，及时消除隐患。要认真做好带班生产记录并签字存档备查，项目负责人带班记录参照表见表1-1。

表1-1　项目负责人现场带班检查（生产）记录

建设单位：　　　　　　　　　　监理单位：

设计单位：　　　　　　　　　　施工单位：

工程名称		日期	
形象进度			
带班生产过程中发现及存在的问题：			
带班生产过程中发现及存在的问题处理情况：			

带班领导签字：

（4）项目负责人每月带班生产时间不得少于本月施工时间的80%。因其他事务需离开施工现场时，应向工程项目的建设单位请假，经批准后方可离开。离开期间应委托项目相关负责人负责其外出时的日常工作。

第二节　施工安全生产组织保障和安全生产许可

一、施工企业安全生产管理机构、专职安全生产管理人员配备及其职责

（一）施工企业安全生产管理机构及其职责

1. 安全生产管理机构

安全生产管理机构是指建筑施工企业及其在建设工程项目中设置的负责安全生产管理工作的独立职能部门。建筑施工企业所属的分公司、区域公司等较大的分支机构应当各自独立设置安全生产管理机构，负责本企业（分支机构）的安全生产管理工作。建筑施工企业及其所属分公司、区域公司等较大的分支机构必须在建设工程项目中设立安全生产管理机构。

2. 安全生产管理机构职责

建筑施工企业应当依法设置安全生产管理机构，在企业主要负责人的领导下开展本企业的安全生产管理工作。建筑施工企业安全生产管理机构具有以下职责：

（1）宣传和贯彻国家有关安全生产法律法规和标准；

（2）编制并适时更新安全生产管理制度并监督实施；

（3）组织或参与企业生产安全事故应急救援预案的编制及演练；

（4）组织开展安全教育培训与交流；

（5）协调配备项目专职安全生产管理人员；

（6）制订企业安全生产检查计划并组织实施；

（7）监督在建项目安全生产费用的使用；

（8）参与危险性较大工程安全专项施工方案专家论证会；

（9）通报在建项目违规违章查处情况；

（10）组织开展安全生产评优评先表彰工作；

（11）建立企业在建项目安全生产管理档案；

（12）考核评价分包企业安全生产业绩及项目安全生产管理情况；

（13）参加生产安全事故的调查和处理工作；

（14）企业明确的其他安全生产管理职责。

（二）专职安全生产管理人员的职责

专职安全生产管理人员是指经建设主管部门或者其他有关部门安全生产考核合格取得安全生产考核合格证书，并在建筑施工企业及其项目从事安全生产管理工作的专职人员，包括企业安全生产管理机构的负责人及其工作人员和施工现场专职安全生产管理人员。

1. 建筑施工企业安全生产管理机构专职安全生产管理人员在施工现场检查过程中具有以下职责：

（1）查阅在建项目安全生产有关资料、核实有关情况；

（2）检查危险性较大工程安全专项施工方案落实情况；

（3）监督项目专职安全生产管理人员履责情况；

（4）监督作业人员安全防护用品的配备及使用情况；

(5)对发现的安全生产违章违规行为或安全隐患,有权当场予以纠正或作出处理决定;

(6)对不符合安全生产条件的设施、设备、器材,有权当场作出查封的处理决定;

(7)对施工现场存在的重大安全隐患有权越级报告或直接向建设主管部门报告。

(8)企业明确的其他安全生产管理职责。

2. 建筑施工企业应当实行建设工程项目专职安全生产管理人员委派制度。建设工程项目的专职安全生产管理人员应当定期将项目安全生产管理情况报告企业安全生产管理机构。建筑施工企业应当在建设工程项目组建安全生产领导小组。建设工程实行施工总承包的,安全生产领导小组由总承包企业、专业承包企业和劳务分包企业项目经理、技术负责人和专职安全生产管理人员组成。

安全生产领导小组的主要职责:

(1)贯彻落实国家有关安全生产法律法规和标准;

(2)组织制定项目安全生产管理制度并监督实施;

(3)编制项目生产安全事故应急救援预案并组织演练;

(4)保证项目安全生产费用的有效使用;

(5)组织编制危险性较大工程安全专项施工方案;

(6)开展项目安全教育培训;

(7)组织实施项目安全检查和隐患排查;

(8)建立项目安全生产管理档案;

(9 及时、如实报告安全生产事故。

3. 项目专职安全生产管理人员具有以下主要职责:

(1)负责施工现场安全生产日常检查并做好检查记录;

(2)现场监督危险性较大工程安全专项施工方案实施情况;

(3)对作业人员违规违章行为有权予以纠正或查处;

(4)对施工现场存在的安全隐患有权责令立即整改;

(5)对于发现的重大安全隐患,有权向企业安全生产管理机构报告;

(6)依法报告生产安全事故情况。

(三)专职安全生产管理人员的配备

依据《建筑施工企业安全生产管理机构设置及专职安全生产管理人员配备办法》建质[2008]91 号文专职安全生产管理人员配备要求如下:

1. 总承包单位配备项目专职安全生产管理人员应当满足下列要求:

(1)建筑工程、装修工程按照建筑面积配备:

①1 万平方米以下的工程不少于 1 人;

②1 万 ~5 万平方米的工程不少于 2 人;

③5 万平方米及以上的工程不少于 3 人,且按专业配备专职安全生产管理人员。

(2)土木工程、线路管道、设备安装工程按照工程合同价配备:

①5 000 万元以下的工程不少于 1 人;

②5 000 万 ~1 亿元的工程不少于 2 人;

③1 亿元及以上的工程不少于 3 人,且按专业配备专职安全生产管理人员。

2. 分包单位配备项目专职安全生产管理人员应当满足下列要求:

(1)专业承包单位应当配置至少1人,并根据所承担的分部分项工程的工程量和施工危险程度增加。

(2)劳务分包单位施工人员在50人以下的,应当配备1名专职安全生产管理人员;50人~200人的,应当配备2名专职安全生产管理人员;200人及以上的,应当配备3名及以上专职安全生产管理人员,并根据所承担的分部分项工程施工危险实际情况增加,不得少于工程施工人员总人数的5‰。

3. 采用新技术、新工艺、新材料或致害因素多、施工作业难度大的工程项目,项目专职安全生产管理人员的数量应当根据施工实际情况增加。

4. 施工作业班组可以设置兼职安全巡查员,对本班组的作业场所进行安全监督检查。建筑施工企业应当定期对兼职安全巡查员进行安全教育培训。

5. 安全生产许可证颁发管理机关颁发安全生产许可证时,应当审查建筑施工企业安全生产管理机构设置及其专职安全生产管理人员的配备情况。

6. 建设主管部门核发施工许可证或者核准开工报告时,应当审查该工程项目专职安全生产管理人员的配备情况。

7. 建设主管部门应当监督检查建筑施工企业安全生产管理机构及其专职安全生产管理人员履责情况。

二、施工安全生产许可证管理

我国《行政许可法》规定:"直接涉及国家安全、公共安全、经济宏观调控、生态环境保护以及直接关系人身健康、生命财产安全等特定活动,需要按照法定条件予以批准的事项",可以设定行政许可。

《安全生产许可证条例》规定:国家对矿山企业、建筑施工企业和危险化学品、烟花爆竹、民用爆破器材生产企业实行安全生产许可制度。企业未取得安全生产许可证的,不得从事生产活动。

为了严格规范建筑施工企业安全生产条件,进一步加强安全生产监督管理,防止和减少生产安全事故,根据《安全生产许可证条例》、《建设工程安全生产管理条例》等有关行政法规,制定《建筑施工企业安全生产许可证管理规定》(中华人民共和国建设部令第128号)和《建筑施工企业安全生产许可证动态监管暂行办法》(建质〔2008〕121号)。

(一)安全生产许可证的申请条件

建筑施工企业取得安全生产许可证,应当具备下列安全生产条件:

(1)建立健全安全生产责任制,制定完备的安全生产规章制度和操作规程;

(2)保证本单位安全生产条件所需资金的投入;

(3)设置安全生产管理机构,按照国家有关规定配备专职安全生产管理人员;

(4)主要负责人、项目负责人、专职安全生产管理人员经建设主管部门或者其他有关部门考核合格;

(5)特种作业人员经有关业务主管部门考核合格,取得特种作业操作资格证书;

(6)管理人员和作业人员每年至少进行1次安全生产教育培训并考核合格;

(7)依法参加工伤保险,依法为施工现场从事危险作业的人员办理意外伤害保险,为从业人员缴纳保险费;

(8)施工现场的办公、生活区及作业场所的安全防护用具、机械设备、施工机具及配件符合有关安全生产法律、法规、标准和规程的要求；

(9)有职业危害防治措施，并对作业人员配备符合国家标准或者行业标准的安全防护用具和安全防护服装；

(10)有对危险性较大的分部分项工程及施工现场易发生重大事故的部位、环节的预防、监控措施和应对预案；

(11)有生产安全事故应急救援预案、应急救援组织或者应急救援人员，配备必要的应急救援器材、设备；

(12)法律、法规规定的其他条件。

(二)安全生产许可证的申请与颁发

建筑施工企业从事建筑施工活动前，应当依法申请领取安全生产许可证。中央管理的建筑施工企业(集团公司、总公司)向国务院建设主管部门申请领取安全生产许可证；其他建筑施工企业，包括中央管理的建筑施工企业下属的建筑施工企业，向企业所在地省、自治区、直辖市人民政府建设主管部门申请领取安全生产许可证。建设主管部门应当自受理建筑施工企业的申请之日起45日内审查完毕；经审查符合安全生产条件的，颁发安全生产许可证；不符合安全生产条件的，不予颁发安全生产许可证，书面通知企业并说明理由。企业自接到通知之日起应当进行整改，整改合格后方可再次提出申请。

建筑施工企业申请安全生产许可证时，应当向建设主管部门提供下列材料：

(1)建筑施工企业安全生产许可证申请表；

(2)企业法人营业执照；

(3)与申请安全生产许可证应当具备的安全生产条件相关的文件、材料。

建筑施工企业申请安全生产许可证，应当对申请材料实质内容的真实性负责，不得隐瞒有关情况或者提供虚假材料。

(三)安全生产许可证的有效期

(1)安全生产许可证有效期3年。需要延期的，企业于期满前3个月向原颁发管理机关办理延期手续。在有效期内，严格遵守有关安全生产的法律法规，未发生死亡事故的，有效期届满时，经原颁发管理机关同意，不再审查，有效期延期3年。

(2)企业变更名称、地址、法人代表等，应当在变更后10日内，到原颁发管理机关办理变更手续。

(3)企业破产、倒闭、撤销的，应当将安全生产许可证交回原颁发管理机关予以注销。

(4)企业遗失安全生产许可证，应当向原颁发管理机关报告，并在公众媒体上声明作废后，方可申请补办。

(四)安全生产许可证的监督管理

县级以上人民政府建设主管部门应当加强对建筑施工企业安全生产许可证的监督管理。建设主管部门在审核发放施工许可证时，应当对已经确定的建筑施工企业是否有安全生产许可证进行审查，对没有取得安全生产许可证的，不得颁发施工许可证。

建筑施工企业取得安全生产许可证后，不得降低安全生产条件，并应当加强日常安全生产管理，接受建设主管部门的监督检查。安全生产许可证颁发管理机关发现企业不再具备安全生产条件的，应当暂扣或者吊销安全生产许可证。

安全生产许可证颁发管理机关或者其上级行政机关发现有下列情形之一的，可以撤销已经颁发的安全生产许可证：

(1)安全生产许可证颁发管理机关工作人员滥用职权、玩忽职守颁发安全生产许可证的；

(2)超越法定职权颁发安全生产许可证的；

(3)违反法定程序颁发安全生产许可证的；

(4)对不具备安全生产条件的建筑施工企业颁发安全生产许可证的；

(5)依法可以撤销已经颁发的安全生产许可证的其他情形。

依照前款规定撤销安全生产许可证，建筑施工企业的合法权益受到损害的，建设主管部门应当依法给予赔偿。

(五)法律责任

1. 颁证机关工作人员违法行为应承担的法律责任

安全生产许可证颁证机关工作人员有下列行为之一的，给予降级或者撤职的行政处分；构成犯罪的，依法追究刑事责任：

(1)向不符合本条例规定的安全生产条件的企业颁发安全生产许可证的；

(2)发现企业未取得安全生产许可证擅自从事生产活动，不依法处理的；

(3)发现取得安全生产许可证的企业不再具备本条例规定的安全生产条件时，不依法处理的；

(4)接到对违反本条例规定行为的举报后，不及时处理的；

(5)在安全生产许可证颁发、管理和监督检查工作中，索取或者接受企业的财务，或者谋取其他利益的。

2. 未取得安全生产许可证擅自从事施工活动应承担的法律责任

《建筑施工企业安全生产许可证管理规定》规定，建筑施工企业未取得安全生产许可证擅自进行施工活动的，责令其在建项目停止施工，没收违法所得，并处10万元以上50万元以下的罚款；造成重大事故或者其他严重后果，构成犯罪的，依法追究刑事责任。

3. 安全生产许可证有效期满未办理延期手续继续从事施工活动应承担的法律责任

《建筑施工企业安全生产许可证管理规定》进一步规定，安全生产许可证有效期满未办理延期手续，继续从事建筑施工活动的，责令其在建项目停止施工，限期补办延期手续，没收违法所得，并处5万元以上10万元以下的罚款；逾期仍不办理延期手续，继续从事建筑施工活动的，依照未取得安全生产许可证擅自进行生产的规定处罚。

4. 转让安全生产许可证等应承担的法律责任

《建筑施工企业安全生产许可证管理规定》规定，建筑施工企业转让安全生产许可证的，没收违法所得，并处10万元以上50万元以下的罚款，并吊销其安全生产许可证；构成犯罪的，依法追究刑事责任；接受转让的，依照未取得安全生产许可证擅自进行生产的规定处罚。冒用安全生产许可证或者使用伪造的安全生产许可证的，依照未取得安全生产许可证擅自进行生产的规定处罚。

5. 以不正当手段取得安全生产许可证应承担的法律责任

(1)建筑施工企业隐瞒有关情况或者提供虚假材料申请安全生产许可证的，不予受理或者不予颁发安全生产许可证，并给予警告，1年内不得申请安全生产许可证。

(2)建筑施工企业以欺骗、贿赂等不正当手段取得安全生产许可证的，撤销安全生产许可证，3年内不得再次申请安全生产许可证；构成犯罪的，依法追究刑事责任。

6. 暂扣安全生产许可证并限期整改的规定

《建筑施工企业安全生产许可证管理规定》中规定，取得安全生产许可证的建筑施工企业，发生重大安全事故的，暂扣安全生产许可证并限期整改。建筑施工企业不再具备安全生产条件的，暂扣安全生产许可证并限期整改；情节严重的，吊销安全生产许可证。

（六）动态监管

(1)建设单位或其委托的工程招标代理机构在编制资格预审文件和招标文件时，应当明确要求建筑施工企业提供安全生产许可证，以及企业主要负责人、拟担任该项目负责人和专职安全生产管理人员（以下简称“三类人员”）相应的安全生产考核合格证书。

(2)建设主管部门在审核发放施工许可证时，应当对已经确定的建筑施工企业是否具有安全生产许可证以及安全生产许可证是否处于暂扣期内进行审查，对未取得安全生产许可证及安全生产许可证处于暂扣期内的，不得颁发施工许可证。

(3)建设工程实行施工总承包的，建筑施工总承包企业应当依法将工程分包给具有安全生产许可证的专业承包企业或劳务分包企业，并加强对分包企业安全生产条件的监督检查。

(4)工程监理单位应当查验承建工程的施工企业安全生产许可证和有关“三类人员”安全生产考核合格证书持证情况，发现其持证情况不符合规定的或施工现场降低安全生产条件的，应当要求其立即整改。施工企业拒不整改的，工程监理单位应当向建设单位报告。建设单位接到工程监理单位报告后，应当责令施工企业立即整改。

(5)建筑施工企业应当加强对本企业和承建工程安全生产条件的日常动态检查，发现不符合法定安全生产条件的，应当立即进行整改，并做好自查和整改记录。

(6)建筑施工企业在“三类人员”配备、安全生产管理机构设置及其他法定安全生产条件发生变化以及因施工资质升级、增项而使得安全生产条件发生变化时，应当向安全生产许可证颁发管理机关（以下简称颁发管理机关）和当地建设主管部门报告。

(7)颁发管理机关应当建立建筑施工企业安全生产条件的动态监督检查制度，并将安全生产管理薄弱、事故频发的企业作为监督检查的重点。

(8)颁发管理机关根据监管情况、群众举报投诉和企业安全生产条件变化报告，对相关建筑施工企业及其承建工程项目的安全生产条件进行核查，发现企业降低安全生产条件的，应当视其安全生产条件降低情况对其依法实施暂扣或吊销安全生产许可证的处罚。

(9)市、县级人民政府建设主管部门或其委托的建筑安全监督机构在日常安全生产监督检查中，应当查验承建工程施工企业的安全生产许可证。发现企业降低施工现场安全生产条件的或存在事故隐患的，应立即提出整改要求；情节严重的，应责令工程项目停止施工并限期整改。

(10)依据《建筑施工企业安全生产许可证动态监管暂行办法》第九条责令停止施工符合下列情形之一的，市、县级人民政府建设主管部门应当于作出最后一次停止施工决定之日起15日内以书面形式向颁发管理机关（县级人民政府建设主管部门同时抄报设区市级人民政府建设主管部门；工程承建企业跨省施工的，通过省级人民政府建设主管部门抄告）提出暂扣企业安全生产许可证的建议，并附具企业及有关工程项目违法违规事实和证明安全生产条件降低的相关询问笔录或其他证据材料。

①在12个月内，同一企业同一项目被两次责令停止施工的；

②在12个月内，同一企业在同一市、县内三个项目被责令停止施工的；

③施工企业承建工程经责令停止施工后，整改仍达不到要求或拒不停工整改的。

(11)颁发管理机关接到《建筑施工企业安全生产许可证动态监管暂行办法》第十条规定的暂扣安全生产许可证建议后，应当于5个工作日内立案，并根据情节轻重依法给予企业暂扣安全生产许可证30日至60日的处罚。

(12)工程项目发生一般及以上生产安全事故的，工程所在地市、县级人民政府建设主管部门应当立即按照事故报告要求向本地区颁发管理机关报告。

工程承建企业跨省施工的，工程所在地省级建设主管部门应当在事故发生之日起15日内将事故基本情况书面通报颁发管理机关，同时附具企业及有关项目违法违规事实和证明安全生产条件降低的相关询问笔录或其他证据材料。

(13)颁发管理机关接到《建筑施工企业安全生产许可证动态监管暂行办法》第十二条规定的报告或通报后，应立即组织对相关建筑施工企业(含施工总承包企业和与发生事故直接相关的分包企业)安全生产条件进行复核，并于接到报告或通报之日起20日内复核完毕。颁发管理机关复核施工企业及其工程项目安全生产条件，可以直接复核或委托工程所在地建设主管部门复核。被委托的建设主管部门应严格按照法规规章和相关标准进行复核，并及时向颁发管理机关反馈复核结果。

(14)依据《建筑施工企业安全生产许可证动态监管暂行办法》第十三条进行复核，对企业降低安全生产条件的，颁发管理机关应当依法给予企业暂扣安全生产许可证的处罚；属情节特别严重的或者发生特别重大事故的，依法吊销安全生产许可证。

暂扣安全生产许可证处罚视事故发生级别和安全生产条件降低情况，按下列标准执行：

①发生一般事故的，暂扣安全生产许可证30至60日。

②发生较大事故的，暂扣安全生产许可证60至90日。

③发生重大事故的，暂扣安全生产许可证90至120日。

(15)建筑施工企业在12个月内第二次发生生产安全事故的，视事故级别和安全生产条件降低情况，分别按下列标准进行处罚：

①发生一般事故的，暂扣时限为在上一次暂扣时限的基础上再增加30日。

②发生较大事故的，暂扣时限为在上一次暂扣时限的基础上再增加60日。

③发生重大事故的，或按上述①、②处罚暂扣时限超过120日的，吊销安全生产许可证。

12个月内同一企业连续发生三次生产安全事故的，吊销安全生产许可证。

(16)建筑施工企业瞒报、谎报、迟报或漏报事故的，在《建筑施工企业安全生产许可证动态监管暂行办法》第十四条、第十五条处罚的基础上，再处延长暂扣期30日至60日的处罚。暂扣时限超过120日的，吊销安全生产许可证。

(17)建筑施工企业在安全生产许可证暂扣期内，拒不整改的，吊销其安全生产许可证。

(18)建筑施工企业安全生产许可证被暂扣期间，企业在全国范围内不得承揽新的工程项目。发生问题或事故的工程项目停工整改，经工程所在地有关建设主管部门核查合格后方可继续施工。

(19)建筑施工企业安全生产许可证被吊销后，自吊销决定作出之日起一年内不得重新申请安全生产许可证。

(20)建筑施工企业安全生产许可证暂扣期满前 10 个工作日,企业需向颁发管理机关提出发还安全生产许可证申请。颁发管理机关接到申请后,应当对被暂扣企业安全生产条件进行复查,复查合格的,应当在暂扣期满时发还安全生产许可证;复查不合格的,增加暂扣期限直至吊销安全生产许可证。

(21)颁发管理机关应建立建筑施工企业安全生产许可动态监管激励制度。对于安全生产工作成效显著、连续三年及以上未被暂扣安全生产许可证的企业,在评选各级各类安全生产先进集体和个人、文明工地、优质工程等时可以优先考虑,并可根据本地实际情况在监督管理时采取有关优惠政策措施。

(22)颁发管理机关应将建筑施工企业安全生产许可证审批、延期、暂扣、吊销情况,于作出有关行政决定之日起 5 个工作日内录入全国建筑施工企业安全生产许可证管理信息系统,并对录入信息的真实性和准确性负责。

三、施工企业主要负责人、项目负责人、专职安全生产管理人员生产考核的规定

为贯彻落实《安全生产法》、《建设工程安全生产管理条例》和《安全生产许可证条例》,提高建筑施工企业主要负责人、项目负责人和专职安全生产管理人员(以下简称建筑施工企业管理人员)安全生产知识水平和管理能力,保证建筑施工安全生产,依据《建筑施工企业主要负责人、项目负责人和专职安全生产管理人员安全生产考核管理暂行规定》(建质〔2004〕59 号),在中华人民共和国境内从事建设工程施工活动的建筑施工企业管理人员以及实施对建筑施工企业管理人员进行安全生产考核管理。

(一)建筑施工企业管理人员

建筑施工企业管理人员必须经建设行政主管部门或者其他有关部门安全生产考核,考核合格取得安全生产考核合格证书后,方可担任相应职务。建筑施工企业管理人员包括建筑施工企业主要负责人、建筑施工企业项目负责人和建筑施工企业专职安全生产管理人员。

(1)建筑施工企业主要负责人,是指对本企业日常生产经营活动和安全生产工作全面负责、有生产经营决策权的人员,包括企业法定代表人、经理、企业分管安全生产工作的副经理等。

(2)建筑施工企业项目负责人,是指由企业法定代表人授权,负责建设工程项目管理的负责人等。

(3)建筑施工企业专职安全生产管理人员,是指在企业专职从事安全生产管理工作的人员,包括企业安全生产管理机构的负责人及其工作人员和施工现场专职安全生产管理人员。

(二)建筑施工企业管理人员生产考核要求

(1)建筑施工企业管理人员应当具备相应文化程度、专业技术职称和一定安全生产工作经历,并经企业年度安全生产教育培训合格后,方可参加建设行政主管部门组织的安全生产考核。

(2)建筑施工企业管理人员安全生产考核内容包括安全生产知识和管理能力。安全生产考核合格的,由建设行政主管部门在 20 日内核发建筑施工企业管理人员安全生产考核合格证书;对不合格的,应通知本人并说明理由,限期重新考核。

(3)建筑施工企业管理人员变更姓名和所在法人单位等的,应在一个月内到原安全生产考核合格证书发证机关办理变更手续。

(4)建筑施工企业管理人员遗失安全生产考核合格证书,应在公共媒体上声明作废,并在一个月内到原安全生产考核合格证书发证机关办理补证手续。

(5)建筑施工企业管理人员安全生产考核合格证书有效期为三年。有效期满需要延期的,应当于期满前3个月内向原发证机关申请办理延期手续。建筑施工企业管理人员在安全生产考核合格证书有效期内,严格遵守安全生产法律法规,认真履行安全生产职责,按规定接受企业年度安全生产教育培训,未发生死亡事故的,安全生产考核合格证书有效期届满时,经原安全生产考核合格证书发证机关同意,不再考核,安全生产考核合格证书有效期延期3年。

四、建筑施工特种作业人员管理规定

依据《建筑施工特种作业人员管理规定》(建质〔2008〕75号),建筑施工特种作业人员必须经建设主管部门考核合格,取得建筑施工特种作业人员操作资格证书(以下简称"资格证书"),方可上岗从事相应作业。

(一)特种作业

建筑施工特种作业人员是指在房屋建筑和市政工程施工活动中,从事可能对本人、他人及周围设备设施的安全造成重大危害作业的人员。

1. 建筑施工特种作业人员

(1)建筑电工;

(2)建筑架子工;

(3)建筑起重信号司索工;

(4)建筑起重机械司机;

(5)建筑起重机械安装拆卸工;

(6)高处作业吊篮安装拆卸工;

(7)经省级以上人民政府建设主管部门认定的其他特种作业人员。

2. 建筑施工特种作业人员申请基本条件

(1)年满18周岁且符合相关工种规定的年龄要求;

(2)经医院体检合格且无妨碍从事相应特种作业的疾病和生理缺陷;

(3)初中及以上学历;

(4)符合相应特种作业需要的其他条件。

(二)考核、发证、延期复核

1. 考核、发证

(1)建筑施工特种作业人员的考核大纲由国务院建设主管部门制定。考核内容应当包括安全技术理论和实际操作。

(2)符合规定的人员应当向本人户籍所在地或者从业所在地考核发证机关提出申请,并提交相关证明材料。考核发证机关应当自收到申请人提交的申请材料之日起5个工作日内依法作出受理或者不予受理决定。对于受理的申请,考核发证机关应当及时向申请人核发准考证。

(3)考核发证机关应当自考核结束之日起10个工作日内公布考核成绩。考核发证机关对于考核合格的,应当自考核结果公布之日起10个工作日内颁发资格证书;对于考核不合格的,应当通知申请人并说明理由。

(4)资格证书应当采用国务院建设主管部门规定的统一样式,由考核发证机关编号后签发。资格证书在全国通用。

2. 延期复核

资格证书有效期为两年。

有效期满需要延期的,建筑施工特种作业人员应当于期满前3个月内向原考核发证机关申请办理延期复核手续。延期复核合格的,资格证书有效期延期2年。

建筑施工特种作业人员申请延期复核应当提交下列材料:

(1)身份证(原件和复印件);

(2)体检合格证明;

(3)年度安全教育培训证明或者继续教育证明;

(4)用人单位出具的特种作业人员管理档案记录;

(5)考核发证机关规定提交的其他资料。

建筑施工特种作业人员在资格证书有效期内,有下列情形之一的,延期复核结果为不合格:

(1)超过相关工种规定年龄要求的;

(2)身体健康状况不再适应相应特种作业岗位的;

(3)对生产安全事故负有责任的;

(4)2年内违章操作记录达3次(含3次)以上的;

(5)未按规定参加年度安全教育培训或者继续教育的。

考核发证机关在收到建筑施工特种作业人员提交的延期复核资料后,不符合延期规定的自收到延期复核资料之日起5个工作日内作出不予延期决定,并说明理由;符合延期规定的自受理之日起10个工作日内办理准予延期复核手续,并在证书上注明延期复核合格,并加盖延期复核专用章。考核发证机关应当在资格证书有效期满前作出是否同意延期决定,逾期未作出决定的,视为延期复核合格。

3. 从业

(1)持有资格证书的人员,应当受聘于建筑施工企业或者建筑起重机械出租单位(以下简称用人单位),方可从事相应的特种作业。用人单位对于首次取得资格证书的人员,应当在其正式上岗前安排不少于3个月的实习操作。

(2)建筑施工特种作业人员应当严格按照安全技术标准、规范和规程进行作业,正确佩戴和使用安全防护用品,并按规定对作业工具和设备进行维护保养。建筑施工特种作业人员应当参加年度安全教育培训或者继续教育,每年不得少于24 h。

(3)在施工中发生危及人身安全的紧急情况时,建筑施工特种作业人员有权立即停止作业或者撤离危险区域,并向施工现场专职安全生产管理人员和项目负责人报告。

第三节　施工现场安全生产的管理规定

一、施工作业人员安全生产权利和义务

（一）施工作业人员应当享有的安全生产权利

1. 知情权

有权了解其作业场所和工伤岗位的危险因素、防范措施和事故应急措施。

2. 建议权

有权对本单位的安全生产管理工作提出建议。

《安全生产法》第四十五条规定，生产经营单位的从业人员有权了解其作业场所和工作岗位存在的危险因素、防范措施及事故应急措施，有权对本单位的安全生产工作提出建议。

《建设工程安全生产管理条例》第三十二条规定，施工单位应当向作业人员提供安全防护用品和安全防护服装，并书面告知危险岗位的操作规程和违章操作的危害。

3. 批评权和检举、控告权

有权对本单位的安全生产管理工作中存在的问题提出批评、检举、控告。

4. 拒绝权

有权拒绝违章作业指挥和冒险作业。

《安全生产法》第四十六条规定，从业人员有权对本单位安全生产工作中存在的问题提出批评、检举、控告；有权拒绝违章指挥和强令冒险作业。生产经营单位不得因从业人员对本单位安全生产工作提出批评、检举、控告或者拒绝违章指挥、强令冒险作业而降低其工资、福利等待遇或者解除与其订立的劳动合同。

5. 紧急避险权

发现直接危及人身安全的紧急情况时，有权停止作业或者在采取可能的应急措施后撤离作业场所。《安全生产法》第四十七条规定，从业人员发现直接危及人身安全的紧急情况时，有权停止作业或者在采取可能的应急措施后撤离作业场所。生产经营单位不得因从业人员在前款紧急情况下停止作业或者采取紧急撤离措施而降低其工资、福利等待遇或者解除与其订立的劳动合同。

6. 获得工伤保险权

有权获得本单位为其办理工伤保险。

《安全生产法》第四十四条规定，生产经营单位与从业人员订立的劳动合同，应当载明有关保障从业人员劳动安全、防止职业危害的事项，以及依法为从业人员办理工伤社会保险的事项。生产经营单位不得以任何形式与从业人员订立协议，免除或者减轻其对从业人员因生产安全事故伤亡依法应承担的责任。

《建设工程安全生产管理条例》第三十八条规定，施工单位应当为施工现场人事危险作业的人员办理意外伤害保险。

7. 要求赔偿权

因生产安全事故受到损害时，有权向本单位提出赔偿要求。

《安全生产法》第四十八条规定，因生产安全事故受到损害的从业人员，除依法享有工

伤社会保险外，依照有关民事法律尚有获得赔偿的权利的，有权向本单位提出赔偿要求。

8. 劳动保护权

有权获得符合国家标准或者行业标准的劳动防护用品。

《建筑法》第四十七条规定，作业人员有权对影响人身健康的作业程序和作业条件提出改进意见，有权获得安全生产所需的防护用品。

《安全生产法》第三十七条规定，生产经营单位必须为从业人员提供符合国家标准或者行业标准的劳动防护，并监督、教育从业人员按照使用规则佩戴、使用。

（二）施工作业人员应当履行的安全生产义务

1. 自觉遵守的义务

从业人员在作业过程中，应当遵守本单位的安全生产规章制度和操作规程，服从管理，正确佩戴和使用劳动防护用品。

《安全生产法》第四十九条规定，从业人员在作业过程中，应当严格遵守本单位的安全生产规章制度和操作规程，服从管理，正确佩戴和使用劳动防护用品。

2. 自觉学习安全生产知识的义务

要求从业人员掌握本职工作所需的安全生产知识，提高安全生产技能，增强事故预防和应急处理能力。

《安全生产法》第五十条规定，从业人员应当接受安全生产教育和培训，掌握本职工作所需的安全生产知识，提高安全生产技能，增强事故预防和应急处理能力。

《建设工程安全生产管理条例》第三十七条规定，作业人员进入新的岗位或者新的施工现场前，应当接受安全生产教育培训。未经教育培训或者教育培训考核不合格的人员，不得上岗作业。

3. 危险报告义务

从业人员发现事故隐患或者其他不安全因素时，应当立即向现场安全生产管理人员或者本单位负责人报告。

《安全生产法》第五十一条规定，从业人员发现事故隐患或者其他不安全因素，应当立即向现场安全生产管理人员或者本单位负责人报告；接到报告的人员应当及时予以处理。

4. 参加应急抢险的义务

施工作业人员有参加应急抢险的义务。

（三）从业人员的法律责任

(1)《安全生产法》第九十条规定，员工如不服从管理，违反安全生产规章制度或者操作规程的，由公司给予批评教育，依照有关规章制度给予处分；造成重大事故，构成犯罪的，依照刑法有关规定追究刑事责任。

(2)《建设工程安全生产管理条例》第五十八条规定，注册执业人员未执行法律、法规和工程建设强制性标准的，责令停止执业 3 个月以上 1 年以下；情节严重的，吊销执业资格证书，5 年内不予注册；造成重大安全事故的，终身不予注册；构成犯罪的，依照刑法有关规定追究刑事责任。

(3)《建设工程安全生产管理条例》第六十二条规定，违反本条例的规定，施工单位的主要负责人、项目负责人、专职安全生产管理人员、作业人员或者特种作业人员，未经安全教育培训或者经考核不合格即从事相关工作的，责令限期改正；逾期未改正的，责令停业整顿，依照《安全生产法》的有关规定处以罚款;造成重大安全事故,构成犯罪的,对直接责任人员,依照刑法有关规定追究刑事责任。

(4)《建设工程安全生产管理条例》第六十六条规定,作业人员不服管理、违反规章制度和操作规程冒险作业造成重大伤亡事故或者其他严重后果,构成犯罪的,依照刑法有关规定追究刑事责任。

(5)《刑法》第一百三十四条规定,在生产、作业中违反有关安全管理的规定,因而发生重大伤亡事故或者造成其他严重后果的,处三年以下有期徒刑或者拘役;情节特别恶劣的,处三年以上七年以下有期徒刑。强令他人违章冒险作业,因而发生重大伤亡事故或者造成其他严重后果的,处五年以下有期徒刑或者拘役;情节特别恶劣的,处五年以上有期徒刑。

(6)《刑法》第一百三十五条规定,安全生产设施或者安全生产条件不符合国家规定,因而发生重大伤亡事故或者造成其他严重后果的,对直接负责的主管人员和其他直接责任人员,处三年以下有期徒刑或者拘役;情节特别恶劣的,处三年以上七年以下有期徒刑。

(7)《刑法》第一百三十九条规定,违反消防管理法规,经消防监督机构通知采取改正措施而拒绝执行,造成严重后果的,对直接责任人员,处三年以下有期徒刑或者拘役;后果特别严重的,处三年以上七年以下有期徒刑。

二、安全技术措施、专项施工方案和安全技术交底的规定

依据《建筑施工企业安全生产管理规范》(GB 50656—2011),建筑施工企业安全技术管理应包括危险源识别,安全技术措施和专项方案的编制、审核、交底、过程监督、验收、检查、改进等工作内容。

(1)建筑施工企业各管理层的技术负责人应对管理范围内的安全技术工作负责。

(2)建筑施工企业应当在施工组织设计中编制安全技术措施和施工现场临时用电方案;对危险性较大的分部分项工程,编制专项安全施工方案;对其中超过一定规模的应按规定组织专家论证。

(3)企业应明确各管理层施工组织设计、专项施工方案、安全技术方案(措施)方案编制、修改、审核和审批的权限、程序及时限。根据权限,按方案涉及内容,由企业的技术负责人组织相关职能部门审核,技术负责人审批。审核、审批应有明确意见并签名盖章。编制、审批应在施工前完成。

(4)建筑施工企业应明确安全技术交底分级的原则、内容、方法及确认手续。

(5)建筑施工企业应根据施工组织设计和专项安全施工方案(措施)编制和审批权限的设置,组织相关编制人员参与安全技术交底、验收和检查,并明确其他参与交底、验收和检查的人员。

(6)建筑施工企业可结合实际制定内部安全技术标准和图集,定期进行技术分析和改造,完善安全生产作业条件,改善作业环境。

三、危险性较大的分部分项工程安全管理规定

危险性较大的分部分项工程是指建筑工程在施工过程中存在的、可能导致作业人员群死群伤或造成重大不良社会影响的分部分项工程。依据《危险性较大的分部分项工程安全管理办法》(建质〔2009〕87 号),施工单位应当在危险性较大的分部分项工程施工前编制专

项方案;对于超过一定规模的危险性较大的分部分项工程,施工单位应当组织专家对专项方案进行论证。建筑工程实行施工总承包的,专项方案应当由施工总承包单位组织编制。其中,起重机械安装拆卸工程、深基坑工程、附着式升降脚手架等专业工程实行分包的,其专项方案可由专业承包单位组织编制。

(一)危险性较大的分部分项工程范围

1. 基坑支护、降水工程

开挖深度超过 3 m(含 3 m)或虽未超过 3 m 但地质条件和周边环境复杂的基坑(槽)支护、降水工程。

2. 土方开挖工程

开挖深度超过 3 m(含 3 m)的基坑(槽)的土方开挖工程。

3. 模板工程及支撑体系

(1)各类工具式模板工程:包括大模板、滑模、爬模、飞模等工程。

(2)混凝土模板支撑工程:搭设高度 5 m 及以上,搭设跨度 10 m 及以上,施工总荷载 10 kN/m^2 及以上,集中线荷载 15 kN/m^2 及以上,高度大于支撑水平投影宽度且相对独立无联系构件的混凝土模板支撑工程。

(3)承重支撑体系:用于钢结构安装等满堂支撑体系。

4. 起重吊装及安装拆卸工程

(1)采用非常规起重设备、方法,且单件起吊重量在 10 kN 及以上的起重吊装工程。

(2)采用起重机械进行安装的工程。

(3)起重机械设备自身的安装、拆卸。

5. 脚手架工程

(1)搭设高度 24 m 及以上的落地式钢管脚手架工程。

(2)附着式整体和分片提升脚手架工程。

(3)悬挑式脚手架工程。

(4)吊篮脚手架工程。

(5)自制卸料平台、移动操作平台工程。

(6)新型及异型脚手架工程。

6. 拆除、爆破工程

(1)建筑物、构筑物拆除工程。

(2)采用爆破拆除的工程。

7. 其他

(1)建筑幕墙安装工程。

(2)钢结构、网架和索膜结构安装工程。

(3)人工挖扩孔桩工程。

(4)地下暗挖、顶管及水下作业工程。

(5)预应力工程。

(二)超过一定规模的危险性较大的分部分项工程范围

1. 深基坑工程

(1)开挖深度超过 5 m(含 5 m)的基坑(槽)的土方开挖、支护、降水工程。

(2)开挖深度虽未超过5 m,但地质条件、周围环境和地下管线复杂,或影响毗邻建(构)筑物安全的基坑(槽)的土方开挖、支护、降水工程。

2. 模板工程及支撑体系

(1)工具式模板工程:包括滑模、爬模、飞模工程。

(2)混凝土模板支撑工程:搭设高度8 m及以上,搭设跨度18 m及以上,施工总荷载15 kN/m^2 及以上;集中线荷载20 kN/m^2 及以上。

(3)承重支撑体系:用于钢结构安装等满堂支撑体系,承受单点集中荷载700 kg以上。

3. 起重吊装及安装拆卸工程

(1)采用非常规起重设备、方法,且单件起吊重量在100 kN及以上的起重吊装工程。

(2)起重量300 kN及以上的起重设备安装工程;高度200 m及以上内爬起重设备的拆除工程。

4. 脚手架工程

(1)搭设高度50 m及以上落地式钢管脚手架工程。

(2)提升高度150 m及以上附着式整体和分片提升脚手架工程。

(3)架体高度20 m及以上悬挑式脚手架工程。

5. 拆除、爆破工程

(1)采用爆破拆除的工程。

(2)码头、桥梁、高架、烟囱、水塔或拆除中容易引起有毒有害气(液)体或粉尘扩散、易燃易爆事故发生的特殊建(构)筑物的拆除工程。

(3)可能影响行人、交通、电力设施、通信设施或其他建(构)筑物安全的拆除工程。

(4)文物保护建筑、优秀历史建筑或历史文化风貌区控制范围的拆除工程。

6. 其他

(1)施工高度50 m及以上的建筑幕墙安装工程。

(2)跨度大于36 m及以上的钢结构安装工程;跨度大于60 m及以上的网架和索膜结构安装工程。

(3)开挖深度超过16 m的人工挖孔桩工程。

(4)地下暗挖工程、顶管工程、水下作业工程。

(5)采用新技术、新工艺、新材料、新设备及尚无相关技术标准的危险性较大的分部分项工程。

(三)专项施工方案的编制、实施

1. 专项方案的内容

(1)工程概况:危险性较大的分部分项工程概况、施工平面布置、施工要求和技术保证条件。

(2)编制依据:相关法律、法规、规范性文件、标准、规范及图纸(国标图集)、施工组织设计等。

(3)施工计划:包括施工进度计划、材料与设备计划。

(4)施工工艺技术:技术参数、工艺流程、施工方法、检查验收等。

(5)施工安全保证措施:组织保障、技术措施、应急预案、监测监控等。

(6)劳动力计划:专职安全生产管理人员、特种作业人员等。

(7)计算书及相关图纸。

2. 专项方案的编制实施

1)专项方案的编制

专项方案应当由施工单位技术部门组织本单位施工技术、安全、质量等部门的专业技术人员进行审核。经审核合格的,由施工单位技术负责人签字。实行施工总承包的,专项方案应当由总承包单位技术负责人及相关专业承包单位技术负责人签字。

不需专家论证的专项方案,经施工单位审核合格后报监理单位,由项目总监理工程师审核签字。

超过一定规模的危险性较大的分部分项工程专项方案应当由施工单位组织召开专家论证会。实行施工总承包的,由施工总承包单位组织召开专家论证会。专项方案经论证后,专家组应当提交论证报告,对论证的内容提出明确的意见,并在论证报告上签字。该报告作为专项方案修改完善的指导意见。施工单位应当根据论证报告修改完善专项方案,并经施工单位技术负责人、项目总监理工程师、建设单位项目负责人签字后,方可组织实施。

实行施工总承包的,应当由施工总承包单位、相关专业承包单位技术负责人签字。

专项方案经论证后需作重大修改的,施工单位应当按照论证报告修改,并重新组织专家进行论证。

2)专项方案的实施

施工单位应当严格按照专项方案组织施工,不得擅自修改、调整专项方案。如因设计、结构、外部环境等因素发生变化确需修改的,修改后的专项方案应重新审核。对于超过一定规模的危险性较大工程的专项方案,施工单位应当重新组织专家进行论证。

专项方案实施前,编制人员或项目技术负责人应当向现场管理人员和作业人员进行安全技术交底。

施工单位应当指定专人对专项方案实施情况进行现场监督和按规定进行监测。发现不按照专项方案施工的,应当要求其立即整改;发现有危及人身安全紧急情况的,应当立即组织作业人员撤离危险区域。施工单位技术负责人应当定期巡查专项方案实施情况。

对于按规定需要验收的危险性较大的分部分项工程,施工单位、监理单位应当组织有关人员进行验收。验收合格的,经施工单位项目技术负责人及项目总监理工程师签字后,方可进入下一道工序。

监理单位应当将危险性较大的分部分项工程列入监理规划和监理实施细则,应当针对工程特点、周边环境和施工工艺等,制定安全监理工作流程、方法和措施。

监理单位应当对专项方案实施情况进行现场监理;对不按专项方案实施的,应当责令整改,施工单位拒不整改的,应当及时向建设单位报告;建设单位接到监理单位报告后,应当立即责令施工单位停工整改;施工单位仍不停工整改的,建设单位应当及时向住房城乡建设主管部门报告。

(四)专家论证

超过一定规模的危险性较大的分部分项工程专项方案应当由施工单位组织召开专家论证会。实行施工总承包的,由施工总承包单位组织召开专家论证会。

1. 专家论证会成员

专家组成员应当由 5 名及以上符合相关专业要求的专家组成。本项目参建各方的人员不得以专家身份参加专家论证会。

下列人员应当参加专家论证会：

(1)专家组成员；

(2)建设单位项目负责人或技术负责人；

(3)监理单位项目总监理工程师及相关人员；

(4)施工单位分管安全的负责人、技术负责人、项目负责人、项目技术负责人、专项方案编制人员、项目专职安全生产管理人员；

(5)勘察、设计单位项目技术负责人及相关人员。

2. 专家论证的主要内容

(1)专项方案内容是否完整、可行；

(2)专项方案计算书和验算依据是否符合有关标准规范；

(3)安全施工的基本条件是否满足现场实际情况。

四、建筑起重机械安全监督管理的规定

建筑起重机械，是指纳入特种设备目录，在房屋建筑工地和市政工程工地安装、拆卸、使用的起重机械。建筑起重机械的租赁、安装、拆卸、使用满足《建筑起重机械安全监督管理规定》(中华人民共和国建设部令第166号)要求。

(一)建筑起重机械的租赁

(1)出租单位在建筑起重机械首次出租前，自购建筑起重机械的使用单位在建筑起重机械首次安装前，应当持建筑起重机械特种设备制造许可证、产品合格证和制造监督检验证明到本单位工商注册所在地县级以上地方人民政府建设主管部门办理备案。

(2)出租单位应当在签订的建筑起重机械租赁合同中，明确租赁双方的安全责任，并出具建筑起重机械特种设备制造许可证、产品合格证、制造监督检验证明、备案证明和自检合格证明，提交安装使用说明书。

(3)有下列情形之一的建筑起重机械，不得出租、使用：

①属国家明令淘汰或者禁止使用的；

②超过安全技术标准或者制造厂家规定的使用年限的；

③经检验达不到安全技术标准规定的；

④没有完整安全技术档案的；

⑤没有齐全有效的安全保护装置的。

建筑起重机械有本规定第①、②、③项情形之一的，出租单位或者自购建筑起重机械的使用单位应当予以报废，并向原备案机关办理注销手续。

(4)出租单位、自购建筑起重机械的使用单位，应当建立建筑起重机械安全技术档案。

建筑起重机械安全技术档案应当包括以下资料：

①购销合同、制造许可证、产品合格证、制造监督检验证明、安装使用说明书、备案证明等原始资料；

②定期检验报告、定期自行检查记录、定期维护保养记录、维修和技术改造记录、运行故障和生产安全事故记录、累计运转记录等运行资料；

③历次安装验收资料。

（二）建筑起重机械的安装、拆卸

（1）从事建筑起重机械安装、拆卸活动的单位（以下简称安装单位）应当依法取得建设主管部门颁发的相应资质和建筑施工企业安全生产许可证，并在其资质许可范围内承揽建筑起重机械安装、拆卸工程。

（2）建筑起重机械使用单位和安装单位应当在签订的建筑起重机械安装、拆卸合同中明确双方的安全生产责任。实行施工总承包的，施工总承包单位应当与安装单位签订建筑起重机械安装、拆卸工程安全协议书。

（3）安装单位应当履行下列安全职责：

①按照安全技术标准及建筑起重机械性能要求，编制建筑起重机械安装、拆卸工程专项施工方案，并由本单位技术负责人签字；

②按照安全技术标准及安装使用说明书等检查建筑起重机械和现场施工条件；

③组织安全施工技术交底并签字确认；

④制订建筑起重机械安装、拆卸工程生产安全事故应急救援预案；

⑤将建筑起重机械安装、拆卸工程专项施工方案，安装、拆卸人员名单，安装、拆卸时间等材料报施工总承包单位和监理单位审核后，告知工程所在地县级以上地方人民政府建设主管部门。

（4）安装单位应当按照建筑起重机械安装、拆卸工程专项施工方案及安全操作规程组织安装、拆卸作业。安装单位的专业技术人员、专职安全生产管理人员应当进行现场监督，技术负责人应当定期巡查。

（5）建筑起重机械安装完毕后，安装单位应当按照安全技术标准及安装使用说明书的有关要求对建筑起重机械进行自检、调试和试运转。自检合格的，应当出具自检合格证明，并向使用单位进行安全使用说明。

（6）安装单位应当建立建筑起重机械安装、拆卸工程档案。

建筑起重机械安装、拆卸工程档案应当包括以下资料：

①安装、拆卸合同及安全协议书；

②安装、拆卸工程专项施工方案；

③安全施工技术交底的有关资料；

④安装工程验收资料；

⑤安装、拆卸工程生产安全事故应急救援预案。

（三）建筑起重机械的使用

（1）建筑起重机械安装完毕后，使用单位应当组织出租、安装、监理等有关单位进行验收，或者委托具有相应资质的检验检测机构进行验收。建筑起重机械经验收合格后方可投入使用，未经验收或者验收不合格的不得使用。实行施工总承包的，由施工总承包单位组织验收。

建筑起重机械在验收前应当经有相应资质的检验检测机构监督检验合格。

检验检测机构和检验检测人员对检验检测结果、鉴定结论依法承担法律责任。

（2）使用单位应当自建筑起重机械安装验收合格之日起 30 日内，将建筑起重机械安装验收资料、建筑起重机械安全管理制度、特种作业人员名单等，向工程所在地县级以上地方人民政府建设主管部门办理建筑起重机械使用登记。登记标志置于或者附着于该设备的显著位置。

(3)使用单位应当履行下列安全职责：

①根据不同施工阶段、周围环境以及季节、气候的变化，对建筑起重机械采取相应的安全防护措施；

②制订建筑起重机械生产安全事故应急救援预案；

③在建筑起重机械活动范围内设置明显的安全警示标志，对集中作业区做好安全防护；

④设置相应的设备管理机构或者配备专职的设备管理人员；

⑤指定专职设备管理人员、专职安全生产管理人员进行现场监督检查；

⑥建筑起重机械出现故障或者发生异常情况的，立即停止使用，消除故障和事故隐患后，方可重新投入使用。

(4)使用单位应当对在用的建筑起重机械及其安全保护装置、吊具、索具等进行经常性和定期的检查、维护和保养，并做好记录。

使用单位在建筑起重机械租期结束后，应当将定期检查、维护和保养记录移交出租单位。

建筑起重机械租赁合同对建筑起重机械的检查、维护、保养另有约定的，从其约定。

(5)建筑起重机械在使用过程中需要附着的，使用单位应当委托原安装单位或者具有相应资质的安装单位按照专项施工方案实施，并按照规定组织验收。验收合格后方可投入使用。

建筑起重机械在使用过程中需要顶升的，使用单位委托原安装单位或者具有相应资质的安装单位按照专项施工方案实施后，即可投入使用。

禁止擅自在建筑起重机械上安装非原制造厂制造的标准节和附着装置。

(6)施工总承包单位应当履行下列安全职责：

①向安装单位提供拟安装设备位置的基础施工资料，确保建筑起重机械进场安装、拆卸所需的施工条件；

②审核建筑起重机械的特种设备制造许可证、产品合格证、制造监督检验证明、备案证明等文件；

③审核安装单位、使用单位的资质证书、安全生产许可证和特种作业人员的特种作业操作资格证书；

④审核安装单位制订的建筑起重机械安装、拆卸工程专项施工方案和生产安全事故应急救援预案；

⑤审核使用单位制订的建筑起重机械生产安全事故应急救援预案；

⑥指定专职安全生产管理人员监督检查建筑起重机械安装、拆卸、使用情况；

⑦施工现场有多台塔式起重机作业时，应当组织制定并实施防止塔式起重机相互碰撞的安全措施。

(7)监理单位应当履行下列安全职责：

①审核建筑起重机械特种设备制造许可证、产品合格证、制造监督检验证明、备案证明等文件；

②审核建筑起重机械安装单位、使用单位的资质证书、安全生产许可证和特种作业人员的特种作业操作资格证书；

③审核建筑起重机械安装、拆卸工程专项施工方案；

④监督安装单位执行建筑起重机械安装、拆卸工程专项施工方案情况；

⑤监督检查建筑起重机械的使用情况；

⑥发现存在生产安全事故隐患的，应当要求安装单位、使用单位限期整改，对安装单位、使用单位拒不整改的，及时向建设单位报告。

(8)依法发包给两个及两个以上施工单位的工程，不同施工单位在同一施工现场使用多台塔式起重机作业时，建设单位应当协调组织制定防止塔式起重机相互碰撞的安全措施。

安装单位、使用单位拒不整改生产安全事故隐患的，建设单位接到监理单位报告后，应当责令安装单位、使用单位立即停工整改。

(9)建筑起重机械特种作业人员应当遵守建筑起重机械安全操作规程和安全管理制度，在作业中有权拒绝违章指挥和强令冒险作业，有权在发生危及人身安全的紧急情况时立即停止作业或者采取必要的应急措施后撤离危险区域。

(10)建筑起重机械安装拆卸工、起重信号工、起重司机、司索工等特种作业人员应当经建设主管部门考核合格，并取得特种作业操作资格证书后，方可上岗作业。

(11)建设主管部门履行安全监督检查职责时，有权采取下列措施：

①要求被检查的单位提供有关建筑起重机械的文件和资料；

②进入被检查单位和被检查单位的施工现场进行检查；

③对检查中发现的建筑起重机械生产安全事故隐患，责令立即排除；重大生产安全事故隐患排除前或者排除过程中无法保证安全的，责令从危险区域撤出作业人员或者暂时停止施工。

五、高大模板支撑系统施工安全监督管理的规定

依据《建设工程高大模板支撑系统施工安全监督管理导则》(建质〔2009〕254号)，高大模板支撑系统是指建设工程施工现场混凝土构件模板支撑高度超过8 m，或搭设跨度超过18 m，或施工总荷载大于15 kN/m^2，或集中线荷载大于20 kN/m的模板支撑系统。高大模板支撑系统施工应严格遵循安全技术规范和专项方案规定，严密组织，责任落实，确保施工过程的安全。

(一)方案管理

1.方案编制

施工单位应依据国家现行相关标准、规范，由项目技术负责人组织相关专业技术人员，结合工程实际，编制高大模板支撑系统的专项施工方案。

2.专项施工方案内容

(1)编制说明及依据：相关法律、法规、规范性文件、标准、规范及图纸(国标图集)、施工组织设计等。

(2)工程概况：高大模板工程特点、施工平面及立面布置、施工要求和技术保证条件，具体明确支模区域、支模标高、高度、支模范围内的梁截面尺寸、跨度、板厚、支撑的地基情况等。

(3)施工计划：施工进度计划、材料与设备计划等。

(4)施工工艺技术：高大模板支撑系统的基础处理、主要搭设方法、工艺要求、材料的力

学性能指标、构造设置以及检查、验收要求等。

(5)施工安全保证措施:模板支撑体系搭设及混凝土浇筑区域管理人员组织机构、施工技术措施、模板安装和拆除的安全技术措施、施工应急救援预案,模板支撑系统在搭设、钢筋安装、混凝土浇捣过程中及混凝土终凝前后模板支撑体系位移的监测监控措施等。

(6)劳动力计划:包括专职安全生产管理人员、特种作业人员的配置等。

(7)计算书及相关图纸:验算项目及计算内容包括模板、模板支撑系统的主要结构强度和截面特征与各项荷载设计值及荷载组合,梁、板模板支撑系统的强度和刚度计算,梁板下立杆稳定性计算,立杆基础承载力验算,支撑系统支撑层承载力验算,转换层下支撑层承载力验算等。每项计算列出计算简图和截面构造大样图,注明材料尺寸、规格、纵横支撑间距。附图包括支模区域立杆、纵横水平杆平面布置图,支撑系统立面图、剖面图,水平剪刀撑布置平面图及竖向剪刀撑布置投影图,梁板支模大样图,支撑体系监测平面布置图和连墙件布设位置及节点大样图等。

3. 审核论证

高大模板支撑系统专项施工方案,应先由施工单位技术部门组织本单位施工技术、安全、质量等部门的专业技术人员进行审核,经施工单位技术负责人签字后,再按照《危险性较大的分部分项工程安全管理办法》(建质〔2009〕87 号)相关规定组织专家论证。

(二)验收管理

(1)高大模板支撑系统搭设前,应由项目技术负责人组织对需要处理或加固的地基、基础进行验收,并留存记录。

(2)高大模板支撑系统的结构材料应按以下要求进行验收、抽检和检测,并留存记录、资料。

①施工单位应对进场的承重杆件、连接件等材料的产品合格证、生产许可证、检测报告进行复核,并对其表面观感、重量等物理指标进行抽检。

②对承重杆件的外观抽检数量不得低于搭设用量的 30%,发现质量不符合标准、情况严重的,要进行 100% 的检验,并随机抽取外观检验不合格的材料(由监理见证取样)送法定专业检测机构进行检测。

③采用钢管扣件搭设高大模板支撑系统时,还应对扣件螺栓的紧固力矩进行抽查,抽查数量应符合《建筑施工扣件式钢管脚手架安全技术规范》(JGJ 130)的规定,对梁底扣件应进行 100% 检查。

(3)高大模板支撑系统应在搭设完成后,由项目负责人组织验收,验收人员应包括施工单位和项目两级技术人员,项目安全、质量、施工人员,监理单位的总监理工程师和专业监理工程师。验收合格,经施工单位项目技术负责人及项目总监理工程师签字后,方可进入后续工序的施工。

(三)施工管理

1. 一般规定

(1)高大模板支撑系统应优先选用技术成熟的定型化、工具式支撑体系。

(2)搭设高大模板支撑架体的作业人员必须经过培训,取得建筑施工脚手架特种作业操作资格证书后方可上岗。其他相关施工人员应掌握相应的专业知识和技能。

(3)高大模板支撑系统搭设前,项目工程技术负责人或方案编制人员应当根据专项施工方案和有关规范、标准的要求，对现场管理人员、操作班组、作业人员进行安全技术交底，并履行签字手续。安全技术交底的内容应包括模板支撑工程工艺、工序、作业要点和搭设安全技术要求等内容，并保留记录。

(4)作业人员应严格按规范、专项施工方案和安全技术交底书的要求进行操作，并正确佩戴相应的劳动防护用品。

2. 搭设管理

(1)高大模板支撑系统的地基承载力、沉降等应能满足方案设计要求。如遇松软土、回填土，应根据设计要求进行平整、夯实，并采取防水、排水措施，按规定在模板支撑立柱底部采用具有足够强度和刚度的垫板。

(2)对于高大模板支撑体系，其高度与宽度相比大于2倍的独立支撑系统，应加设保证整体稳定的构造措施。

(3)高大模板工程搭设的构造要求应当符合相关技术规范要求，支撑系统立柱接长严禁搭接；应设置扫地杆、纵横向支撑及水平垂直剪刀撑，并与主体结构的墙、柱牢固拉接。

(4)搭设高度2 m以上的支撑架体应设置作业人员登高措施。作业面应按有关规定设置安全防护设施。

(5)模板支撑系统应为独立的系统，禁止与物料提升机、施工升降机、塔吊等起重设备钢结构架体机身及其附着设施相连接；禁止与施工脚手架、物料周转料平台等架体相连接。

3. 使用与检查

(1)模板、钢筋及其他材料等施工荷载应均匀堆置，放平放稳。施工总荷载不得超过模板支撑系统设计荷载要求。

(2)模板支撑系统在使用过程中，立柱底部不得松动悬空，不得任意拆除任何杆件，不得松动扣件，也不得用作缆风绳的拉接。

(3)施工过程中检查项目应符合下列要求：

①立柱底部基础应回填夯实；

②垫木应满足设计要求；

③底座位置应正确，顶托螺杆伸出长度应符合规定；

④立柱的规格尺寸和垂直度应符合要求，不得出现偏心荷载；

⑤扫地杆、水平拉杆、剪刀撑等设置应符合规定，固定可靠；

⑥安全网和各种安全防护设施符合要求。

4. 混凝土浇筑

(1)混凝土浇筑前，施工单位项目技术负责人、项目总监理工程师确认具备混凝土浇筑的安全生产条件后，签署混凝土浇筑令，方可浇筑混凝土。

(2)框架结构中，柱和梁板的混凝土浇筑顺序，应按先浇筑柱混凝土，后浇筑梁板混凝土的顺序进行。浇筑过程应符合专项施工方案要求，并确保支撑系统受力均匀，避免引起高大模板支撑系统的失稳倾斜。

(3)浇筑过程应有专人对高大模板支撑系统进行观测，发现有松动、变形等情况，必须立即停止浇筑，撤离作业人员，并采取相应的加固措施。

5. 拆除管理

(1)高大模板支撑系统拆除前，项目技术负责人、项目总监理工程师应核查混凝土同条件试块强度报告，浇筑混凝土达到拆模强度后方可拆除，并履行拆模审批签字手续。

（2）高大模板支撑系统的拆除作业必须自上而下逐层进行，严禁上下层同时拆除作业，分段拆除的高度不应大于两层。设有附墙连接的模板支撑系统，附墙连接必须随支撑架体逐层拆除，严禁先将附墙连接全部或数层拆除后再拆支撑架体。

（3）高大模板支撑系统拆除时，严禁将拆卸的杆件向地面抛掷，应有专人传递至地面，并按规格分类均匀堆放。

（4）高大模板支撑系统搭设和拆除过程中，地面应设置围栏和警戒标志，并派专人看守，严禁非操作人员进入作业范围。

（四）监督管理

（1）施工单位应严格按照专项施工方案组织施工。高大模板支撑系统搭设、拆除及混凝土浇筑过程中，应有专业技术人员进行现场指导，设专人负责安全检查，发现险情，立即停止施工并采取应急措施，排除险情后，方可继续施工。

（2）监理单位对高大模板支撑系统的搭设、拆除及混凝土浇筑实施巡视检查，发现安全隐患应责令整改，对施工单位拒不整改或拒不停止施工的，应当及时向建设单位报告。

（3）建设主管部门及监督机构应将高大模板支撑系统作为建设工程安全监督重点，加强对方案审核论证、验收、检查、监控程序的监督。

第四节　施工现场临时设施和防护措施的管理规定

一、施工现场临时设施和封闭管理的规定

（一）临时设施

依据《建筑施工现场环境与卫生标准》（JGJ 146—2004），施工现场应设置办公室、宿舍、食堂、厕所、淋浴间、开水房、文体活动室、密闭式垃圾站（或容器）及盥洗设施等临时设施。

1. 一般规定

（1）施工现场临时用房应选址合理，并应符合安全、消防要求和国家有关规定。

（2）临时设施所用建筑材料应符合环保、消防要求。

（3）施工现场的施工区域应与办公、生活区划分清晰，并应采取相应的隔离措施。

（4）办公区和生活区应设密闭式垃圾容器。

（5）施工现场应配备常用药及绷带、止血带、颈托、担架等急救器材。

（6）施工现场应设专职或兼职保洁员，负责卫生清扫和保洁。

（7）办公区和生活区应采取灭鼠、蚊、蝇、蟑螂等措施，并应定期投放和喷洒药物。

（8）办公室内布局应合理，文件资料宜归类存放，并应保持室内清洁卫生。

（9）施工现场作业人员发生法定传染病、食物中毒或急性职业中毒时，必须在 2 小时内向施工现场所在地建设行政主管部门和有关部门报告，并应积极配合调查处理。

（10）现场施工人员患有法定传染病时，应及时进行隔离，并由卫生防疫部门进行处置。

2. 宿舍

（1）宿舍内应保证有必要的生活空间，室内净高不得小于 2.4 m，通道宽度不得小于 0.9 m，每间宿舍居住人员不得超过 16 人。

(2)施工现场宿舍必须设置可开启式窗户,宿舍内的床铺不得超过2层,严禁使用通铺。

(3)宿舍内应设置生活用品专柜,有条件的宿舍宜设置生活用品储藏室。

(4)宿舍内应设置垃圾桶,宿舍外宜设置鞋柜或鞋架,生活区内应提供为作业人员晾晒衣物的场地。

3. 食堂

(1)食堂应设置在远离厕所、垃圾站、有毒有害场所等污染源的地方。

(2)食堂应设置独立的制作间、储藏间,门扇下方应设不低于0.2 m的防鼠挡板。

(3)制作间灶台及其周边应贴瓷砖,所贴瓷砖高度不宜小于1.5 m,地面应做硬化和防滑处理。粮食存放台距墙和地面应大于0.2 m。

(4)食堂应配备必要的排风设施和冷藏设施。

(5)食堂的燃气罐应单独设置存放间,存放间应通风良好并严禁存放其他物品。

(6)食堂制作间的炊具宜存放在封闭的橱柜内,刀、盆、案板等炊具应生熟分开。食品应有遮盖,遮盖物品应有正反面标志。各种佐料和副食应存放在密闭器皿内,并应有标志。

(7)食堂外应设置密闭式泔水桶,并应及时清运。

食堂必须有卫生许可证,炊事人员必须持身体健康证上岗。

(8)炊事人员上岗应穿戴洁净的工作服、工作帽和口罩,并应保持个人卫生。不得穿工作服出食堂,非炊事人员不得随意进入制作间。

(9) 食堂的炊具、餐具和公用饮水器具必须清洗消毒。

(10)施工现场应加强食品、原料的进货管理,食堂严禁出售变质食品。

4. 厕所

(1)施工现场应设置水冲式或移动式厕所,厕所地面应硬化,门窗应齐全。蹲位之间宜设置隔板,隔板高度不宜低于0.9 m。

(2)厕所大小应根据作业人员的数量设置。高层建筑施工超过8层以后,每隔4层宜设置临时厕所。厕所应设专人负责清扫、消毒,化粪池应及时清掏。

5. 淋浴间

淋浴间内应设置满足需要的淋浴喷头,可设置储衣柜或挂衣架。

6. 盥洗设施

盥洗设施应设置满足作业人员的使用的盥洗池,并应使用节水龙头。

7. 开水房

生活区应设置开水炉、电热水器或饮用水保温桶;施工区应配备流动保温水桶。

8. 文体活动室

文体活动室应配备电视机、书报、杂志等文体活动设施、用品。

(二)封闭管理

施工现场的作业条件差,不安全因素多,在作业过程中既容易伤害作业人员,也容易伤害现场以外的人员。因此,施工现场必须实施封闭式管理,将施工现场与外界隔离,防止"扰民"和"民扰"问题,同时保护环境、美化市容。

1. 围挡

(1)施工现场围挡应沿工地四周连续设置,不得留有缺口,并根据地质、气候、围挡材料

进行设计与计算,确保围挡的稳定性、安全性;

(2)围挡的用材应坚固、稳定、整洁、美观,宜选用砌体、金属材板等硬质材料,不宜使用彩布条、竹笆或安全网等;

(3)施工现场必须采用封闭围挡,高度不得小于1.8 m;

(4)禁止在围挡内侧堆放泥土、砂石等散状材料以及架管、模板等,严禁将围挡做挡土墙使用;

(5)雨后、大风后以及春融季节应当检查围挡的稳定性,发现问题及时处理。

2. 大门

(1)施工现场出入口应标有企业名称或企业标志。主要出入口明显处应设置工程概况牌,大门内应有施工现场总平面图和安全生产、消防保卫、环境保护、文明施工等制度牌;

(2)施工现场应当有固定的出入口,出入口处应设置大门;施工现场的大门应牢固美观,大门上应标有企业名称或企业标志;

(3)出入口处应当设置专职门卫、保卫人员,制定门卫管理制度及交接班记录制度;

(4)施工现场的施工人员应当佩戴工作卡。

二、建筑施工消防安全的规定

依据《建设工程施工现场消防安全技术规范》(GB 50720—2011),建设工程施工现场的防火,必须遵循国家有关方针、政策,针对不同施工现场的火灾特点,立足自防自救,采取可靠防火措施,做到安全可靠、经济合理、方便适用。

(一)总平面布局

1. 一般规定

(1)临时用房、临时设施的布置应满足现场防火、灭火及人员安全疏散的要求。

(2)下列临时用房和临时设施应纳入施工现场总平面布局:

①施工现场的出入口、围墙、围挡;

②场内临时道路;

③给水管网或管路和配电线路敷设或架设的走向、高度;

④施工现场办公用房、宿舍、发电机房、配电房、可燃材料库房、易燃易爆危险品库房、可燃材料堆场及其加工场、固定动火作业场等;

⑤临时消防车道、消防救援场地和消防水源。

(3)施工现场出入口的设置应满足消防车通行的要求,并宜布置在不同方向,其数量不宜少于2个。当确有困难只能设置1个出入口时,应在施工现场内设置满足消防车通行的环形道路。

(4)固定动火作业场应布置在可燃材料堆场及其加工场、易燃易爆危险品库房等全年最小频率风向的上风侧;宜布置在临时办公用房、宿舍、可燃材料库房、在建工程等全年最小频率风向的上风侧。

(5)易燃易爆危险品库房应远离明火作业区、人员密集区和建筑物相对集中区。

(6)可燃材料堆场及其加工场、易燃易爆危险品库房不应布置在架空电力线下。

2. 防火间距

(1)易燃易爆危险品库房与在建工程的防火间距不应小于15 m,可燃材料堆场及其加工场、固定动火作业场与在建工程的防火间距不应小于10 m,其他临时用房、临时设施与在建工程的防火间距不应小于6 m。

(2)施工现场主要临时用房、临时设施的防火间距不应小于表1-1的规定,当办公用房、宿舍成组布置时,其防火间距可适当减小,但应符合以下要求:每组临时用房的栋数不应超过10栋,组与组之间的防火间距不应小于8 m;2 组内临时用房之间的防火间距不应小于3.5 m;当建筑构件燃烧性能等级为A级时,其防火间距可减小到3 m。

表1-1　施工现场主要临时用房、临时设施的防火间距　(单位:m)

名称间距	办公用房、宿舍	发电机房、变配电房	可燃材料库房	厨房操作间、锅炉房	可燃材料堆场及其加工场	固定动火作业场	易燃易爆危险品库房
办公用房、宿舍	4	4	5	5	7	7	10
发电机房、变配电房	4	4	5	5	7	7	10
可燃材料库房	5	5	5	5	7	7	10
厨房操作间、锅炉房	5	5	5	5	7	7	10
可燃材料堆场及其加工场	7	7	7	7	7	10	10
固定动火作业场	7	7	7	7	10	10	12
易燃易爆危险品库房	10	10	10	10	10	12	12

注:1. 临时用房、临时设施的防火间距应按临时用房外墙外边线或堆场、作业场、作业棚边线间的最小距离计算,如临时用房外墙有突出可燃构件时,应从其突出可燃构件的外缘算起。

2. 两栋临时用房相邻较高一面的外墙为防火墙时,防火间距不限。

3. 本表未规定的,可按同等火灾危险性的临时用房、临时设施的防火间距确定。

3. 消防车道

(1)施工现场内应设置临时消防车道,临时消防车道与在建工程、临时用房、可燃材料堆场及其加工场的距离,不宜小于5 m,且不宜大于40 m;施工现场周边道路满足消防车通行及灭火救援要求时,施工现场内可不设置临时消防车道。

(2)临时消防车道的设置应符合下列规定:

①临时消防车道宜为环形,如设置环形车道确有困难,应在消防车道尽端设置尺寸不小于12 m×12 m的回车场;

②临时消防车道的净宽度和净空高度均不应小于4 m;

③临时消防车道的右侧应设置消防车行进路线指示标志;

④临时消防车道路基、路面及其下部设施应能承受消防车通行压力和工作荷载。

(3)下列建筑应设置环形临时消防车道,设置环形临时消防车道确有困难时,除应按本规范第(2)条的要求设置回车场外,尚应按本规范第(4)条的要求设置临时消防救援场地:

①建筑高度大于 24 m 的在建工程；

②建筑工程单体占地面积大于 3 000 m^2的在建工程；

③超过 10 栋，且为成组布置的临时用房。

(4)临时消防救援场地的设置应符合下列要求：

①临时消防救援场地应在在建工程装饰装修阶段设置；

②临时消防救援场地应设置在成组布置的临时用房场地的长边一侧及在建工程的长边一侧；

③场地宽度应满足消防车正常操作要求且不应小于 6 m，与在建工程外脚手架的净距不宜小于 2 m，且不宜超过 6 m。

(二)建筑防火

1.一般规定

(1)临时用房和在建工程应采取可靠的防火分隔和安全疏散等防火技术措施。

(2)临时用房的防火设计应根据其使用性质及火灾危险性等情况进行确定。

(3)在建工程防火设计应根据施工性质、建筑高度、建筑规模及结构特点等情况进行确定。

2.临时用房防火

(1)宿舍、办公用房的防火设计应符合下列规定：

①建筑构件的燃烧性能等级应为 A 级，当采用金属夹芯板材时，其芯材的燃烧性能等级应为 A 级；

②建筑层数不应超过 3 层，每层建筑面积不应大于 300 m^2；

③层数为 3 层或每层建筑面积大于 200 m^2时，应设置不少于 2 部疏散楼梯，房间疏散门至疏散楼梯的最大距离不应大于 25 m；

④单面布置用房时，疏散走道的净宽度不应小于 1.0 m，双面布置用房时，疏散走道的净宽度不应小于 1.5 m；

⑤疏散楼梯的净宽度不应小于疏散走道的净宽度；

⑥宿舍房间的建筑面积不应大于 30 m^2，其他房间的建筑面积不宜大于 100 m^2；

⑦房间内任一点至最近疏散门的距离不应大于 15 m，房门的净宽度不应小于 0.8 m，房间建筑面积超过 50 m^2时，房门的净宽度不应小于 1.2 m；

⑧隔墙应从楼地面基层隔断至顶板基层底面。

(2)发电机房、变配电房、厨房操作间、锅炉房、可燃材料库房及易燃易爆危险品库房的防火设计应符合下列规定：

①建筑构件的燃烧性能等级应为 A 级；

②层数应为 1 层，建筑面积不应大于 200 m^2；

③可燃材料库房单个房间的建筑面积不应超过 30 m^2，易燃易爆危险品库房单个房间的建筑面积不应超过 20 m^2；

④房间内任一点至最近疏散门的距离不应大于 10 m，房门的净宽度不应小于 0.8 m。

(3)其他防火设计应符合下列规定：

①宿舍、办公用房不应与厨房操作间、锅炉房、变配电房等组合建造；

②会议室、文化娱乐室等人员密集的房间应设置在临时用房的第一层，其疏散门应向疏

散方向开启。

3. 在建工程防火

(1)在建工程作业场所的临时疏散通道应采用不燃、难燃材料建造并与在建工程结构施工同步设置,也可利用在建工程施工完毕的水平结构、楼梯。

(2)在建工程作业场所临时疏散通道的设置应符合下列规定:

①耐火极限不应低于0.5 h。

②设置在地面上的临时疏散通道,其净宽度不应小于1.5 m;利用在建工程施工完毕的水平结构、楼梯作临时疏散通道,其净宽度不应小于1.0 m;用于疏散的爬梯及设置在脚手架上的临时疏散通道,其净宽度不应小于0.6 m。

③临时疏散通道为坡道时,且坡度大于25°时,应修建楼梯或台阶踏步或设置防滑条。

④临时疏散通道不宜采用爬梯,确需采用爬梯时,应有可靠固定措施。

⑤临时疏散通道的侧面如为临空面,必须沿临空面设置高度不小于1.2 m的防护栏杆。

⑥临时疏散通道设置在脚手架上时,脚手架应采用不燃材料搭设。

⑦临时疏散通道应设置明显的疏散指示标志。

⑧临时疏散通道应设置照明设施。

(3)既有建筑进行扩建、改建施工时,必须明确划分施工区和非施工区。施工区不得营业、使用和居住;非施工区继续营业、使用和居住时,应符合下列要求:

①施工区和非施工区之间应采用不开设门、窗、洞口的耐火极限不低于3.0 h的不燃烧体隔墙进行防火分隔;

②非施工区内的消防设施应完好和有效,疏散通道应保持畅通,并应落实日常值班及消防安全管理制度;

③施工区的消防安全应配有专人值守,发生火情应能立即处置;

④施工单位应向居住和使用者进行消防宣传教育,告知建筑消防设施、疏散通道的位置及使用方法,同时应组织进行疏散演练;

⑤外脚手架搭设不应影响安全疏散、消防车正常通行及灭火救援操作,外脚手架搭设长度不应超过该建筑物外立面周长的1/2。

(4)脚手架、支模架的架体宜采用不燃或难燃材料搭设,其中,下列工程的外脚手架、支模架的架体应采用不燃材料搭设:

①高层建筑;

②既有建筑改造工程。

(5)下列安全防护网应采用阻燃型安全防护网:

①高层建筑外脚手架的安全防护网;

②既有建筑外墙改造时,其外脚手架的安全防护网;

③临时疏散通道的安全防护网。

(6)作业场所应设置明显的疏散指示标志,其指示方向应指向最近的临时疏散通道入口。

(7)作业层的醒目位置应设置安全疏散示意图。

(三)临时消防设施

1. 一般规定

(1)施工现场应设置灭火器、临时消防给水系统和临时消防应急照明等临时消防设施。

(2)临时消防设施应与在建工程的施工同步设置。房屋建筑工程中,临时消防设施的设置与在建工程主体结构施工进度的差距不应超过 3 层。

(3)施工现场在建工程可利用已具备使用条件的永久性消防设施作为临时消防设施。当永久性消防设施无法满足使用要求时,应增设临时消防设施,并应符合《建筑工程施工现场消防安全技术规范》(GB 50720—2011)第 2 ~4 节的有关规定。

(4)施工现场的消火栓泵应采用专用消防配电线路。专用消防配电线路应自施工现场总配电箱的总断路器上端接入,且应保持不间断供电。

(5)地下工程的施工作业场所宜配备防毒面具。

(6)临时消防给水系统的贮水池、消火栓泵、室内消防竖管及水泵接合器等,应设有醒目标志。

2. 灭火器

(1)在建工程及临时用房的下列场所应配置灭火器:

①易燃易爆危险品存放及使用场所;

②动火作业场所;

③可燃材料存放、加工及使用场所;

④厨房操作间、锅炉房、发电机房、变配电房、设备用房、办公用房、宿舍等临时用房;

⑤其他具有火灾危险的场所。

(2)施工现场灭火器配置应符合下列规定:

①灭火器的类型应与配备场所可能发生的火灾类型相匹配。

②灭火器的最低配置标准应符合表 1-2 的规定。

表 1-2　灭火器最低配置标准

项目	固体物质火灾		液体或可融化固体物质火灾、气体火灾	
	单具灭火器最小灭火级别	单位灭火级别最大保护面积(m^2/A)	单具灭火器最小灭火级别	单位灭火级别最大保护面积(m^2/B)
易燃易爆危险品存放及使用场所	3A	50	89B	0.5
固定动火作业场	3A	50	89B	0.5
临时动火作业点	2A	50	55B	0.5
可燃材料存放、加工及使用场所	2A	75	55B	1.0
厨房操作间、锅炉房	2A	75	55B	1.0
自备发电机房	2A	75	55B	1.0
变、配电房	2A	75	55B	1.0
办公用房、宿舍	1A	100	—	—

③灭火器的配置数量应按照《建筑灭火器配置设计规范》(GB 50140)经计算确定,且每

个场所的灭火器数量不应少于 2 具。

④灭火器的最大保护距离应符合表 1-3 的规定。

表 1-3　灭火器的最大保护距离　（单位：m）

灭火器配置场所	固体物质火灾	液体或可熔化固体物质火灾、气体类火灾
易燃易爆危险品存放及使用场所	15	9
固定动火作业场	15	9
临时动火作业点	10	6
可燃材料堆放、加工及使用场所	20	12
厨房操作间、锅炉房	20	12
发电机房、变配电房	20	12
办公用房、宿舍等	25	—

3. 临时消防给水系统

（1）施工现场或其附近应设置稳定、可靠的水源，并应能满足施工现场临时消防用水的需要。消防水源可采用市政给水管网或天然水源。当采用天然水源时，应采取措施确保冰冻季节、枯水期最低水位时顺利取水，并满足临时消防用水量的要求。

（2）临时消防用水量应为临时室外消防用水量与临时室内消防用水量之和。

（3）临时室外消防用水量应按临时用房和在建工程的临时室外消防用水量的较大者确定，施工现场火灾次数可按同时发生 1 次确定。

（4）临时用房建筑面积之和大于 1 000 m^2或在建工程单体体积大于 10 000 m^3时，应设置临时室外消防给水系统。当施工现场处于市政消火栓 150 m 保护范围内且市政消火栓的数量满足室外消防用水量要求时，可不设置临时室外消防给水系统。

（5）临时用房的临时室外消防用水量不应小于表 1-4 的规定。

表 1-4　临时用房的临时室外消防用水量

临时用房的建筑面积之和	火灾延续时间(h)	消火栓用水量(L/s)	每支水枪最小流量(L/s)
1 000 ~ 5 000 m^2	1	10	5
>5 000 m^2		15	5

（6）在建工程的临时室外消防用水量不应小于表 1-5 的规定。

表 1-5　在建工程的临时室外消防用水量

在建工程(单体)体积	火灾延续时间(h)	消火栓用水量(L/s)	每支水枪最小流量(L/s)
1 000 ~ 3 000 m^3	1	15	5
>3 000 m^3	2	20	5

（7）施工现场临时室外消防给水系统的设置应符合下列要求：

①给水管网宜布置成环状；

②临时室外消防给水干管的管径应依据施工现场临时消防用水量和干管内水流计算速度进行且不应小于 DN100；

③室外消火栓应沿在建工程、临时用房及可燃材料堆场及其加工场均匀布置，距在建工程、临时用房及可燃材料堆场及其加工场的外边线不应小于 5 m；

④消火栓的间距不应大于 120 m；

⑤消火栓的最大保护半径不应大于 150 m。

(8)建筑高度大于 24 m 或单体体积超过 30 000 m^3 的在建工程，应设置临时室内消防给水系统。

(9)在建工程的临时室内消防用水量不应小于表 1-6 的规定。

表 1-6　在建工程的临时室内消防用水量

建筑高度、在建工程（单体）体积	火灾延续时间(h)	消火栓用水量(L/s)	每支水枪最小流量(L/s)
24 m＜建筑高度≤50 m 或 30 000 m^3＜体积≤50 000 m^3	1	10	5
建筑高度＞50 m 或体积＞50 000 m^3	1	15	5

(10)在建工程室内临时消防竖管的设置应符合下列要求：

①消防竖管的设置位置应便于消防人员操作，其数量不应少于 2 根，当结构封顶时，应将消防竖管设置成环状；

②消防竖管的管径应根据在建工程临时消防用水量、竖管内水流计算速度进行计算确定，且不应小于 DN100。

(11)设置室内消防给水系统的在建工程，应设消防水泵接合器。消防水泵接合器应设置在室外便于消防车取水的部位，与室外消火栓或消防水池取水口的距离宜为 15～40 m。

(12)设置临时室内消防给水系统的在建工程，各结构层均应设置室内消火栓接口及消防软管接口，并应符合下列要求：

①消火栓接口及软管接口应设置在位置明显且易于操作的部位；

②消火栓接口的前端应设置截止阀；

③消火栓接口或软管接口的间距，多层建筑不大于 50 m，高层建筑不大于 30 m。

(13)在建工程结构施工完毕的每层楼梯处，应设置消防水枪、水带及软管，且每个设置点不少于 2 套。

(14)高度超过 100 m 的在建工程，应在适当楼层增设临时中转水池及加压水泵。中转水池的有效容积不应少于 10 m^3，上下两个中转水池的高差不宜超过 100 m。

(15)临时消防给水系统的给水压力应满足消防水枪充实水柱长度不小于 10 m 的要求；给水压力不能满足要求时，应设置消火栓泵，消火栓泵不应少于 2 台，且应互为备用；消火栓泵宜设置自动启动装置。

(16)当外部消防水源不能满足施工现场的临时消防用水量要求时，应在施工现场设置临时贮水池。临时贮水池宜设置在便于消防车取水的部位，其有效容积不应小于施工现场火灾延续时间内一次灭火的全部消防用水量。

(17)施工现场临时消防给水系统应与施工现场生产、生活给水系统合并设置,但应设置将生产、生活用水转为消防用水的应急阀门。应急阀门不应超过2个,且应设置在易于操作的场所,并设置明显标志。

(18)严寒和寒冷地区的现场临时消防给水系统,应采取防冻措施。

4. 应急照明

(1)施工现场的下列场所应配备临时应急照明:

①自备发电机房及变、配电房;

②水泵房;

③无天然采光的作业场所及疏散通道;

④高度超过100 m的在建工程的室内疏散通道;

⑤发生火灾时仍需坚持工作的其他场所。

(2)作业场所应急照明的照度不应低于正常工作所需照度的90%,疏散通道的照度值不应小于0.5 lx。

(3)临时消防应急照明灯具宜选用自备电源的应急照明灯具,自备电源的连续供电时间不应小于60 min。

(四)防火管理

1. 一般规定

(1)施工现场的消防安全管理由施工单位负责。

实行施工总承包的,由总承包单位负责。分包单位应向总承包单位负责,并应服从总承包单位的管理,同时应承担国家法律、法规规定的消防责任和义务。

(2)施工单位应根据建设项目规模、现场消防安全管理的重点,在施工现场建立消防安全管理组织机构及义务消防组织,并应确定消防安全负责人和消防安全管理人,同时应落实相关人员的消防安全管理责任。

(3)施工单位应针对施工现场可能导致火灾发生的施工作业及其他活动,制定消防安全管理制度。消防安全管理制度应包括下列主要内容:

①消防安全教育与培训制度;

②可燃及易燃易爆危险品管理制度;

③用火、用电、用气管理制度;

④消防安全检查制度;

⑤应急预案演练制度。

(4)施工单位应编制施工现场防火技术方案,并应根据现场情况变化及时对其修改、完善。防火技术方案应包括下列主要内容:

①施工现场重大火灾危险源辨识;

②施工现场防火技术措施;

③临时消防设施、临时疏散设施配备;

④临时消防设施和消防警示标志布置图。

(5)施工单位应编制施工现场灭火及应急疏散预案。灭火及应急疏散预案应包括下列主要内容:

①应急灭火处置机构及各级人员应急处置职责；

②报警、接警处置的程序和通信联络的方式；

③扑救初起火灾的程序和措施；

④应急疏散及救援的程序和措施。

(6)施工人员进场前，施工现场的消防安全管理人员应向施工人员进行消防安全教育和培训。防火安全教育和培训应包括下列内容：

①施工现场消防安全管理制度、防火技术方案、灭火及应急疏散预案的主要内容；

②施工现场临时消防设施的性能及使用、维护方法；

③扑灭初起火灾及自救逃生的知识和技能；

④报火警、接警的程序和方法。

(7)施工作业前，施工现场的施工管理人员应向作业人员进行消防安全技术交底。消防安全技术交底应包括下列主要内容：

①施工过程中可能发生火灾的部位或环节；

②施工过程应采取的防火措施及应配备的临时消防设施；

③初起火灾的扑救方法及注意事项；

④逃生方法及路线。

(8)施工过程中，施工现场的消防安全负责人应定期组织消防安全管理人员对施工现场的消防安全进行检查。消防安全检查应包括下列主要内容：

①可燃物及易燃易爆危险品的管理是否落实；

②动火作业的防火措施是否落实；

③用火、用电、用气是否存在违章操作，电、气焊及保温防水施工是否执行操作规程；

④临时消防设施是否完好有效；

⑤临时消防车道及临时疏散设施是否畅通。

(9)施工单位应依据灭火及应急疏散预案，定期开展灭火及应急疏散的演练。

(10)施工单位应做好并保存施工现场消防安全管理的相关文件和记录，建立现场消防安全管理档案。

2. 可燃物及易燃易爆危险品管理

(1)用于在建工程的保温、防水、装饰及防腐等材料的燃烧性能等级，应符合设计要求。

(2)可燃材料及易燃易爆危险品应按计划限量进场。进场后，可燃材料宜存放于库房内，如露天存放时，应分类成垛堆放，垛高不应超过 2 m，单垛体积不应超过 50 m^3，垛与垛之间的最小间距不应小于 2 m，且采用不燃或难燃材料覆盖；易燃易爆危险品应分类专库储存，库房内通风良好，并设置严禁明火标志。

(3)室内使用油漆及其有机溶剂、乙二胺、冷底子油或其他可燃、易燃易爆危险品的物资作业时，应保持良好通风，作业场所严禁明火，并应避免产生静电。

(4)施工产生的可燃、易燃建筑垃圾或余料，应及时清理。

3. 用火、用电、用气管理

1)用火管理

施工现场用火，应符合下列要求：

(1)动火作业应办理动火许可证，动火许可证的签发人收到动火申请后，应前往现场查

验并确认动火作业的防火措施落实后,方可签发动火许可证;

(2)动火操作人员应具有相应资格;

(3)焊接、切割、烘烤或加热等动火作业前,应对作业现场的可燃物进行清理,作业现场及其附近无法移走的可燃物,应采用不燃材料对其覆盖或隔离;

(4)施工作业安排时,宜将动火作业安排在使用可燃建筑材料的施工作业前进行,确需在使用可燃建筑材料的施工作业之后进行动火作业,应采取可靠防火措施;

(5)裸露的可燃材料上严禁直接进行动火作业;

(6)焊接、切割、烘烤或加热等动火作业,应配备灭火器材,并设动火监护人进行现场监护,每个动火作业点均应设置一个监护人;

(7)五级(含五级)以上风力时,应停止焊接、切割等室外动火作业,否则应采取可靠的挡风措施;

(8)动火作业后,应对现场进行检查,确认无火灾危险后,动火操作人员方可离开;

(9)具有火灾、爆炸危险的场所严禁明火;

(10)施工现场不应采用明火取暖;

(11)厨房操作间炉灶使用完毕后,应将炉火熄灭,排油烟机及油烟管道应定期清理油垢。

2)用电管理

施工现场用电,应符合下列要求:

(1)施工现场供用电设施的设计、施工、运行、维护应符合现行国家标准《建设工程施工现场供用电安全规范》(GB 50194)的要求;

(2)电气线路应具有相应的绝缘强度和机械强度,严禁使用绝缘老化或失去绝缘性能的电气线路,严禁在电气线路上悬挂物品,破损、烧焦的插座、插头应及时更换;

(3)电气设备与可燃、易燃易爆和腐蚀性物品应保持一定的安全距离;

(4)有爆炸和火灾危险的场所,按危险场所等级选用相应的电气设备;

(5)配电屏上每个电气回路应设置漏电保护器、过载保护器,距配电屏 2 m 范围内不应堆放可燃物,5 m 范围内不应设置可能产生较多易燃、易爆气体、粉尘的作业区;

(6)可燃材料库房不应使用高热灯具,易燃易爆危险品库房内应使用防爆灯具;

(7)普通灯具与易燃物距离不宜小于 300 mm,聚光灯、碘钨灯等高热灯具与易燃物距离不宜小于 500 mm;

(8)电气设备不应超负荷运行或带故障使用;

(9)禁止私自改装现场供用电设施;

(10)应定期对电气设备和线路的运行及维护情况进行检查。

3)用气管理

施工现场用气,应符合下列要求:

(1)储装气体的罐瓶及其附件应合格、完好和有效;严禁使用减压器及其他附件缺损的氧气瓶,严禁使用乙炔专用减压器、回火防止器及其他附件缺损的乙炔瓶。

(2)气瓶运输、存放、使用时,应符合下列规定:

①气瓶应保持直立状态,并采取防倾倒措施,乙炔瓶严禁横躺卧放;

②严禁碰撞、敲打、抛掷、滚动气瓶;

③气瓶应远离火源,距火源距离不应小于10 m,并应采取避免高温和防止暴晒的措施;

④燃气储装瓶罐应设置防静电装置。

(3)气瓶应分类储存,库房内通风良好;空瓶和实瓶同库存放时,应分开放置,两者间距不应小于1.5 m。

(4)气瓶使用时,应符合下列规定:

①使用前,应检查气瓶及气瓶附件的完好性,检查连接气路的气密性,并采取避免气体泄漏的措施,严禁使用已老化的橡皮气管;

②氧气瓶与乙炔瓶的工作间距不应小于5 m,气瓶与明火作业点的距离不应小于10 m;

③冬季使用气瓶,如气瓶的瓶阀、减压器等发生冻结,严禁用火烘烤或用铁器敲击瓶阀,禁止猛拧减压器的调节螺丝;

④氧气瓶内剩余气体的压力不应小于0.1 MPa;

⑤气瓶用后,应及时归库。

4.其他施工管理

(1)施工现场的重点防火部位或区域,应设置防火警示标志。

(2)施工单位应做好施工现场临时消防设施的日常维护工作,对已失效、损坏或丢失的消防设施,应及时更换、修复或补充。

(3)临时消防车道、临时疏散通道、安全出口应保持畅通,不得遮挡、挪动疏散指示标志,不得挪用消防设施。

(4)施工期间,临时消防设施及临时疏散设施不应被拆除。

(5)施工现场严禁吸烟。

三、建筑工程安全防护、文明施工措施费用的规定

安全防护、文明施工措施费用,是指按照国家现行的建筑施工安全、施工现场环境与卫生标准和有关规定,购置和更新施工安全防护用具及设施、改善安全生产条件和作业环境所需要的费用,要满足《建筑工程安全防护、文明施工措施费用及使用管理规定》(建办〔2005〕89号)要求。

(1)建筑工程安全防护、文明施工措施费用由《建筑安装工程费用项目组成》(建标〔2003〕206号)中措施费所含的文明施工费、环境保护费、临时设施费、安全施工费组成。

其中安全施工费由临边、洞口、交叉、高处作业安全防护费,危险性较大工程安全措施费及其他费用组成。危险性较大工程安全措施费及其他费用项目组成由各地建设行政主管部门结合本地区实际自行确定。

(2)建设单位、设计单位在编制工程概(预)算时,应当依据工程所在地工程造价管理机构测定的相应费率,合理确定工程安全防护、文明施工措施费。

依法进行工程招投标的项目,招标方或具有资质的中介机构编制招标文件时,应当按照有关规定并结合工程实际单独列出安全防护、文明施工措施项目清单。

投标方应当根据现行标准、规范,结合工程特点、工期进度和作业环境要求,在施工组织设计文件中制定相应的安全防护、文明施工措施,并按照招标文件要求,结合自身的施工技术水平、管理水平,对工程安全防护、文明施工措施项目单独报价。投标方安全防护、文明施工措施的报价,不得低于依据工程所在地工程造价管理机构测定费率计算所需费用总额的

90%。

(3)建设单位与施工单位应当在施工合同中明确安全防护、文明施工措施项目总费用，以及费用预付、支付计划，使用要求、调整方式等条款。

建设单位与施工单位在施工合同中对安全防护、文明施工措施费用预付、支付计划未作约定或约定不明的，合同工期在一年以内的，建设单位预付安全防护、文明施工措施项目费用不得低于该费用总额的50%；合同工期在一年以上(含一年)的，预付安全防护、文明施工措施费用不得低于该费用总额的30%，其余费用应当按照施工进度支付。

实行工程总承包的，总承包单位依法将建筑工程分包给其他单位的，总承包单位与分包单位应当在分包合同中明确安全防护、文明施工措施费用由总承包单位统一管理。安全防护、文明施工措施由分包单位实施的，由分包单位提出专项安全防护措施及施工方案，经总承包单位批准后及时支付所需费用。

(4)建设单位申请领取建筑工程施工许可证时，应当将施工合同中约定的安全防护、文明施工措施费用支付计划作为保证工程安全的具体措施提交建设行政主管部门。未提交的，建设行政主管部门不予核发施工许可证。

(5)建设单位应当按照本规定及合同约定及时向施工单位支付安全防护、文明施工措施费，并督促施工企业落实安全防护、文明施工措施。

工程监理单位应当对施工单位落实安全防护、文明施工措施情况进行现场监理。对施工单位已经落实的安全防护、文明施工措施，总监理工程师或者造价工程师应当及时审查并签认所发生的费用。监理单位发现施工单位未落实施工组织设计及专项施工方案中安全防护和文明施工措施的，有权责令其立即整改；对施工单位拒不整改或未按期限要求完成整改的，工程监理单位应当及时向建设单位和建设行政主管部门报告，必要时责令其暂停施工。

(6)施工单位应当确保安全防护、文明施工措施费专款专用，在财务管理中单独列出安全防护、文明施工措施项目费用清单备查。施工单位安全生产管理机构和专职安全生产管理人员负责对建筑工程安全防护、文明施工措施的组织实施进行现场监督检查，并有权向建设主管部门反映情况。

工程总承包单位对建筑工程安全防护、文明施工措施费用的使用负总责。总承包单位应当按照本规定及合同约定及时向分包单位支付安全防护、文明施工措施费用。总承包单位不按本规定和合同约定支付费用，造成分包单位不能及时落实安全防护措施导致发生事故的，由总承包单位负主要责任。

(7)建设行政主管部门应当按照现行标准、规范对施工现场安全防护、文明施工措施落实情况进行监督检查，并对建设单位支付及施工单位使用安全防护、文明施工措施费用情况进行监督。

建设单位未按本规定支付安全防护、文明施工措施费用的，由县级以上建设行政主管部门依据《建设工程安全生产管理条例》规定，责令限期整改；逾期未改正的，责令该建设工程停止施工。

施工单位挪用安全防护、文明施工措施费用的，由县级以上建设主管部门依据《建设工程安全生产管理条例》第六十三条规定，责令限期整改，处挪用费用20%以上50%以下的罚款；造成损失的，依法承担赔偿责任。

(8)建设行政主管部门的工作人员有下列行为之一的，由其所在单位或者上级主管机关给予行政处分；构成犯罪的，依照刑法有关规定追究刑事责任：

①对没有提交安全防护、文明施工措施费用支付计划的工程颁发施工许可证的；

②发现违法行为不予查处的；

③不依法履行监督管理职责的其他行为。

四、施工人员劳动保护用品的规定

个人劳动保护用品，是指在建筑施工现场从事建筑施工活动的人员使用的安全帽、安全带以及安全（绝缘）鞋、防护眼镜、防护手套、防尘（毒）口罩等个人劳动保护用品（以下简称劳动保护用品）。凡从事建筑施工活动的企业和个人，劳动保护用品的采购、发放、使用、管理等必须遵守《建筑施工人员个人劳动保护用品使用管理暂行规定》（建质〔2007〕255号）。

（1）劳动保护用品的发放和管理，坚持"谁用工，谁负责"的原则。施工作业人员所在企业（包括总承包企业、专业承包企业、劳务企业等，下同）必须按国家规定免费发放劳动保护用品，更换已损坏或已到使用期限的劳动保护用品，不得收取或变相收取任何费用。

劳动保护用品必须以实物形式发放，不得以货币或其他物品替代。

（2）企业应建立完善劳动保护用品的采购、验收、保管、发放、使用、更换、报废等规章制度。同时应建立相应的管理台账，管理台账保存期限不得少于2年，以保证劳动保护用品的质量具有可追溯性。

（3）企业采购、个人使用的安全帽、安全带及其他劳动防护用品等，必须符合《安全帽》（GB 2811）、《安全带》（GB 6095）及其他劳动保护用品相关国家标准的要求。

企业、施工作业人员，不得采购和使用无安全标记或不符合国家相关标准要求的劳动保护用品。

（4）企业应当按照劳动保护用品采购管理制度的要求，明确企业内部有关部门、人员的采购管理职责。企业在一个地区组织施工的，可以集中统一采购；对企业工程项目分布在多个地区，集中统一采购有困难的，可由各地区或项目部集中采购。

（5）企业采购劳动保护用品时，应查验劳动保护用品生产厂家或供货商的生产、经营资格，验明商品合格证明和商品标志，以确保采购劳动保护用品的质量符合安全使用要求。

企业应当向劳动保护用品生产厂家或供货商索要法定检验机构出具的检验报告或由供货商签字盖章的检验报告复印件，不能提供检验报告或检验报告复印件的劳动保护用品不得采购。

（6）企业应加强对施工作业人员的教育培训，保证施工作业人员能正确使用劳动保护用品。

工程项目部应有教育培训的记录，有培训人员和被培训人员的签名与时间。

（7）企业应加强对施工作业人员劳动保护用品使用情况的检查，并对施工作业人员劳动保护用品的质量和正确使用负责。实行施工总承包的工程项目，施工总承包企业应加强对施工现场内所有施工作业人员劳动保护用品的监督检查。督促相关分包企业和人员正确使用劳动保护用品。

（8）施工作业人员有接受安全教育培训的权利，有按照工作岗位规定使用合格的劳动保护用品的权利；有拒绝违章指挥、拒绝使用不合格劳动保护用品的权利。同时，也负有正确使用劳动保护用品的义务。

(9)监理单位要加强对施工现场劳动保护用品的监督检查。发现有不使用或使用不符合要求的劳动保护用品,应责令相关企业立即改正。对拒不改正的,应当向建设行政主管部门报告。

(10)建设单位应当及时、足额向施工企业支付安全措施专项经费,并督促施工企业落实安全防护措施,使用符合相关国家产品质量要求的劳动保护用品。

各级建设行政主管部门应当加强对施工现场劳动保护用品使用情况的监督管理。发现有不使用或使用不符合要求的劳动保护用品的违法违规行为的,应当责令改正;对因不使用或使用不符合要求的劳动保护用品造成事故或伤害的,应当依据《建设工程安全生产管理条例》和《安全生产许可证条例》等法律法规,对有关责任方给予行政处罚。

各级建设行政主管部门应将企业劳动保护用品的发放、管理情况列入建筑施工企业《安全生产许可证》条件的审查内容之一;施工现场劳动保护用品的质量情况作为认定企业是否降低安全生产条件的内容之一;施工作业人员是否正确使用劳动保护用品情况作为考核企业安全生产教育培训是否到位的依据之一。

各地建设行政主管部门可建立合格劳动保护用品的信息公告制度,为企业购买合格的劳动保护用品提供信息服务。同时依法加大对采购、使用不合格劳动保护用品的处罚力度。

第五节　施工安全生产事故应急预案和事故报告的管理规定

一、施工生产安全事故应急救援预案的规定

(一)应急救援预案的主要规定

(1)县级以上地方人民政府建设行政主管部门应当根据本级人民政府的要求,制定本行政区域内建设工程特大生产安全事故应急救援预案。

(2)施工单位应当制订本单位生产安全事故应急救援预案,建立应急救援组织或者配备应急救援人员,配备必要的应急救援器材、设备,并定期组织演练。

(3)施工单位应当根据建设工程施工的特点、范围,对施工现场易发生重大事故的部位、环节进行监控,制订施工现场生产安全事故应急救援预案。实行施工总承包的,由总承包单位统一组织编制建设工程生产安全事故应急救援预案,工程总承包单位和分包单位按照应急救援预案,各自建立应急救援组织或者配备应急救援人员,配备救援器材、设备,并定期组织演练。

(4)工程项目经理部应针对可能发生的事故制订相应的应急救援预案。准备应急救援的物资,并在事故发生时组织实施,防止事故扩大,以减少与之有关的伤害和不利环境影响。

(二)现场应急预案的编制和管理

1. 编制、审核和确认

1)现场应急预案的编制

应急预案是规定事故应急救援工作的全过程。应急预案的编制应与安保计划同步编写。根据对危险源与不利环境因素的识别结果,确定可能发生的事故或紧急情况的控制措施失效时所采取的补充措施和抢救行动,以及针对可能随之引发的伤害和其他影响所采取的措施。

(1)应急预案适用于项目部施工现场范围内可能出现的事故或紧急情况的救援和处理。

(2)应急预案中应明确:应急救援组织、职责和人员的安排,应急救援器材、设备的准备和平时的维护保养。在作业场所发生事故时,如何组织抢救,保护事故现场的安排,其中应明确如何抢救,使用什么器材、设备。应明确内部和外部联系的方法、渠道,根据事故性质,制定在多少时间内由谁如何向企业上级、政府主管部门和其他有关部门报告,需要通知有关的近邻及消防、救险、医疗等单位的联系方式。工作场所内全体人员如何疏散的要求。

(3)应急救援的方案(在上级批准以后),项目部还应该根据实际情况定期和不定期举行应急救援的演练,检验应急准备工作的能力。

2)现场应急预案的审核和确认

由施工现场项目经理部的上级有关部门,对应急预案的适宜性进行审核和确认。

2.现场应急救援预案的内容

应急救援预案可以包括下列内容,但不局限于下列内容:

(1)目的。

(2)适用范围。

(3)引用的相关文件。

(4)应急准备。

领导小组组长、副组长及联系电话,组员、办公场所(指挥中心)及电话。

项目经理部应急救援指挥流程图。

急救工具、用具(列出急救的器材名称)。

(5)应急响应。

①一般事故的应急响应:当事故或紧急情况发生后,应明确由谁向谁汇报,同时采取什么措施防止事态扩大。现场领导如何组织处理,同时,在多长时间内向公司领导或主管部门汇报。

②重大事故的应急响应:重大事故发生后,由谁在最短时间内向项目领导汇报,如何组织抢救,由谁指挥,配合对伤员、财物的急救处理,防止事故扩大。

项目部立即汇报:向内汇报,多长时间,报告哪个部门,报告的内容;向外报告;什么事故可以由项目部门直接向外报警,什么事故应由项目部门上级公司向有关部门上报。

(6)演练和预案的评价及修改。项目部还应规定平时定期演练的要求和具体项目。演练或事故发生后,对应急救援预案的实际效果进行评价和修改预案的要求。

二、重大隐患排查治理挂牌督办的规定

(一)概述

重大隐患是指在房屋建筑和市政工程施工过程中,存在的危害程度较大,可能导致群死群伤或造成重大经济损失的生产安全隐患。

挂牌督办是指住房城乡建设主管部门以下达督办通知书以及信息公开等方式,督促企业按照法律法规和技术标准,做好房屋市政工程生产。

(二)重大隐患排查治理挂牌督办的规定

依据《房屋市政工程生产安全重大隐患排查治理挂牌督办暂行办法》(建质〔2011〕158

号),重大隐患排查治理挂牌督办的规定如下:

(1)建筑施工企业是房屋市政工程生产安全重大隐患排查治理的责任主体,应当建立健全重大隐患排查治理工作制度,并落实到每一个工程项目。企业及工程项目的主要负责人对重大隐患排查治理工作全面负责。

建筑施工企业应当定期组织安全生产管理人员、工程技术人员和其他相关人员排查每一个工程项目的重大隐患,特别是对深基坑、高支模、地铁隧道等技术难度大、风险大的重要工程应重点定期排查。对排查出的重大隐患,应及时实施治理消除,并将相关情况进行登记存档。

建筑施工企业应及时将工程项目重大隐患排查治理的有关情况向建设单位报告。建设单位应积极协调勘察、设计、施工、监理、监测等单位,并在资金、人员等方面积极配合做好重大隐患排查治理工作。

(2)房屋市政工程生产安全重大隐患治理挂牌督办按照属地管理原则,由工程所在地住房城乡建设主管部门组织实施。省级住房城乡建设主管部门进行指导和监督。

住房城乡建设主管部门接到工程项目重大隐患举报,应立即组织核实,属实的由工程所在地住房城乡建设主管部门及时向承建工程的建筑施工企业下达《房屋市政工程生产安全重大隐患治理挂牌督办通知书》,并公开有关信息,接受社会监督。

《房屋市政工程生产安全重大隐患治理挂牌督办通知书》包括下列内容:

①工程项目的名称;

②重大隐患的具体内容;

③治理要求及期限;

④督办解除的程序;

⑤其他有关的要求。

(3)承建工程的建筑施工企业接到《房屋市政工程生产安全重大隐患治理挂牌督办通知书》后,应立即组织进行治理。确认重大隐患消除后,向工程所在地住房城乡建设主管部门报送治理报告,并提请解除督办。

(4)工程所在地住房城乡建设主管部门收到建筑施工企业提出的重大隐患解除督办申请后,应当立即进行现场审查。审查合格的,依照规定解除督办。审查不合格的,继续实施挂牌督办。

(5)建筑施工企业不认真执行《房屋市政工程生产安全重大隐患治理挂牌督办通知书》的,应依法责令整改;情节严重的要依法责令停工整改;不认真整改导致生产安全事故发生的,依法从重追究企业和相关负责人的责任。

三、施工生产安全事故报告和应急措施的规定

《建设工程安全生产管理条例》第五十条对建设工程生产安全事故报告制度的规定为:施工单位发生生产安全事故,应当按照国家有关伤亡事故报告和调查处理的规定,及时、如实地向负责安全生产监督管理的部门、建设行政主管部门或者其他有关部门报告;特种设备发生事故的,还应当同时向特种设备安全监督管理部门报告。接到报告的部门应当按照国家有关规定,如实上报。

（一）关于发生伤亡事故时的报告义务的规定

一旦发生安全事故，及时报告有关部门是及时组织抢救的基础，也是认真进行调查分清责任的基础。因此，施工单位在发生安全事故时，不能隐瞒事故情况。对于生产安全事故报告制度，我国《安全生产法》、《建筑法》等对生产安全事故报告作了相应的规定。如《安全生产法》第七十条规定："生产经营单位发生生产安全事故后，事故现场有关人员应当立即报告本单位负责人，单位负责人接到事故报告后，应当迅速采取有效措施，组织抢救，防止事故扩大，减少人员伤亡和财产损失，并按照国家有关规定立即如实报告当地负有安全生产监督管理职责的部门，不得隐瞒不报、谎报或者拖延不报，不得故意破坏事故现场、毁灭有关证据。"《建筑法》第五十一条规定："施工中发生事故时，建筑施工企业应当采取紧急措施减少人员伤亡和事故损失，并按照国家有关规定及时向有关部门报告。"施工单位发生生产安全事故，应当按照国家有关伤亡事故报告和调查处理的规定，及时、如实地向负责安全生产监督管理的部门、建设行政主管部门或者其他有关部门报告，负责安全生产监督管理的部门对全国的安全生产工作负有综合监督管理的职能，因此其必须了解企业事故的情况。同时，有关调查处理的工作也需要由其来组织，所以施工单位应当向负责安全生产监督管理的部门报告事故情况。建设行政主管部门是建设安全生产的监督管理部门，对建设安全生产实行的是统一的监督管理，因此各个行业的建设施工中出现了安全事故，都应当向建设行政主管部门报告。对于专业工程的施工中出现生产安全事故的，由于有关的专业主管部门也承担着对建设安全生产的监督管理职能，因此专业工程出现安全事故，还需要向有关行业主管部门报告。

2007 年 6 月 1 日起施行的《生产安全事故报告和调查处理条例》对安全事故的报告和调查处理进行了明确的规定：事故报告应当及时、准确、完整，任何单位和个人对事故不得迟报、漏报、谎报或者瞒报。县级以上人民政府应当依照本条例的规定，严格履行职责，及时、准确地完成事故调查处理工作。事故发生地有关地方人民政府应当支持、配合上级人民政府或者有关部门的事故调查处理工作，并提供必要的便利条件。参加事故调查处理的部门和单位应当互相配合，提高事故调查处理工作的效率。

（二）生产安全事故报告程序

（1）事故发生后，事故现场有关人员应当立即向本单位负责人报告；单位负责人接到报告后，应当于 1 小时内向事故发生地县级以上人民政府安全生产监督管理部门和负有安全生产监督管理职责的有关部门报告。

（2）情况紧急时，事故现场有关人员可以直接向事故发生地县级以上人民政府安全生产监督管理部门和负有安全生产监督管理职责的有关部门报告。

（3）安全生产监督管理部门和负有安全生产监督管理职责的有关部门接到事故报告后，应当依照下列规定上报事故情况，并通知公安机关、劳动保障行政部门、工会和人民检察院：特别重大事故、重大事故逐级上报至国务院安全生产监督管理部门和负有安全生产监督管理职责的有关部门；较大事故逐级上报至省、自治区、直辖市人民政府安全生产监督管理部门和负有安全生产监督管理职责的有关部门；一般事故上报至设区的市级人民政府安全生产监督管理部门和负有安全生产监督管理职责的有关部门。

（4）安全生产监督管理部门和负有安全生产监督管理职责的有关部门依照前款规定上报事故情况，应当同时报告本级人民政府。国务院安全生产监督管理部门和负有安全生产监督管理职责的有关部门以及省级人民政府接到发生特别重大事故、重大事故的报告后，应当立即报告国务院。

(5)必要时，安全生产监督管理部门和负有安全生产监督管理职责的有关部门可以越级上报事故情况。

(6)安全生产监督管理部门和负有安全生产监督管理职责的有关部门逐级上报事故情况，每级上报的时间不得超过2 h。

(7)报告事故应当包括下列内容：

①事故发生单位概况；

②事故发生的时间、地点以及事故现场情况；

③事故的简要经过；

④事故已经造成或者可能造成的伤亡人数(包括下落不明的人数)和初步估计的直接经济损失；

⑤已经采取的措施；

⑥其他应当报告的情况。

事故报告后出现新情况的，应当及时补报。

(8)自事故发生之日起30日内，事故造成的伤亡人数发生变化的，应当及时补报。道路交通事故、火灾事故自发生之日起7日内，事故造成的伤亡人数发生变化的，应当及时上报。

(9)事故发生单位负责人接到事故报告后，应当立即启动事故相应应急预案，或者采取有效措施组织抢救，防止事故扩大，减少人员伤亡和财产损失。

(10)事故发生地有关地方人民政府、安全生产监督管理部门和负有安全生产监督管理职责的有关部门接到事故报告后，其负责人应当立即赶赴事故现场，组织事故救援。

(11)事故发生后，有关单位和人员应当妥善保护事故现场以及相关证据，任何单位和个人不得破坏事故现场、毁灭相关证据。

因抢救人员、防止事故扩大以及疏通交通等需要移动事故现场物件的，应当做出标志，绘制现场简图并作出书面记录，妥善保存现场重要痕迹、物证。

(12)事故发生地公安机关根据事故的情况，对涉嫌犯罪的，应当依法立案侦查，采取强制措施和侦查措施。犯罪嫌疑人逃匿的，公安机关应当迅速追捕归案。

(13)安全生产监督管理部门和负有安全生产监督管理职责的有关部门应当建立值班制度，并向社会公布值班电话，受理事故报告和举报。

《建设工程安全生产管理条例》还规定了实行施工总承包的施工单位发生安全事故时的报告义务主体。本条例第二十四条规定："建设工程实行施工总承包的，由总承包单位对施工现场的安全生产负总责。"因此，一旦发生安全事故，施工总承包单位应当负起及时报告的义务。

本章小结

国家相关的管理规定和标准是施工现场安全管理的依据，本章介绍了施工现场安全生产责任制、施工安全生产组织保障和安全生产许可规定、施工现场安全生产规定、施工现场临时设施和防护措施规定和施工现场安全生产事故应急预案和事故报告制度等。

思考练习题

1. 施工单位的安全生产责任有哪些?

2. 项目经理部的安全生产责任有哪些?

3. 如何划分总包单位和分包单位的安全责任?

4. 施工单位有哪些行为时责令限期改正;逾期未改正的,责令停业整顿?

5. 施工单位有哪些行为时责令限期改正;逾期未改正的,责令停业整顿,并处 5 万元以上 10 万元以下的罚款?

6. 施工单位有哪些行为时责令限期改正;逾期未改正的,责令停业整顿,并处 10 万元以上 30 万元以下的罚款?

7. 企业负责人施工现场带班制度的要求?

8. 项目负责人施工现场带班制度的要求?

9. 安全生产管理机构的概念?

10. 安全生产管理机构职责?

11. 专职安全生产管理人员的概念?

12. 安全生产领导小组的主要职责?

13. 项目专职安全生产管理人员的主要职责?

14. 总承包单位配备项目专职安全生产管理人员应当满足的要求?

15. 分包单位配备项目专职安全生产管理人员应当满足的要求?

16. 安全生产许可证的的申请条件?

17. 安全生产许可证的有效期?

18. 未取得安全生产许可证擅自从事施工活动应承担的法律责任?

19. 安全生产许可证有效期满未办理延期手续继续从事施工活动应承担的法律责任?

20. 转让安全生产许可证等应承担的法律责任?

21. 建筑施工企业管理人员即"三类人员"包括?

22. 建筑施工特种作业人员包括?

23. 建筑施工特种作业人员上岗要求?

24. 建筑施工特种作业人员申请基本条件?

25. 施工作业人员应当享有的安全生产权利?

26. 施工作业人员应当履行的安全生产义务?

27. 建筑工程有哪些危险性较大的分部分项工程需要编制专项方案,哪些需要进行专家论证?

28. 建筑起重机械的使用要求有哪些?

29. 哪些模板系统属于高大模板支撑系统? 如何做好高大模板的验收监管?

30. 如何做好施工现场临时设施和封闭管理?

31. 如何做好施工现场消防安全?

32. 工地食堂卫生的要求有哪些?

第二章　施工安全技术标准知识

【学习目标】

通过施工安全技术标准知识的学习，了解施工安全技术标准的法定分类和施工安全标准化工作，熟悉脚手架安全技术规范的要求，熟悉基坑支护、土方作业安全技术规范的要求，熟悉高处作业安全技术规范的要求，熟悉施工用电安全技术规范的要求，熟悉建筑起重机械安全技术规范的要求，熟悉建筑机械设备使用安全技术规程的要求，熟悉建筑施工模板安全技术规范的要求；掌握施工企业安全生产评价标准。

第一节　施工安全技术标准的法定分类和施工安全标准化工作

一、施工安全技术标准的法定分类

安全生产标准体系与法律体系类似，按照《中华人民共和国标准化法》规定，分为国家标准、行业标准及地方标准三个层次。安全生产的标准是强制性标准，企业必须执行。它是安全生产法律法规的补充，这是安全生产标准体系的一大特点。按标准化的对象分，安全生产的标准体系可分为基础标准、管理标准、技术标准和其他综合标准。

常见的安全技术标准如下。

（一）土石方及基坑支护

（1）《建筑施工土石方工程安全技术规范》（JGJT 180—2009）。

（2）《锚杆喷射混凝土支护技术规范》（GB 50086—2001）。

（3）《建筑边坡工程技术规范》（GB 50330—2002）。

（4）《建筑基坑工程监测技术规范》（GB 50497—2009）。

（5）《建筑基坑支护技术规程》（JGJ 120—2012）。

（6）《湿陷性黄土地区建筑基坑工程安全技术规程》（JGJ 167—2009）。

（二）施工用电

（1）《用电安全导则》（GB/T 13869—2008）。

（2）《建设工程施工现场供用电安全规范》（GB 50194—2014）。

（3）《施工现场临时用电安全技术规范》（JGJ 46—2005）。

（4）《手持电动工具的管理使用检查和维修安全技术规程》（GB/T 3787—2006）。

（三）高处作业

（1）《建筑施工高处作业安全技术规范》（JGJ 80—2016）。

（2）《建筑外墙清洗维护技术规程》（JGJ 168—2009）。

（3）《座板式单人吊具悬吊作业安全技术规范》（GB 23525—2009）。

（四）脚手架

（1）《建筑施工门式钢管脚手架安全技术规范》（JGJ 128—2010）。

（2）《建筑施工扣件式钢管脚手架安全技术规范》（JGJ 130—2011）。

（3）《建筑施工碗扣式脚手架安全技术规范》（JGJ 166—2016）。

（4）《建筑施工工具式脚手架安全技术规范》（JGJ 202—2010）。

（5）《建筑施工木脚手架安全技术规范》（JGJ 164—2008）。

（6）《液压升降整体脚手架安全技术规程》（JGJ 183—2009）。

（7）《钢管脚手架扣件》（GB 15831—2006）。

（五）模板

（1）《建筑施工模板安全技术规范》（JGJ 162—2008）。

（2）《液压滑动模板施工安全技术规程》（JGJ 65—2013）。

（3）《钢管满堂支架预压技术规程》（JGJ/T 194—2009）。

（六）建筑机械

（1）《建筑施工塔式起重机安装、使用、拆卸安全技术规程》（JGJ 196—2010）。

（2）《塔式起重机混凝土基础工程技术规程》（JGJ/T 187—2009）。

（3）《龙门架及井架物料提升机安全技术规范》（JGJ 88—2010）。

（4）《建筑施工物料提升机安全技术规程》（DBJ 14-015—2002）。

（5）《建筑起重机械安全评估技术规程》（JGJ/T 189—2009）。

（6）《起重机钢丝绳保养、维护、安装、检验和报废》（GB/T 5972—2009）。

（7）《建筑机械使用安全技术规程》（JGJ 33—2012）。

（8）《施工现场机械设备检查技术规程》（JGJ 160—2008）。

（七）危险作业

《建筑拆除工程安全技术规范》（JGJ 147—2004）。

（八）临时建筑物及垃圾处理

（1）《施工现场临时建筑物技术规范》（JGJ/T 188—2009）。

（2）《建筑垃圾处理技术规范》（CJJ 134—2009）。

（九）检查标准

（1）《建筑施工安全检查标准》（JGJ 59—2011）

（2）《建筑施工现场环境与卫生标准》（JGJ 146—2013）

二、施工安全标准化工作

依据住房城乡建设部印发的《建筑施工安全生产标准化考评暂行办法》（建质[2014]111号），建筑施工安全生产标准化是指建筑施工企业在建筑施工活动中，贯彻执行建筑施工安全法律法规和标准规范，建立企业和项目安全生产责任制，制定安全管理制度和操作规程，监控危险性较大分部分项工程，排查治理安全生产隐患，使人、机、物、环始终处于安全状态，形成过程控制、持续改进的安全管理机制。

建筑施工安全生产标准化考评工作应坚持客观、公正、公开的原则，鼓励应用信息化手段开展建筑施工安全生产标准化考评工作。建筑施工安全生产标准化考评包括建筑施工项目安全生产标准化考评和建筑施工企业安全生产标准化考评。

（一）建筑施工项目安全生产标准化考评

建筑施工项目是指新建、扩建、改建房屋建筑和市政基础设施工程项目。建筑施工企业应当建立健全以项目负责人为第一责任人的项目安全生产管理体系，依法履行安全生产职责，实施项目安全生产标准化工作。

1. 一般规定

（1）建筑施工项目实行施工总承包的，施工总承包单位对项目安全生产标准化工作负总责。施工总承包单位应当组织专业承包单位等开展项目安全生产标准化工作。

（2）工程项目应当成立由施工总承包及专业承包单位等组成的项目安全生产标准化自评机构，在项目施工过程中每月主要依据《建筑施工安全检查标准》（JGJ 59—2011）等开展安全生产标准化自评工作。

（3）建筑施工企业安全生产管理机构应当定期对项目安全生产标准化工作进行监督检查，检查及整改情况应当纳入项目自评材料。

（4）建设、监理单位应当对建筑施工企业实施的项目安全生产标准化工作进行监督检查，并对建筑施工企业的项目自评材料进行审核并签署意见。

（5）对建筑施工项目实施安全生产监督的住房城乡建设主管部门或其委托的建筑施工安全监督机构（以下简称“项目考评主体”）负责建筑施工项目安全生产标准化考评工作。

（6）项目考评主体应当对已办理施工安全监督手续并取得施工许可证的建筑施工项目实施安全生产标准化考评。项目考评主体应当对建筑施工项目实施日常安全监督时同步开展项目考评工作，指导监督项目自评工作。

2. 建筑施工企业项目自评

项目完工后办理竣工验收前，建筑施工企业应当向项目考评主体提交项目安全生产标准化自评材料。项目自评材料主要包括：

（1）项目建设、监理、施工总承包、专业承包等单位及其项目主要负责人名录；

（2）项目主要依据《建筑施工安全检查标准》（JGJ 59—2011）等进行自评结果及项目建设、监理单位审核意见；

（3）项目施工期间因安全生产受到住房城乡建设主管部门奖惩情况（包括限期整改、停工整改、通报批评、行政处罚、通报表扬、表彰奖励等）；

（4）项目发生生产安全责任事故情况；

（5）住房城乡建设主管部门规定的其他材料。

3. 安全生产标准化评定结果

项目考评主体收到建筑施工企业提交的材料后，经查验符合要求的，以项目自评为基础，结合日常监管情况对项目安全生产标准化工作进行评定，在10个工作日内向建筑施工企业发放项目考评结果告知书。

评定结果为“优良”、“合格”及“不合格”。项目考评结果告知书中应包括项目建设、监理、施工总承包、专业承包等单位及其项目主要负责人信息。评定结果为不合格的，应当在项目考评结果告知书中说明理由及项目考评不合格的责任单位。

建筑施工项目具有下列情形之一的，安全生产标准化评定为不合格：

（1）未按规定开展项目自评工作的；

（2）发生生产安全责任事故的；

(3)因项目存在安全隐患在一年内受到住房城乡建设主管部门 2 次及以上停工整改的;

(4)住房城乡建设主管部门规定的其他情形。

项目竣工验收时建筑施工企业未提交项目自评材料的,视同项目考评不合格。

(二)企业安全生产标准化考评

建筑施工企业是指从事新建、扩建、改建房屋建筑和市政基础设施工程施工活动的建筑施工总承包及专业承包企业。建筑施工企业应当建立健全以法定代表人为第一责任人的企业安全生产管理体系,依法履行安全生产职责,实施企业安全生产标准化工作。

1. 一般规定

(1)建筑施工企业应当成立企业安全生产标准化自评机构,每年主要依据《施工企业安全生产评价标准》(JGJ/T 77—2010)等开展企业安全生产标准化自评工作。

(2)对建筑施工企业颁发安全生产许可证的住房城乡建设主管部门或其委托的建筑施工安全监督机构(以下简称"企业考评主体")负责建筑施工企业的安全生产标准化考评工作。

(3)企业考评主体应当对取得安全生产许可证且许可证在有效期内的建筑施工企业实施安全生产标准化考评。

(4)企业考评主体应当对建筑施工企业安全生产许可证实施动态监管时同步开展企业安全生产标准化考评工作,指导监督建筑施工企业开展自评工作。

2. 企业安全审查标准化自评

建筑施工企业在办理安全生产许可证延期时,应当向企业考评主体提交企业自评材料。企业自评材料主要包括:

(1)企业承建项目台帐及项目考评结果;

(2)企业主要依据《施工企业安全生产评价标准》(JGJ/T 77—2010)等进行自评结果;

(3)企业近三年内因安全生产受到住房城乡建设主管部门奖惩情况(包括通报批评、行政处罚、通报表扬、表彰奖励等);

(4)企业承建项目发生生产安全责任事故情况;

(5)省级及以上住房城乡建设主管部门规定的其他材料。

3. 企业安全审查标准化评定结果

企业考评主体收到建筑施工企业提交的材料后,经查验符合要求的,以企业自评为基础,以企业承建项目安全生产标准化考评结果为主要依据,结合安全生产许可证动态监管情况对企业安全生产标准化工作进行评定,在 20 个工作日内向建筑施工企业发放企业考评结果告知书。

评定结果为"优良"、"合格"及"不合格"。企业考评结果告知书应包括企业考评年度及企业主要负责人信息。评定结果为不合格的,应当说明理由,责令限期整改。建筑施工企业具有下列情形之一的,安全生产标准化评定为不合格:

(1)未按规定开展企业自评工作的;

(2)企业近三年所承建的项目发生较大及以上生产安全责任事故的;

(3)企业近三年所承建已竣工项目不合格率超过 5% 的(不合格率是指企业近三年作为项目考评不合格责任主体的竣工工程数量与企业承建已竣工工程数量之比);

(4)省级及以上住房城乡建设主管部门规定的其他情形。

建筑施工企业在办理安全生产许可证延期时未提交企业自评材料的,视同企业考评不合格。

(三)奖励和惩戒

1. 建筑施工安全生产标准化考评结果作为政府相关部门进行绩效考核、信用评级、诚信评价、评先推优、投融资风险评估、保险费率浮动等重要参考依据。

2. 政府投资项目招投标应优先选择建筑施工安全生产标准化工作业绩突出的建筑施工企业及项目负责人。

3. 住房城乡建设主管部门应当将建筑施工安全生产标准化考评情况记入安全生产信用档案。

4. 对于安全生产标准化考评不合格的建筑施工企业,住房城乡建设主管部门应当责令限期整改,在企业办理安全生产许可证延期时,复核其安全生产条件,对整改后具备安全生产条件的,安全生产标准化考评结果为"整改后合格",核发安全生产许可证;对不再具备安全生产条件的,不予核发安全生产许可证。

5. 对于安全生产标准化考评不合格的建筑施工企业及项目,住房城乡建设主管部门应当在企业主要负责人、项目负责人办理安全生产考核合格证书延期时,责令限期重新考核,对重新考核合格的,核发安全生产考核合格证;对重新考核不合格的,不予核发安全生产考核合格证。

6. 经安全生产标准化考评合格或优良的建筑施工企业及项目,发现有下列情形之一的,由考评主体撤销原安全生产标准化考评结果,直接评定为不合格,并对有关责任单位和责任人员依法予以处罚。

(1)提交的自评材料弄虚作假的;

(2)漏报、谎报、瞒报生产安全事故的;

(3)考评过程中有其他违法违规行为的。

第二节　脚手架安全技术规范的要求

一、一般规定

各种脚手架应根据建筑施工的要求选择合理的构架形式,并制定搭设、拆除作业的程序和安全措施,当搭设高度超过免计算仅构造要求的搭设高度时,必须按规定进行设计计算。

脚手架材料及配件应符合下列规定。

(一)脚手架杆件

脚手架杆件应符合下列规定:

(1)木脚手架立杆、纵向水平杆、斜撑、剪刀撑、连墙件应选用剥皮杉、落叶松木杆,横向水平杆应选用杉木、落叶松、柞木、水曲柳。不得使用折裂、扭裂、虫蛀、纵向严重裂缝以及腐朽等木杆。立杆有效部分的小头直径不得小于 70 mm,纵向水平杆有效部分的小头直径不得小于 80 mm。

(2)竹杆应选用生长期 3 年以上毛竹或楠竹,不得使用弯曲、青嫩、枯脆、腐烂、裂纹连通两节以上以及虫蛀的竹杆。立杆、顶撑、斜杆有效部分的小头直径不得小于75 mm,横向水平杆有效部分的小头直径不得小于90 mm,搁栅、栏杆的有效部分小头直径不得小于60 mm。对于小头直径在60 mm以上,不足90 mm的竹杆可采用双杆。

(3)钢管材质应符合Q235-A级标准,不得使用有明显变形、裂纹、严重锈蚀材料。钢管规格宜采用$\phi48\times3.5$,亦可采用$\phi51\times3.0$钢管。

(4)同一脚手架中,不得混用两种材质,也不得将两种规格钢管用于同一脚手架中。

(二)脚手架绑扎材料

脚手架绑扎材料应符合下列规定:

(1)镀锌钢丝或回火钢丝严禁有锈蚀和损伤,且严禁重复使用。

(2)竹篾严禁发霉、虫蛀、断腰、有大节疤和折痕,使用其他绑扎材料时,应符合其他规定。

(3)扣件应与钢管管径相配合,并符合国家现行标准的规定。

(三)脚手板

脚手架上脚手板应符合下列规定:

(1)木脚手板厚度不得小于50 mm,板宽宜为200~300 mm,两端应用镀锌钢丝扎紧。材质不得低于国家Ⅱ等材标准的杉木和松木,且不得使用腐朽、劈裂的木板。

(2)竹串片脚手板应使用宽度不小于50 mm的竹片,拼接螺栓间距不得大于600 mm,螺栓孔径与螺栓应紧密配合。

(3)各种形式金属脚手板,单块重量不宜超过0.3 kN,性能应符合设计使用要求,表面应有防滑构造。

(四)脚手架搭设高度

脚手架搭设高度应符合下列规定:

(1)钢管脚手架中扣件式单排架不宜超过24 m,扣件式双排架不宜超过50 m。门式架不宜超过60 m。

(2)木脚手架中单排架不宜超过20 m,双排架不宜超过30 m。

(3)竹脚手架中不得搭设单排架,双排架不宜超过35 m。

(五)脚手架构造要求

脚手架构造要求应符合下列规定:

(1)单、双排脚手架的立杆纵距及水平杆步距不应大于2.1 m,立杆横距不应大于1.6 m。

(2)应按规定的间隔采用连墙件(或连墙杆)与建筑结构进行连接,在脚手架使用期间不得拆除。

(3)沿脚手架外侧应设置剪刀撑,并随脚手架同步搭设和拆除。

(4)双排扣件式钢管脚手架高度超过24 m时,应设置横向斜撑。

(5)门式钢管脚手架的顶层门架上部、连墙件设置层、防护棚设置处必须设置水平架。

(6)脚手架应设置顶撑杆,并与立杆绑扎在一起顶紧横向水平杆。

(7)架高超过40 m且有风涡流作用时,应设置抗风涡流上翻作用的连墙措施。

(8)脚手板必须按脚手架宽度铺满、铺稳,脚手板与墙面的间隙不应大于200 mm,作业层脚手板的下方必须设置防护层。

(9)作业层外侧,应按规定设置防护栏杆和挡脚板。

(10)脚手架应按规定采用密目式安全立网封闭。

(六)脚手架荷载标准值

脚手架荷载标准值应符合下列规定。

(1)恒荷载应符合以下规定:包括构架、防护设施、脚手板等自重,应按《建筑结构荷载规范》(GB 50009)选用,对木脚手板、竹串片脚手板可取自重标准值为0.35 kN/m²(按厚度50 mm计)。

(2)施工荷载应符合下列规定:

施工荷载应包括作业层人员、器具、材料的重量,结构作业架应取3 kN/m²;装修作业架应取2 kN/m²;定型工具式脚手架按标准值取用,但不得低于1 kN/m²。

(3)风荷载应符合下列规定:

作用于脚手架的水平风荷载标准值 W_k 应按下式计算:

$$W_k = \mu_s \mu_z W_0 \tag{2-1}$$

式中 μ_s——脚手架风荷载体型系数,按表2-1选用;

μ_z——风压高度变化系数,按现行《建筑结构荷载规范》(GB 50009)的规定取用;

W_0——基本风压,按现行国家标准《建筑结构荷载规范》(GB 50009)的规定,取 $n=5$。

表2-1 脚手架的风荷载体型系数 μ_s

背靠建筑物状况	全封闭	敞开、开洞
μ_s	1.0ϕ	1.3ϕ

注:ϕ 为挡风系数,按脚手架封闭状况确定;ϕ = 脚手架挡风面积/脚手架迎风面积。

(七)钢管脚手架结构设计

钢管脚手架结构设计应符合下列方法和基本计算模式:

钢管脚手架的结构设计应采用概率极限状态计算法,同时要求其计算结果应按单一安全系数法计算的安全度进行校核:强度 $K_1 \geq 1.5$;稳定 $K_2 \geq 2.0$。

钢管脚手架结构设计应采用以下基本计算模式:

$$\gamma_0 S \leq R \tag{2-2}$$

式中 γ_0——结构重要性系数,取 $\gamma_0 \geq 1.0$;

S——荷载效应;

R——结构抗力。

二、落地式脚手架

(1)落地式脚手架的基础应坚实、平整,并应定期检查。立杆不埋设时,每根立杆底部应设置垫板或底座,并应设置纵、横向扫地杆。

(2)落地式脚手架连墙件应符合下列规定:

①扣件式钢管脚手架双排架高在50 m以下或单排架在24 m以下,按不大于40 m²设置一处;双排架高在50 m以上,按不大于27 m²设置一处。

②门式钢管脚手架架高在45 m以下,基本风压≤0.55 kN/m²,按不大于48 m²设置一处;架高在45 m以下,基本风压>0.55 kN/m²,或架高在45 m以上,按不大于24 m²设置一处。

③木脚手架按垂直不大于双排3倍立杆步距、单排2倍立杆步距,水平不大于3倍立杆纵距设置。

④竹脚手架按垂直不大于4 m,水平不大于4倍立杆纵距设置。

⑤一字型、开口型脚手架的两端,必须设置连墙件。

⑥连墙件必须采用可承受拉力和压力的构造,并与建筑结构连接。

(3)落地式脚手架剪刀撑及横向斜撑应符合下列规定:

①扣件式钢管脚手架应沿全高设置剪刀撑。架高在24 m以下时,可沿脚手架长度间隔不大于15 m设置;架高在24 m以上时应沿脚手架全长连续设置剪刀撑,并应设置横向斜撑,横向斜撑由架底至架顶呈之字形连续布置,沿脚手架长度间隔6跨设置一道。

②碗扣式钢管脚手架,架高在24 m以下时,于外侧框格总数的1/5设置斜杆;架高在24 m以上时,按框格总数的1/3设置斜杆。

③门式钢管脚手架的内外两个侧面除应满设交叉支撑杆外,当架高超过20 m时,还应在脚手架外侧沿长度和高度连续设置剪刀撑,剪刀撑钢管规格应与门架钢管规格一致。当剪刀撑钢管直径与门架钢管直径不一致时,应采用异型扣件连接。

④满堂扣件式钢管脚手架除沿脚手架外侧四周和中间设置竖向剪刀撑外,当脚手架高于4 m时,还应沿脚手架每两步高度设置一道水平剪刀撑。

(4)扣件式钢管脚手架的主节点处必须设置横向水平杆,在脚手架使用期间严禁拆除。单排脚手架横向水平杆插入墙内长度不应小于180 mm。

(5)扣件式钢管脚手架除顶层外立杆杆件接长时,相临杆件的对接接头不应设在同步内。相临纵向水平杆对接接头不宜设置在同步或同跨内。扣件式钢管脚手架立杆接长除顶层外应采用对接。木脚手架立杆接头搭接长度应跨两根纵向水平杆,且不得小于1.5 m。竹脚手架立杆接头的搭接长度应超过一个步距,并不得小于1.5 m。

三、悬挑式脚手架

(一)悬挑一层的脚手架

悬挑一层的脚手架应符合下列规定:

(1)悬挑架斜立杆的底部必须搁置在楼板、梁或墙体等建筑结构部位,并有固定措施。立杆与墙面的夹角不得大于30°,挑出墙外宽度不得大于1.2 m。

(2)斜立杆必须与建筑结构进行连接固定。不得与模板支架进行连接。

(3)斜立杆纵距不得大于1.5 m,底部应设置扫地杆并按不大于1.5 m的步距设置纵向水平杆。

(4)作业层除应按规定满铺脚手板和设置临边防护外,还应在脚手板下部挂一层平网,在斜立杆里侧用密目网封严。

(二)悬挑多层的脚手架

悬挑多层的脚手架应符合下列规定:

(1)悬挑支承结构必须专门设计计算,应保证有足够的强度、稳定性和刚度,并将脚手架的荷载传递给建筑结构。悬挑式脚手架的高度不得超过24 m。

(2)悬挑支承结构可采用悬挑梁或悬挑架等不同结构形式。悬挑梁应采用型钢制作,悬挑架应采用型钢或钢管制作成三角形桁架,其节点必须是螺栓或焊接的刚性节点,不得采用扣件(或碗扣)连接。

(3)支撑结构以上的脚手架应符合落地式脚手架搭设规定,并按要求设置连墙件。脚手架立杆纵距不得大于1.5 m,底部与悬挑结构必须进行可靠连接。

四、吊篮式脚手架

(一)吊篮平台制作

吊篮式脚手架吊篮平台制作应符合下列规定:

(1)吊篮平台应经设计计算并应采用型钢、钢管制作,其节点应采用焊接或螺栓连接,不得使用钢管和扣件(或碗扣)组装。

(2)吊篮平台宽度宜为0.8~1.0 m,长度不宜超过6 m。当底板采用木板时,厚度不得小于50 mm;采用钢板时应有防滑构造。

(3)吊篮平台四周应设防护栏杆,除靠建筑物一侧的栏杆高度不应低于0.8 m外,其余侧面栏杆高度均不得低于1.2 m。栏杆底部应设180 mm高挡脚板,上部应用钢板网封严。

(4)吊篮应设固定吊环,其位置距底部不应小于800 mm。吊篮平台应在明显处标明最大使用荷载(人数)及注意事项。

(二)悬挂结构

吊篮式脚手架悬挂结构应符合下列规定:

(1)悬挂结构应经设计计算,可制作成悬挑梁或悬挑架,尾端与建筑结构锚固连接;当采用压重方法平衡挑梁的倾覆力矩时,应确认压重的质量,并应有防止压重移位的锁紧装置。悬挂结构抗倾覆应专门计算。

(2)悬挂结构外伸长度应保证悬挂平台的钢丝绳与地面呈垂直。挑梁与挑梁之间应采用纵向水平杆连成稳定的结构整体。

(三)提升机构

吊篮式脚手架提升机构应符合下列规定:

(1)提升机构的设计计算应按容许应力法,提升钢丝绳安全系数不应小于10,提升机的安全系数不应小于2。

(2)提升机可采用手搬葫芦或电动葫芦,应采用钢芯钢丝绳。手搬葫芦可用于单跨(两个吊点)的升降,当吊篮平台多跨同时升降时,必须使用电动葫芦且应有同步控制装置。

(四)安全装置

吊篮式脚手架安全装置应符合下列规定:

(1)使用手搬葫芦应装设防止吊篮平台发生自动下滑的闭锁装置。

(2)吊篮平台必须装设安全锁,并应在各吊篮平台悬挂处增设一根与提升钢丝绳相同型号的安全绳,每根安全绳上应安装安全锁。

(3)当使用电动提升机时,应在吊篮平台上、下两个方向装设对其上、下运行位置、距离进行限定的行程限位器。

(4)电动提升机构宜配两套独立的制动器,每套制动器均可使带有额定荷载125%的吊篮平台停住。

(5)吊篮式脚手架吊篮安装完毕,应以2倍的均布额定荷载进行检验平台和悬挂结构的强度及稳定性的试压试验。提升机构应进行运行试验,其内容应包括空载、额定荷载、偏载及超载试验,并应同时检验各安全装置并进行坠落试验。

(6)吊篮式脚手架必须经设计计算,吊篮升降应采用钢丝绳传动,装设安全锁等防护装置并经检验确认。严禁使用悬空吊椅进行高层建筑外装修清洗等高处作业。

五、附着升降脚手架

(1)附着升降脚手架的架体结构和附着支撑结构应按"概率极限状态法"进行设计计算;升降机构应按"容许应力计算法"进行设计计算。荷载标准值应分别按使用、升降、坠落三种状况确定。

(2)附着升降脚手架架体构造应符合下列规定:

• 架体尺寸应符合下列规定:

①架体高度不应大于15 m;宽度不应大于1.2 m;架体构架的全高与支撑跨度的乘积不应大于110 m^2。

②升降和使用情况下,架体悬臂高度均不应大于6.0 m和2/5架体高度。

• 架体结构应符合下列规定:

①水平梁架应满足承载和架体整体作用的要求,采用焊接或螺栓连接的定型桁架梁式结构,不得采用钢管扣件、碗扣等脚手架连接方式。

②架体必须在附着支撑部位沿全高设置定型的竖向主框架,且应采用焊接或螺栓连接结构,并应能与水平梁架和架体构架整体作用,且不得使用钢管扣件或碗扣等脚手架杆件组装。

③架体外立面必须沿全高设置剪刀撑;悬挑端应与主框架设置对称斜拉杆;架体遇塔吊、施工电梯、物料平台等设施而需断开处应采取加强构造措施。

(3)附着升降脚手架的附着支撑结构必须满足附着升降脚手架在各种情况下的支承、防倾和防坠落的承载力要求。在升降和使用工况下,确保每一竖向主框架的附着支撑不得少于2套,且每一套均应能独立承受该跨全部设计荷载和倾覆作用。

(4)附着升降脚手架必须设置防倾装置、防坠落装置及整体(或多跨)同时升降作业的同步控制装置,并应符合下列规定。

• 防倾装置应符合下列规定:

①防倾装置必须与建筑结构、附着支撑或竖向主框架可靠连接,应采用螺栓连接,不得采用钢管扣件或碗扣方式连接;

②升降和使用工况下在同一竖向平面的防倾装置不得少于2处,2处的最小间距不得小于架体全高的1/3。

• 防坠装置应符合下列规定:

①防坠装置应设置在竖向主框架部位,且每一竖向主框架提升设备处必须设置一个;

②防坠装置与提升设备必须分别设置在两套互不影响的附着支撑结构上,当有一套失效时另一套必须能独立承担全部坠落荷载;

③防坠装置应有专门的以确保其工作可靠、有效的检查方法和管理措施。

• 同步装置应符合下列规定:

①升降脚手架的吊点超过两点时,不得使用手拉葫芦,且必须装设同步装置。

②同步装置应能同时控制各提升设备间的升降差和荷载值。同步装置应具备超载报

警、欠载报警和自动显示功能，在升降过程中，应显示各机位实际荷载、平均高度、同步差，并自动调整使相邻机位同步差控制在限定值内。

(5)附着升降脚手架必须按要求用密目式安全立网封闭严密，脚手板底部应用平网及密目网双层网兜底，脚手板与建筑物的间隙不得大于200 mm。单跨或多跨提升的脚手架，其两端断开处必须加设栏杆并用密目网封严。

(6)附着升降脚手架组装完毕后应经检查、验收确认合格后方可进行升降作业。且每次升降到位架体固定后，必须进行交接验收，确认符合要求时，方可继续作业。

第三节 基坑支护、土方作业安全技术规范的要求

一、一般规定

(1)土石方作业基坑工程的勘察、设计、施工和监理应实行统一管理。应加强施工队伍的培训管理，并建立专业化施工队伍。

(2)基坑工程的设计和施工任务，应由具有相应资质的单位承接。基坑工程监理应对基坑工程的设计和施工进行全面监理。

(3)基坑工程应贯彻先设计后施工、先支撑后开挖、边施工边监测、边施工边治理的原则。严禁坑边超载，严禁相邻基坑施工不防范相互干扰等做法。

(4)基坑工程的设计和施工必须遵守相关规范，结合当地成熟经验，因地制宜地进行。深基工程施工方案应经主管部门审批或经专家论证。

(5)应加强基坑工程的监测和预报工作，包括对支护结构、周围环境及对岩土变化的监测，应通过监测分析及时预报并提出建议，做到信息化施工，防止隐患扩大和随时检验设计施工的正确性。

(6)应建立健全基坑工程档案，内容应包括勘察、设计、施工及监测等方面的有关资料。

二、施工准备

(1)土石方作业和基坑支护的设计、施工应根据现场的环境、地质与水文情况，针对基坑开挖深度、范围大小，综合考虑支护方案、土方开挖、降排水方法以及对周边环境采取的措施。

(2)勘察范围应根据开挖深度及场地条件确定，应大于开挖边界外按开挖深度1倍以上范围布置勘探点。应根据土的性质、含水情况以及基坑环境合理选定土压力参数。

(3)应查明作业范围周边环境及荷载情况，包括地下各种管线分布及现状、道路距离及车辆载重情况、影响范围内的建筑类型以及地表水排泄情况等。

三、土方挖掘

(1)土方挖掘方法、挖掘顺序应根据支护方案和降排水要求进行，当采用局部或全部放坡开挖时，放坡坡度应满足其稳定性要求。

(2)挖掘应自上而下进行，严禁先挖坡脚。软土基坑无可靠措施时应分层均衡开挖，层

高不宜超过 1 m。土方每次开挖深度和挖掘顺序必须按设计要求。坑(槽)沟边 1 m 以内不得堆土、堆料,不得停放机械。

(3)当基坑开挖深度大于相邻建筑的基础深度时,应保持一定距离或采取边坡支撑加固措施,并进行沉降和移位观测。

(4)施工中如发现不能辨认的物品时,应停止施工,保护现场,并立即报告所在地有关部门处理,严禁随意敲击或玩弄。

(5)挖土机作业的边坡应验算其稳定性,当不能满足时,应采取加固措施。在停机作业面以下挖土应选用反铲或拉铲作业,当使用正铲作业时,挖掘深度应严格按其说明书规定进行。有支撑的基坑使用机械挖掘时,应防止作业中碰撞支撑。

(6)配合挖土机作业人员,应在其作业半径以外工作,当挖土机停止回转并制动后,方可进入作业半径内工作。

(7)开挖至坑底标高后,应及时进行下道工序基础工程施工,减少暴露时间。如不能立即进行下道工序施工,应预留 300 mm 厚的覆盖层。

(8)当基坑施工深度超过 2 m 时,坑边应按照高处作业的要求设置临边防护,作业人员上下应有专用梯道。当深基坑施工中形成立体交叉作业时,应合理布局基位、人员、运输通道,并设置防止落物伤害的防护层。

(9)从事爆破工程设计、施工的企业必须取得相关资质证书,按照批准的允许经营范围并严格遵照爆破作业的相关规定进行。

四、基坑支护

(1)支护结构的选型应考虑结构的空间效应和基坑特点,选择有利支护的结构型式或采用几种型式相结合。

(2)当采用悬臂式结构支护时,基坑深度不宜大于 6 m。基坑深度超过 6 m 时,可选用单支点和多支点的支护结构。地下水位低的地区和能保证降水施工时,也可采用土钉支护。

(3)寒冷地区基坑设计应考虑土体冻胀力的影响。

(4)支撑安装必须按设计位置进行,施工过程严禁随意变更,并应切实使围檩与挡土桩墙结合紧密。挡土板或板桩与坑壁间的回填土应分层回填夯实。

(5)支撑的安装和拆除顺序必须与设计工况相符合,并与土方开挖和主体工程的施工顺序相配合。分层开挖时,应先支撑后开挖;同层开挖时,应边开挖边支撑。支撑拆除前,应采取换撑措施,防止边坡卸载过快。

(6)钢筋混凝土支撑其强度必须达设计要求(或达 75%)后,方可开挖支撑面以下土方;钢结构支撑必须严格材料检验和保证节点的施工质量,严禁在负荷状态下进行焊接。

(7)应合理布置锚杆的间距与倾角,锚杆上下间距不宜小于 2.0 m,水平间距不宜小于 1.5 m;锚杆倾角宜为 15°~25°,且不应大于 45°。最上一道锚杆覆土厚不得小于 4 m。

(8)锚杆的实际抗拔力除经计算外,还应按规定方法进行现场试验后确定。可采取提高锚杆抗力的二次压力灌浆工艺。

(9)采用逆做法施工时,要求其外围结构必须有自防水功能。基坑上部机械挖土的深度,应按地下墙悬臂结构的应力值确定;基坑下部封闭施工,应采取通风措施;当采用电梯间作为垂直运输的井道时，对洞口楼板的加固方法应由工程设计确定。

(10)逆做法施工时，应合理地解决支撑上部结构的单柱单桩与工程结构的梁柱交叉及节点构造并在方案中预先设计，当采用坑内排水时必须保证封井质量。

五、桩基施工

(1)桩基施工应按施工方案要求进行。打桩作业区应有明显标志或围栏，作业区上方应无架空线路。

(2)预制桩施工桩机作业时，严禁吊装、吊锤、回转、行走动作同时进行；桩机移动时，必须将桩锤落至最低位置；施打过程中，操作人员必须距桩锤 5 m 以外监视。

(3)沉管灌注桩施工，在未灌注混凝土和未沉管以前，应将预钻的孔口盖严。

(4)人工挖孔桩施工，应遵守以下规定：

①各种大直径桩的成孔，应首先采用机械成孔。当采用人工挖孔或人工扩孔时，必须经上级主管部门批准后方可施工。

②应由熟悉人工挖孔桩施工工艺、遵守操作规定和具有应急监测自防护能力的专业施工队伍施工。

③开挖桩孔应从上自下逐层进行，挖一层土及时浇筑一节混凝土护壁。第一节护壁应高出地面 300 mm。

④距孔口顶周边 1 m 搭设围栏。孔口应设安全盖板，当盛土吊桶自孔内提出地面时，必须将盖板关闭孔口后，再进行卸土。孔口周边 1 m 范围内不得有堆土和其他堆积物。

⑤提升吊桶的机构其传动部分及地面扒杆必须牢靠，制作、安装应符合施工设计要求。人员不得乘盛土吊桶上下，必须另配钢丝绳及滑轮并有断绳保护装置，或使用安全爬梯上下。

⑥应避免落物伤人，孔内应设半圆形防护板，随挖掘深度逐层下移。吊运物料时，作业人员应在防护板下面工作。

⑦每次下井作业前应检查井壁和抽样检测井内空气，当有害气体超过规定时，应进行处理和用鼓风机送风。严禁用纯氧进行通风换气。

⑧井内照明应采用安全矿灯或 12 V 防爆灯具。桩孔较深时，上下联系可通过对讲机等方式，地面不得少于 2 名监护人员。井下人员应轮换作业，连续工作时间不应超过 2 h。

⑨挖孔完成后，应当天验收，并及时将桩身钢筋笼就位和浇筑混凝土。正在浇筑混凝土的桩孔周围 10 m 半径内，其他桩不得有人作业。

六、地下水控制

(1)基坑工程的设计施工必须充分考虑对地下水进行治理，采取排水、降水措施，防止地下水渗入基坑。

(2)基坑施工除降低地下水水位外，基坑内尚应设置明沟和集水井，以排除暴雨和其他突然而来的明水倒灌，基坑边坡视需要可覆盖塑料布，应防止大雨对土坡的侵蚀。

(3)膨胀土场地应在基坑边缘采取抹水泥地面等防水措施，封闭坡顶及坡面，防止各种水流(渗)入坑壁。不得向基坑边缘倾倒各种废水并应防止水管泄露冲走桩间土。

(4)软土基坑、高水位地区应做截水帷幕,应防止单纯降水造成基土流失。

(5)截水结构的设计,必须根据地质、水文资料及开挖深度等条件进行,截水结构必须满足隔渗质量,且支护结构必须满足变形要求。

(6)在降水井点与重要建筑物之间宜设置回灌井(或回灌沟),在基坑降水的同时,应沿建筑物地下回灌,保持原地下水位,或采取减缓降水速度,控制地面沉降。

第四节 高处作业安全技术规范的要求

一、一般规定

(1)进入施工现场必须戴安全帽。安全帽的制作与使用应符合国家现行标准《安全帽》(GB 2811)的有关规定。

(2)悬空高处作业人员应挂牢安全带,安全带的选用与佩带应符合国家现行标准《安全带》(GB 6095)的有关规定。

(3)建筑施工过程中,应采用密目式安全立网对建筑物进行封闭(或采取临边防护措施)。

(4)建筑施工期间,应采取有效措施对施工现场和建筑物的各种孔洞盖严并固定牢固。

(5)对人员活动集中和出入口处的上方应搭设防护棚。

(6)高处作业的安全技术措施应在施工方案中确定,并在施工前完成,最后经验收确认符合要求。

(7)高处作业的人员应按规定定期进行体检。

二、临边作业

(1)工作边沿无维护设施或维护设施高度低于 800 mm 的,必须设置防护设施,如:基坑周边,尚未安装栏杆或拦板的阳台及楼梯段,框架结构各层楼板尚未砌筑维护墙的周边,坡形屋顶周边以及施工升降机与建筑物通道的两侧边等都必须设置防护栏杆。

(2)水平工作面防护栏杆高度应为 1.2 m,坡度大于 1∶2.2 的屋面,周边栏杆应高 1.5 m,应能经受 1 000 N 外力。防护栏杆应用安全立网封闭,或在栏杆底部设置高度不低于 180 mm 的挡脚板。

三、洞口作业

(1)在孔与洞口边的高处作业必须设置防护设施,包括因施工工艺形成的深度在 2 m 及以上的桩孔边、沟槽边和因安装设备、管道预留的洞口边等。

(2)较小的洞口,应采用坚实的盖板盖严,盖板应能防止移位;较大的洞口除应在洞口采用安全网或盖板封严外,还应在洞口四周设置防护栏杆。

(3)墙面处的竖向洞口(如电梯井口、管道井口),除应在井口处设防护栏杆或固定栅门外,井道内应每隔 10 m 设一道平网。

四、攀登作业

(1)用于登高和攀登的设施应在施工组织设计中确定,攀登用具必须牢固可靠。

(2)梯子不得垫高使用。梯脚底部应坚实并应有防滑措施,上端应有固定措施。折梯使用时,应有可靠的拉撑措施。

(3)作业人员应从规定的通道上下,不得任意利用升降机架体等施工设备进行攀登。

五、悬空作业

(1)在周边临空状态下进行高处作业时应有牢靠的立足处(如搭设脚手架或作业平台),并视作业条件设置防护栏杆、张挂安全网、佩带安全带等安全措施。

(2)钢筋绑扎、安装骨架作业应搭设脚手架。不得站在钢筋骨架上作业或攀登骨架上下。

(3)浇筑离地 2 m 以上混凝土时,应设置操作平台,不得站在模板或支撑杆上操作。

(4)悬空进行门窗安装作业时,严禁站在拦板上作业,且必须挂牢安全带,并将安全带拴牢在上方可靠物上。

六、交叉作业

(1)交叉施工不宜进行上下在同一垂直方向上的作业。下层作业的位置,宜处于上层高度可能坠落半径范围以外,当不能满足要求时,应设置安全防护层。

(2)各种拆除作业(如钢模板、脚手架等)上面拆除时下面不得同时进行清整。物料临时堆放处应离楼层边沿不应小于 1 m。

(3)建筑物的出入口,升降机的上料口等人员集中处的上方,应设置防护棚。防护棚的长度不应小于防护高度的物体坠落半径的规定。当建筑外侧面临街道时,除建筑立面采取密目式安全立网封闭外,尚应在临街段搭设防护棚并设置安全通道。

(4)设置悬挑物料平台应按现行的相关规范进行设计,必须将其荷载独立传递给建筑结构,不得以任何形式将物料平台与脚手架、模板支撑进行连接。

第五节　施工用电安全技术规范的要求

建筑施工现场临时用电工程专用的电源中性点直接接地的 220/380 V 三相四线制低压电力系统,必须采用三级配电系统、采用 TN－S 接零保护系统和采用二级漏电保护系统。

一、一般规定

(1)施工用电设备数量在 5 台及以上,或用电设备容量在 50 kW 及以上时,应编制用电施工组织设计,并经企业技术负责人审核。

(2)施工用电应建立用电安全技术档案,定期经项目负责人检验签字。

(3)施工现场应定期对电工和用电人员进行安全用电教育培训和技术交底。

(4)施工用电应定期检测。

二、用电环境

(一)与外电架空线路的安全距离

与外电架空线路的安全距离应符合下列规定:

(1)在建工程不得在高、低压线路下方施工,搭设作业棚、生活设施,堆放构件、材料等。

(2)在架空线路一侧施工时,在建工程应与架空线路边线之间保持安全操作距离,在建工程(含脚手架)的外侧边缘与外电架空线路的边缘之间的最小安全操作距离不得小于表 2-2 数值。

表 2-2 在建工程的外侧边缘与外电架空线路的边缘之间的最小安全操作距离

架空线路电压(kV)	<1	1~10	35~110	154~220
最小安全操作距离(m)	4	6	8	10

(3)起重机的任何部位或被吊物边缘与 10 kV 以下的架空线路边缘最小水平距离不得小于 2 m。

(二)对外电架空线路的防护

对外电架空线路的防护应符合下列规定:

(1)施工现场不能满足第 1 条中规定的最小距离时,必须按现行行业规范规定搭设防护设施并设置警告标志。

(2)在架空线路一侧或上方搭设或拆除防护屏障等设施时,必须停电后作业,并设监护人员。

(三)对易燃、易爆物和腐蚀介质的防护

对易燃、易爆物和腐蚀介质的防护应符合下列规定:

电气设备周围应无可能导致电气火灾的易燃、易爆物和导致绝缘损坏的腐蚀介质,否则应予清除或做防护处理。

(四)对机械损伤的防护

对机械损伤的防护应符合以下规定:

电气设备设置场所应能避免物体打击、撞击等机械伤害,否则应做防护处理。

(五)雷电防护

雷电防护应符合下列规定:

(1)施工现场内的施工升降机、钢管脚手架等金属设施,若在相邻建筑物、构筑物的防雷装置的保护范围以外且在表 2-3 规定范围之内时,应按有关规定安装防雷装置。

表 2-3 施工现场内金属设施需安装防雷装置的规定

地区年平均雷暴日(d)	金属设施高度(m)
≤15	≤50
15~40	≤32
40~90	≤20
≤90 及雷害特别严重地区	≤12

注:地区年平均雷暴日可查阅《建筑施工用电安全技术规范》。

(2)防雷装置的避雷针(接闪器)可采用Φ20 钢筋,长度应为 1 ~ 2 m;当利用金属构架做引下线时,应保证构架之间的电气连接;防雷装置的冲击接地电阻值不得大于 30 Ω。

三、接地、接零

(一)施工用电基本保护系统

施工用电应采用中性点直接接地的 380/220 V 三相四线制低压电力系统,其保护方式应符合下列规定:

(1)施工现场由专用变压器供电时,应将变压器低压侧中性点直接接地,并采用 TN - S 接零保护系统。

(2)施工现场由专用发电机供电时,必须将发电机的中性点直接接地,并采用 TN - S 接零保护系统,且应独立设置。

(3)当施工现场直接由市电(电力部门变压器)等非专用变压器供电时,其基本接地、接零方式应与原有市电供电系统保持一致。在同一供电系统中,不得一部分设备做保护接零,另一部分设备做保护接地。

(4)在供电端为三相四线供电的接零保护(TN)系统中,应将进户处的中性线(N 线)重复接地,并同时由接地点另引出保护零线(PE 线),形成局部 TN - S 接零保护系统。

(二)施工用电保护接零与重复接地

施工用电保护接零与重复接地应符合下列规定:

(1)在接零保护系统中电气设备的金属外壳必须与保护零线(PE 线)连接。

(2)保护零线应符合下列规定:

①保护零线应自专用变压器、发电机中性点处,或配电室、总配电箱进线处的中性线(N 线)上引出;

②保护零线的统一标志为绿/黄双色绝缘导线,在任何情况下不得使用绿/黄双色线做负荷线;

③保护零线(PE 线)必须与工作零线(N 线)相隔离,严禁保护零线与工作零线混接、混用;

④保护零线上不得装设控制开关或熔断器;

⑤保护零线的截面不应小于对应工作零线截面,与电气设备相连接的保护零线截面不应小于 2.5 mm^2 的多股绝缘铜线。

(3)保护零线的重复接地点不得少于 3 处,应分别设置在配电室或总配电箱处,以及配电线路的中间处和末端处。

(三)施工用电接地电阻

施工用电接地电阻应符合下列规定:

(1)电力变压器或发电机的工作接地电阻值不应大于 4 Ω。

(2)在 TN 接零保护系统中重复接地应与保护零线连接,每处重复接地电阻值不应大于 10 Ω。

(四)施工用电配电室

施工用电配电室应符合下列规定:

(1)配电室应靠近电源，接近负荷中心，应便于线路的引入和引出，并有防止雨雪和小动物出入措施。

(2)配电柜应符合下列要求：

①柜两端应做接地(接零)；

②柜应做名称、用途、分路标记；

③柜不得直接挂接其他临时用电设备；

④柜或线路维修时应挂停电标志牌，停、送电必须由专人负责，停止作业时断电上锁。

(五)施工用电自备电源

施工用电自备电源应符合下列规定：

(1)发电机组电源应与外电线路联锁，严禁并列运行；

(2)发电机组应采用三相四线制中性点直接接地系统，并应独立设置，与外电源隔离。

四、配电线路

(一)施工用电架空线路敷设

施工用电架空线路敷设应符合下列规定：

(1)架空线路应采用绝缘导线，并经横担和绝缘子架设在专用电杆上。

(2)架空导线截面应满足计算负荷、线路末端电压偏移(不大于5%)和机械强度要求。

(3)架空敷设档距不应大于35 m，线间距离不应小于0.3 m。

(4)架空线敷设高度应满足下列要求：

①距施工现场地面不小于4 m；

②距机动车道不小于6 m；

③距铁路轨道不小于7.5 m；

④距暂设工程和地面堆放物顶端不小于2.5 m；

⑤距交叉电力线路：0.4 kV线路不小于1.2 m，10 kV线路不小于2.5 m。

(5)架空线路敷设的相序排列应满足下列要求：

①单横担架设时，面向负荷侧，从左起为L1、N、L2、L3、PE。

②双横担架设时，面向负荷侧，上横担从左起为L1、L2、L3；下横担从左起为L1、(L2、L3)N、PE。

(二)施工用电电缆线路

施工用电电缆线路应符合下列规定：

(1)电缆线路应采用埋地或架空敷设，不得沿地面明设。

(2)埋地敷设深度不应小于0.6 m，并应覆盖硬质保护层；穿越建筑物、道路等易受损伤的场所时，应另加防护套管。

架空敷设时，应沿墙或电杆做绝缘固定，电缆最大弧垂处距地面不得小于2.5 m。

在建工程内的电缆线路应采用电缆埋地穿管引入，沿工程竖井、垂直孔洞，逐层固定，电缆水平敷设高度不应小于1.8 m。

五、配电箱及开关箱

(1)施工用电应实行三级配电，即设置总配电箱或室内总配电柜、分配电箱、开关箱三级配电装置。开关箱以下应为用电设备。

(2)施工用电动力配电与照明配电宜分箱设置,当合置在同一箱内时,动力与照明配电应分路设置。

(3)施工用电配电箱、开关箱应采用铁板(厚度为1.2~2.0 mm)或阻燃绝缘材料制作。不得使用木质配电箱、开关箱及木质电器安装板。

(4)施工用电配电箱、开关箱应装设在干燥、通风、无外来物体撞击的地方,其周围应有足够两人同时工作的空间和通道。

(5)施工用电移动式配电箱、开关箱应装设在坚固的支架上,严禁于地面上拖拉。

(6)施工用电开关箱应实行“一机一闸”制,不得设置分路开关。

(7)施工用电配电箱、开关箱中应装设电源隔离开关、短路保护器、过载保护器,其额定值和动作整定值应与其负荷相适应。总配电箱、开关柜中还应装设漏电保护器。

(8)施工用电漏电保护器的额定漏电动作参数选择应符合下列规定:

①在开关箱(末级)内的漏电保护器,其额定漏电动作电流不应大于30 mA,额定漏电动作时间不应大于0.1 s;使用于潮湿场所时,其额定漏电动作电流应不大于15 mA,额定漏电动作时间不应大于0.1 s。

②总配电箱内的漏电保护器,其额定漏电动作电流应大于30 mA,额定漏电动作时间应大于0.1 s 。但其额定漏电动作电流(I)与额定漏电动作时间(t)的乘积不应大于30 mA·s($I \cdot t \leq 30$ mA·s)。

六、照明

(1)施工照明供电电压应符合下列规定:

一般场所,照明电压应为220 V。

①隧道、人防工程、高温、有导电粉尘和狭窄场所,照明电压不应大于36 V。

②潮湿和易触及照明线路场所,照明电压不应大于24 V。

③特别潮湿、导电良好的地面、锅炉或金属容器内,照明电压不应大于12 V。

④行灯电压不应大于36 V。

(2)施工用电照明变压器必须为隔离双绕组型,严禁使用自耦变压器。

(3)施工照明室外灯具距地面不得低于3 m,室内灯具距地面不得低于2.5 m。

(4)施工照明使用220 V碘钨灯应固定安装,其高度不应低于3 m,距易燃物不得小于500 mm,并不得直接照射易燃物,不得将220 V碘钨灯做移动照明。

(5)施工用电照明器具的形式和防护等级应与环境条件相适应。

(6)需要夜间或暗处施工的场所,必须配置应急照明电源。

(7)夜间可能影响行人、车辆、飞机等安全通行的施工部位或设施、设备,必须设置红色警戒照明。

第六节　建筑起重机械安全技术规范的要求

一、一般规定

(1)各类垂直运输机械的安装及拆卸,应由具备相应承包资质的专业人员进行,其工作程序应严格按照原机械图纸及说明书规定,并根据现场环境条件制订安全作业方案。

(2)转移工地重新安装的垂直运输机械,在交付使用前,应按有关标准进行试验、检验并对各安全装置的可靠度及灵敏度进行测试,确认符合要求后方可投入运行。试验资料应纳入该设备安全技术档案。

(3)起重机的基础必须能承受工作状态的和非工作状态下的最大载荷,并应满足起重机稳定性的要求。

(4)除按规定允许载人的施工升降机外,其他起重机严禁在提升和降落过程中载人。

(5)起重机司机及信号指挥人员应经专业培训、考核合格并取得有关部门颁发的操作证后,方可上岗操作。

(6)每班作业前,起重机司机应对制动器、钢丝绳及安全装置进行检查,各机构进行空载运转,发现不正常时,应予排除。

(7)起重机司机开机前,必须鸣铃示警。

(8)必须按照垂直运输机械出厂说明书规定的技术性能、使用条件正确操作,严禁超载作业或扩大使用范围。

(9)起重机处于工作状态时,严禁进行保养、维修及人工润滑作业。当需进行维修作业时,必须在醒目位置挂警示牌。

(10)作业中起重机司机不得擅自离开岗位或交给非本机的司机操作。工作结束后应将所有控制手柄扳至零位,断开主电源,锁好电箱。

(11)维修更换零部件应与原垂直运输机械零部件的材料、性能相同;外购件应有材质、性能说明;材料代用不得降低原设计规定的要求;维修后,应按相关标准要求试验合格;机械维修资料应纳入该机设备档案。

二、塔式起重机

(1)塔式起重机必须是取得生产许可证的专业生产厂生产的合格产品。使用塔式起重机除需进行日常检查、保养外,还应按规定进行正常使用时的常规检验。

(2)塔式起重机安装与拆卸应符合下列规定:

①塔式起重机的基础及轨道铺设,必须严格按照图纸和说明书进行。塔式起重机安装前,应对路基及轨道进行检验,符合要求后,方可进行塔式起重机的安装。

②安装及拆卸作业前,必须认真研究作业方案,严格按照架设程序分工负责,统一指挥。

③安装塔式起重机必须保证安装过程中各种状态下的稳定性,必须使用专用螺栓,不得随意代用。

④用旋转塔身方法进行整体安装及拆卸时,应保证自身的稳定性。详细规定架设程序与安全措施,对主、副地锚的埋设位置、受力性能以及钢丝绳穿绕、起升机构制动等应进行检

查，并排除塔式起重机旋转过程中障碍，确保塔式起重机旋转中途不停机。

⑤塔式起重机附墙杆件的布置和间隔，应符合说明书的规定。当塔身与建筑物水平距离大于说明书规定时，应验算附着杆的稳定性，或重新设计、制作，并经技术部门确认，主管部门验收。在塔式起重机未拆卸至允许悬臂高度前，严禁拆卸附墙杆件。

⑥顶升作业时应遵守下列规定：

——液压系统应空载运转，并检查和排净系统内的空气；

——应按说明书规定调整顶升套架滚轮与塔身标准节的间隙，使起重臂力矩与平衡臂力矩保持平衡，符合说明书要求，并将回转机构制动住；

——顶升作业应随时监视液压系统压力及套架与标准节间的滚轮间隙，顶升过程中严禁起重机回转和其他作业；

——顶升作业应在白天进行，风力在四级及以上时必须立即停止，并应紧固上、下塔身连接螺栓。

(3)塔式起重机必须按照现行国家标准《塔式起重机安全规程》(GB 5144)及说明书规定，安装起重力矩限制器、起重量限制器、幅度限制器、起升高度限制器、回转限制器、行走限位开关及夹轨器等安全装置。

(4)塔式起重机操作使用应符合下列规定：

①塔式起重机作业前，应检查轨道及清理障碍物；检查金属结构、连接螺栓及钢丝绳磨损情况；送电前，各控制器手柄应在零位，空载运转，试验各机构及安全装置并确认正常。

②塔式起重机作业时严禁超载、斜拉和起吊埋在地下等不明重量的物件。

③吊运散装物件时，应制作专用吊笼或容器，并应保障在吊运过程中物料不会脱落。吊笼或容器在使用前应按允许承载能力的2倍荷载进行试验，使用中应定期进行检查。

④吊运多根钢管、钢筋等细长材料时，必须确认吊索绑扎牢靠，防止吊运中吊索滑移物料散落。

⑤两台及两台以上塔式起重机之间的任何部位(包括吊物)的距离不应小于2 m。当不能满足要求时，应采取调整相邻塔式起重机的工作高度，加设行程限位、回转限位装置等措施，并制定交叉作业的操作规程。

⑥塔式起重机在弯道上不得进行吊装作业或吊物行走。

⑦轨道式塔式起重机的供电电缆不得拖地行走；沿塔身垂直悬挂的电缆，应使用不被电缆自重拉伤和磨损的可靠装置悬挂。

⑧作业完毕，塔式起重机应停放在轨道中间位置，起重臂应转到顺风方向，并应松开回转制动器，起重小车及平衡重应置于非工作状态。

三、施工升降机(人货两用电梯)

(1)施工升降机安装与拆卸应符合下列规定：

①施工升降机处于安装工况，应按照现行国家标准《施工升降机检验规则》(GB 10053)及说明书的规定，依次进行不少于两节导轨架标准节的接高试验。

②施工升降机导轨架随接高标准节的同时，必须按说明书规定进行附墙连接，导轨架顶

部悬臂部分不得超过说明书规定的高度。

③施工升降机吊笼与吊杆不得同时使用。吊笼顶部应装设安全开关，当人员在吊笼顶部作业时，安全开关应处于吊笼不能启动的断路状态。

④有对重的施工升降机在安装或拆卸过程吊笼处于无对重运行时，应严格控制吊笼内载荷及避免超速刹车。

⑤施工升降机安装或拆卸导轨架作业不得与铺设或拆除各层通道作业上下同时进行。当搭设或拆除楼层通道时，吊笼严禁运行。

⑥施工升降机拆卸前，应对各机构、制动器及附墙进行检查，确认正常时，方可进行拆卸工作。

（2）按照现行国家标准《施工升降机安全规则》（GB 10055）及说明书规定，施工升降机应安装限速器、安全钩、制动器、限位开关、笼门联锁装置、停层门（或停层栏杆）、底层防护栏杆、缓冲装置、地面出入口防护棚等安全防护装置。

（3）凡新安装的施工升降机，应进行额定荷载下的坠落试验。正在使用的施工升降机，按说明书规定的时间（至少每3个月）进行一次额定荷载的坠落试验。

（4）施工升降机操作、使用应符合下列规定：

①每班使用前应对施工升降机金属结构、导轨接头、吊笼、电源、控制开关在零位、联锁装置等进行检查，并进行空载运行试验及试验制动器可靠度。

②施工升降机额定荷载试验在每班首次载重运行时，应从最低层开始上升，不得自上而下运行，当吊笼升高离地面1～2 m时，停机试验制动器的可靠性。

③施工升降机吊笼进门明显处必须标明限载重量和允许乘人数量，司机必须经核定后，方可运行。严禁超载运行。

④施工升降机司机应按指挥信号操作，作业运行前应鸣声示意。司机离机前，必须将吊笼降到底层，并切断电源锁好电箱。

⑤施工升降机的防坠安全器，不得任意拆检调整，应按规定的期限，由生产厂或指定的认可单位进行鉴定或检修。

四、物料提升机

（1）物料提升机应有图纸、计算书及说明书，并按相关标准进行试验，确认符合要求后，方可投入运行。

（2）物料提升机设计、制作应符合下列规定：

①物料提升机的结构设计计算应符合现行行业标准《龙门架及井架物料提升机安全技术规范》（JGJ 88）、现行国家标准《钢结构设计规范》（GB 50017）的有关规定。

②物料提升机设计提升机结构的同时，应对其安全防护装置进行设计和选型，不得留给使用单位解决。物料提升机应包括以下安全防护装置：

——安全停靠装置、断绳保护装置；

——楼层口停靠栏杆（门）；

——吊篮安全门；

——上料口防护门；
——上极限限位器；
——信号、音响装置。
对于高架(30 m 以上)物料提升机，还应具备下列安全装置：
——下极限限位器；
——缓冲器；
——超载限制器；
——通信装置。
③物料提升机应有标牌，标明额定起重量、最大提升高度及制造单位、制造日期。
(3)物料提升机安装与拆卸应符合下列规定：
①提升机的安装和拆卸工作必须按照施工方案进行，并设专人统一指挥。
②物料提升机安装前，对基础、金属结构配套及节点情况进行检查，并对缆风绳锚固及墙体附着连接处进行检查。
③物料提升机架体应随安装随固定，节点采用设计图纸规定的螺栓连接，不得任意扩孔。
④物料提升机稳固架体的缆风绳必须采用钢丝绳。附墙杆必须与物料提升机架体材质相同，严禁将附墙杆连接在脚手架上，必须可靠地与建筑结构相连接。架体顶端自由高度与附墙间距应符合设计要求。
⑤物料提升机采用旋转法整体安装或拆卸时，必须对架体采取加固措施，拆卸时必须待起重机吊点索具垂直拉紧后，方可松开缆风绳或拆除附墙杆件；安装时，必须将缆风绳与地锚拉紧或附墙杆与墙体连接牢靠后，起重机方可摘钩。
⑥物料提升机卷扬机应安装在视线良好、远离危险作业区域。钢丝绳应能在卷筒上整齐排列，其吊篮处于最低工作位置时，卷筒上应留有不少于 3 圈的钢丝绳。
(4)凡安装断绳保护装置的物料提升机，除在物料提升机重新安装时进行额定荷载下的坠落试验外，对正在使用的物料提升机，应定期(至少 1 个月)进行一次额定荷载的坠落试验。
(5)物料提升机操作使用应符合下列规定：
①每班作业前，应对物料提升机架体、缆风绳、附墙架及各安全防护装置进行检查，并经空载运行试验，确认符合要求后，方可投入使用。
②物料提升机运行时，物料在吊篮内应均匀分配，不得超载运行和物料超出吊篮外运行。
③物料提升机作业时，应设置统一信号指挥，当无可靠联系措施时，司机不得开机；高架提升机应使用通信装置联系，或设置摄像显示装置。
④设有起重扒杆的物料提升机，作业时，其吊篮与起重扒杆不得同时使用。
⑤不得随意拆除物料提升机安全装置，发现安全装置失灵时，应立即停机修复。
⑥严禁人员攀登物料提升机或乘其吊篮上下。
⑦物料提升机司机下班或司机暂时离机，必须将吊篮降至地面，并切断电源，锁好电箱。

第七节 建筑机械设备使用安全技术规程的要求

一、中小型机械

(1)中小型机械应符合下列规定:

各种施工机具运到施工现场,必须经检查验收确认符合要求挂合格证后,方可使用。

所有用电设备的金属外壳、基座除必须与PE线连接外,且必须在设备负荷线的首端处装设漏电保护器。对产生振动的设备其金属基座、外壳与PE线的连接点不得少于两处。

每台用电设备必须设置独立专用的开关箱,必须实行"一机一闸"并按设备的计算负荷设置相匹配的控制电器。

各种设备应按规定装设符合要求的安全防护装置。

作业人员必须按规定穿戴劳动保护用品。

作业人员应按机械保养规定做好各级保养工作。机械运转中不得进行维护保养。

(2)手持式电动工具应符合下列规定:

①空气湿度小于75%的一般场所可选用Ⅰ类或Ⅱ类手持电动工具。若采用Ⅰ类手持式电动工具,必须将其金属外壳与PE线连接,操作人员应穿戴绝缘用品。

②手持式电动工具的负荷线应采用耐气候型的橡皮护套铜芯软电缆,并不得有接头。手持式砂轮等电动工具应按规定安装防护罩。

(3)移动式电动机械应符合下列规定:

移动式电动机械的扶手应有绝缘防护,负荷线应采用耐气候型橡皮护套铜芯软电缆,操作人员必须按规定穿戴绝缘用品。

使用潜水泵放入水中或提出水面时,必须先切断电源,严禁拉拽电缆或出水管。

(4)固定式机械应符合下列规定:

①机械安装应稳定牢固,露天应有防雨棚。开关箱与机械的水平距离不得超过3 m,其电源线路应穿管固定。操作及分、合闸时应能看到机械各部位工作情况。

②混凝土搅拌机作业中严禁将工具探入筒内扒料;维修、清洗前,必须切断电源并有专人监护;清理料坑时,必须用保险链将料斗锁牢。

混凝土泵车作业前,应支牢支腿,周围无障碍物,上面无架空线路;混凝土浇筑人员不得在布料杆正下方作业;当布料杆呈全伸状态时,不得移动车身,施工超高层建筑时,应编制专项施工方案。

钢筋冷拉机场地应设置防护栏杆及警告标志,卷扬机位置应使操作人员看清全部冷拉现场,并应能避免断筋伤及操作人员。

木工平刨、电锯必须有符合要求的安全防护装置,严禁随意拆除。操作人员必须是经培训的指定人员。严禁使用平刨和圆盘锯合用一台电动机的多功能机械。

(5)机动翻斗车司机应持有特种作业人员合格证。行车时必须将料斗锁牢,严禁料斗内载人。在坑边卸料时,应设置安全挡块,接近坑边时应减速行驶。司机离机时,应将内燃机熄火,并挂挡、拉紧手制动器。

二、焊接设备

（一）电焊机

电焊机应符合下列规定：

（1）电焊机露天放置应有防雨设施。每台电焊机应有专用开关箱，使用断路器控制，一次侧应装设漏电保护器，二次侧应装设空载降压装置。焊机外壳应与PE线相连接。

（2）电焊机二次侧进行接地（接零）时，应将二次线圈与工件相接的一端接地（接零），不得将二次线圈与焊钳相接的一端接地（接零）。

（3）一次侧电源线长度不应超过5 m，且不应拖地，与焊机接线柱连接牢固，接线柱上部应有防护罩。

（4）焊接电缆应使用防水橡皮护套多股铜芯软电缆，且无接头，电缆经过通道和易受损伤场所时必须采取保护措施。严禁使用脚手架、金属栏杆、钢筋等金属物搭接代替导线使用。

（5）焊钳必须采用合格产品，手柄有良好的绝缘和隔热性能，与电缆连接牢靠。严禁使用自制简易焊钳。

（6）焊工必须经培训合格持证操作，并按规定穿工作服、绝缘鞋，戴手套及面罩。

（7）焊接场所应通风良好，不得有易燃、易爆物，否则应予清除或采取防护措施。

（8）焊修其他机电设备时必须首先分断该机电设备的电源，并暂时拆除该机电设备的PE线后，方可进行焊修。

（9）下列作业情况应先分断电源：

①改变焊机接头；

②更换焊件、改接二次回路；

③焊机转移作业地点；

④焊机检修；

⑤暂停工作或下班时。

（二）气焊设备

气焊设备应符合下列规定：

1. 氧气瓶

氧气瓶应符合下列规定：

（1）氧气瓶应有防护圈和安全帽，瓶阀不得粘有油脂。场内搬运应采用专门抬架或小推车，不得采用肩扛、高处滑下、地面滚动等方法搬运。

（2）严禁氧气瓶和其他可燃气瓶（如乙炔、液化石油等）同车运输和在一起存放。

（3）氧气瓶距明火应大于10 m，瓶内气体不得全部用尽，应留有0.1 MPa以上的余压。

（4）夏季应防止暴晒，冬季当瓶阀、减压器、回火防止器发生冻结时可用热水解冻，严禁用火焰烘烤。

2. 乙炔瓶

乙炔瓶应符合下列规定：

（1）气焊作业应使用乙炔瓶，不得使用浮筒式乙炔罐。

（2）乙炔瓶存放和使用必须立放，严禁卧放。

（3）乙炔瓶的环境温度不得超过 40 ℃，夏季应防止暴晒，冬季发生冻结时，应采用温水解冻。

3. 胶管

胶管应符合下列规定：

（1）气焊、气割应使用专用胶管，不得通入其他气体和液体，两根胶管不得混用（氧气胶管为红色，乙炔胶管为黑色）。

（2）胶管两端应卡紧，不得有漏气，出现折裂应及时更换，胶管应避免接触油脂。

（3）操作中发生胶管燃烧时，应首先确定哪根胶管，然后折叠、断气通路、关闭阀门。

4. 气焊设备安全装置

气焊设备安全装置应符合下列规定：

（1）氧气瓶和乙炔瓶必须装有减压器，使用前应进行检查，不得有松动、漏气、油污等。工作结束时应先关闭瓶阀，放掉余气，表针回零位，卸表妥善保管。

（2）乙炔瓶必须安装回火防止器。当使用水封式回火防止器时，必须经常检查水位，每天更换清水，检查泄压装置保持灵活完好；当使用干式回火防止器时，应经常检查灭火管具并应防止堵塞气孔。当遇回火爆破后，应检查装置，属于开启式应进行复位；属于泄压模式应更换膜片。

（三）气焊设备在容器、管道的焊补工作

气焊设备在容器、管道的焊补工作应符合下列规定：

（1）凡可以拆卸的，应进行拆卸，移到安全区域作业；

（2）设备管道停工后，应用盲板截断与其相连接的其他出入管道；

（3）动火前，容器、管道必须彻底置换清洗；

（4）采用置换清洗时，应不断地从设备管道内外的不同地点采取空气样品检验，对置换后的结果，必须以化学分析报告为准；

（5）动火焊补时，应打开设备管道所有人孔、清扫孔等孔盖；

（6）进入设备管道内采用气焊作业时，点燃和熄灭焊枪均应在设备外部进行。

第八节　建筑施工模板安全技术规范的要求

一、一般规定

（1）模板施工前，应根据建筑物结构特点和混凝土施工工艺进行模板设计，并编制安全技术措施。

（2）模板及支架应具有足够的强度、刚度和稳定性，能可靠地承受新浇混凝土自重、侧压力和施工中产生的荷载及风荷载。

（3）各种材料模板的制作，应符合相关技术标准的规定。

（4）模板支架材料宜采用钢管、门型架、型钢、塔身标准节、木杆等。模板支架材质应符合相关技术标准的规定。

二、设计计算

（1）模板荷载效应组合及其各项荷载标准值，应符合现行国家标准《建筑结构荷载规范》(GB 50009)的有关规定。

(2)模板风荷载标准值应按现行国家标准《建筑结构荷载规范》(GB 50009)的规定,取 $n=5$ 。

(3)模板支架立杆的稳定性计算,对扣件式钢管支架在符合有关构造要求后,可按国家现行标准《建筑施工扣件式钢管脚手架安全技术规范》(JGJ 130)有关脚手架立杆的稳定性计算公式进行。

(4)模板支架底部的建筑物结构或地基,必须具有支撑上层荷载的能力。当底部支撑楼板的设计荷载不足时,可采取保留两层或多层支架立杆(经计算确定)加强;当支撑在地基上时,应验算地基的承载力。

三、构造要求

(1)各种模板的支架应自成体系,严禁与脚手架进行连接。

(2)模板支架立杆底部应设置垫板,不得使用砖及脆性材料铺垫,并应在支架的两端和中间部分与建筑结构进行连接。

(3)模板支架立杆在安装的同时,应加设水平支撑,立杆高度大于 2 m 时,应设两道水平支撑,每增高 1.5 ~2 m 时,再增设一道水平支撑。

(4)满堂模板立杆除必须在四周及中间设置纵、横双向水平支撑外,当立杆高度超过 4 m 以上时,尚应每隔 2 步设置一道水平剪刀撑。

(5)当采用多层支模时,上下各层立杆应保持在同一垂直线上。

(6)需进行二次支撑的模板,当安装二次支撑时,模板上不得有施工荷载。

(7)模板支架的安装应按照设计图纸进行,安装完毕浇筑混凝土前,经验收确认符合要求。

(8)应严格控制模板上堆料及设备荷载,当采用小推车运输时,应搭设小车运输通道,将荷载传给建筑结构。

四、模板拆除

(1)模板支架拆除必须有工程负责人的批准手续及混凝土的强度报告。

(2)模板拆除顺序应按设计方案进行。当无规定时,应按照先支的后拆,先拆主承重模板后拆次承重模板。

(3)拆除较大跨度梁下支柱时,应先从跨中开始,分别向两端拆除。拆除多层楼板支柱时,应确认上部施工荷载不需要传递的情况下方可拆除下部支柱。

(4)当水平支撑超过二道以上时,应先拆除二道以上水平支撑,最下一道大横杆与立杆应同时拆除。

(5)模板拆除应按规定逐次进行,不得采用大面积撬落方法。拆除的模板、支撑、连接件应用槽滑下或用绳系下。不得留有悬空模板。

第九节 工地建设

一、一般规定

(1)工地应创造条件实行封闭管理。在作业区域范围设置高度不低于1.8 m的围挡,应选用坚固、整洁的材料,沿工地四周连续设置。围挡墙边严禁堆物。在建筑物外侧应采用密目式安全立网进行全封闭围护。

(2)工地应设置固定的出入口。

(3)工地应铺设整齐、足够宽度的硬化道路,不积水,不堆放构件、材料,保持经常畅通。

(4)行人、车辆运输频繁的交叉路口,应悬挂安全指示标牌,在火车道口两侧应设落杆。

(5)各种料具应按照总平面图规定的位置,按品种、分规格堆放整齐。在建工程内部各楼层,应随完工随清理,拆除的模板、料具应码放整齐。

(6)在天然光线不足的作业场地、通道及用电设备的开关箱处,应设置足够的照明设备。

(7)工地应将施工作业区与生活区分开设置。

二、临时建筑、设施

(1)临时建筑物设计应符合《建筑结构可靠度设计统一标准》(GB 50068)、《建筑结构荷载规范》(GB 50009)的规定。临时建筑物使用年限n定为5年。

(2)临时办公用房、宿舍、食堂、厕所等建筑物结构重要性系数$\gamma_0=1.0$。工地非危险品仓库等建筑物结构重要性系数$\gamma_0=0.9$,工地危险品仓库按相关规定设计。

(3) 临时建筑及设施设计可不考虑地震作用。

三、工地防火

(1)工地应建立消防管理制度、动火审批制度和易燃易爆物品的管理办法。

(2)工地应按施工规模建立消防组织,配备义务消防人员,并应经过专业培训和定期组织进行演习。

(3)工地应按照总平面图划分防火责任区,根据作业条件合理配备灭火器材。当工程施工高度超过30 m时,应配备有足够扬程的消防水源和必须保障畅通的疏散通道。

(4)对各类灭火器材、消火栓及水带应经常检查和维护保养,保证使用效果。

(5)工地应设置吸烟室,吸烟人员必须到吸烟室吸烟。

(6)各种气瓶应单独存放,库房应通风良好,各种设施符合防爆要求。

(7)当发生火险工地消防人员不能及时扑救时,应迅速准确地向当地消防部门报警,并清理通道障碍和查清消火栓位置,为消防灭火做好准备。

四、季节施工

(1)工地应该按照作业条件针对季节性施工的特点,制定相应的安全技术措施。

(2)雨季施工应考虑施工作业的防雨、排水及防雷措施。如雨天挖坑槽、露天使用的电气设备、爆破作业遇雷电天气以及沿河流域的工地做好防洪准备，傍山的施工现场做好防滑坡塌方的工作和做好临时设施及脚手架等的防强风措施。雷雨季节到来之前，应对现场防雷装置的完好情况进行检查，防止雷击伤害。

(3)冬期施工应采取防滑、防冻措施。作业区附近应设置的休息处所和职工生活区休息处所，一切取暖设施应符合防火和防煤气中毒要求；对采用蓄热法浇筑混凝土的现场应有防火措施。

(4)遇六级以上(含六级)强风、大雪、浓雾等恶劣气候，严禁露天起重吊装和高处作业。

第十节　施工企业安全生产评价标准

施工企业安全生产评价应按安全生产管理、安全技术管理、设备和设施管理、企业市场行为和施工现场安全管理等5项内容进行考核。

一、安全生产管理评价

安全生产管理评价应为对企业安全管理制度建立和落实情况的考核，其内容应包括安全生产责任制度、安全文明资金保障制度、安全教育培训制度、安全检查及隐患排查制度、生产安全事故报告处理制度、安全生产应急救援制度等6个评定项目。

(一)安全生产责任制度

施工企业安全生产责任制度的考核评价应符合下列要求：

(1)未建立以企业法人为核心分级负责的各部门及各类人员的安全生产责任制，则该评定项目不应得分；

(2)未建立各部门、各级人员安全生产责任落实情况考核的制度及未对落实情况进行检查的，则该评定项目不应得分；

(3)未实行安全生产的目标管理、制订年度安全生产目标计划、落实责任和责任人及未落实考核的，则该评定项目不应得分；

(4)对责任制和目标管理等的内容和实施，应根据具体情况评定折减分数。

(二)安全文明资金保障制度

施工企业安全文明资金保障制度的考核评价应符合下列要求：

(1)制度未建立且每年未对与本企业施工规模相适应的资金进行预算和决算，未专款专用，则该评定项目不应得分；

(2)未明确安全生产、文明施工资金使用、监督及考核的责任部门或责任人，应根据具体情况评定折减分数。

(三)安全教育培训制度

施工企业安全教育培训制度的考核评价应符合下列要求：

(1)未建立制度且每年未组织对企业主要负责人、项目经理、安全专职人员及其他管理人员的继续教育的，则该评定项目不应得分；

(2)企业年度安全教育计划的编制，职工培训教育的档案管理，各类人员的安全教育，应根据具体情况评定折减分数。

（四）安全检查及隐患排查制度

施工企业安全检查及隐患排查制度的考核评价应符合下列要求：

（1）未建立制度且未对所属的施工现场、后方场站、基地等组织定期和不定期安全检查的，则该评定项目不应得分；

（2）隐患的整改、排查及治理，应根据具体情况评定折减分数。

（五）生产安全事故报告处理制度

施工企业生产安全事故报告处理制度的考核评价应符合下列要求：

（1）未建立制度且未及时、如实上报施工生产中发生的伤亡事故的，则该评定项目不应得分；

（2）对已发生的和未遂事故，未按照"四不放过"原则进行处理的，则该评定项目不应得分；

（3）未建立生产安全事故发生及处理情况事故档案的，则该评定项目不应得分。

（六）安全生产应急救援制度

施工企业安全生产应急救援制度的考核评价应符合下列要求：

（1）未建立制度且未按照本企业经营范围，并结合本企业的施工特点，制订易发、多发事故部位、工序、分部、分项工程的应急救援预案，未对各项应急预案组织实施演练的，则该评定项目不应得分；

（2）应急救援预案的组织、机构、人员和物资的落实，应根据具体情况评定折减分数。

二、安全技术管理评价

安全技术管理评价应为对企业安全技术管理工作的考核，其内容应包括法规、标准和操作规程配置，施工组织设计，专项施工方案（措施），安全技术交底，危险源控制等5个评定项目。

（一）法规、标准和操作规程配置

施工企业法规、标准和操作规程配置及实施情况的考核评价应符合下列要求：

（1）未配置与企业生产经营内容相适应的、现行的有关安全生产方面的法规、标准，以及各工种安全技术操作规程，并未及时组织学习和贯彻的，则该评定项目不应得分；

（2）配置不齐全，应根据具体情况评定折减分数。

（二）施工组织设计

施工企业施工组织设计编制和实施情况的考核评价应符合下列要求：

（1）未建立施工组织设计编制、审核、批准制度的，则该评定项目不应得分；

（2）安全技术措施的针对性及审核、审批程序的实施情况等，应根据具体情况评定折减分数。

（三）专项施工方案（措施）

施工企业专项施工方案（措施）编制和实施情况的考核评价应符合下列要求：

（1）未建立对危险性较大的分部、分项工程专项施工方案编制、审核、批准制度的，则该评定项目不应得分；

（2）制度的执行，应根据具体情况评定折减分数。

（四）安全技术交底

施工企业安全技术交底制定和实施情况的考核评价应符合下列要求：

(1)未制定安全技术交底规定的,则该评定项目不应得分;

(2)安全技术交底资料的内容、编制方法及交底程序的执行,应根据具体情况评定折减分数。

(五)危险源控制

施工企业危险源控制制度的建立和实施情况的考核评价应符合下列要求:

(1)未根据本企业的施工特点,建立危险源监管制度的,则该评定项目不应得分;

(2)危险源公示、告知及相应的应急预案编制和实施,应根据具体情况评定折减分数。

三、设备和设施管理评价

设备和设施管理评价应为对企业设备和设施安全管理工作的考核,其内容应包括设备安全管理、设施和防护用品、安全标志、安全检查测试工具等4个评定项目。

(一)设备安全管理

施工企业设备安全管理制度的建立和实施情况的考核评价应符合下列要求:

(1)未建立机械、设备(包括应急救援器材)采购、租赁、安装、拆除、验收、检测、使用、检查、保养、维修、改造和报废制度的,则该评定项目不应得分;

(2)设备的管理台账、技术档案、人员配备及制度落实,应根据具体情况评定折减分数。

(二)设施和防护用品

施工企业设施和防护用品制度的建立及实施情况的考核评价应符合下列要求:

(1)未建立安全设施及个人劳保用品的发放、使用管理制度的,则该评定项目不应得分;

(2)安全设施及个人劳保用品管理的实施及监管,应根据具体情况评定折减分数。

(三)安全标志

施工企业安全标志管理规定的制定和实施情况的考核评价应符合下列要求:

(1)未制定施工现场安全警示、警告标志使用管理规定的,则该评定项目不应得分;

(2)管理规定的实施、监督和指导,应根据具体情况评定折减分数。

(四)安全检查测试工具

施工企业安全检查测试工具配备制度的建立和实施情况的考核评价应符合下列要求:

(1)未建立安全检查检验仪器、仪表及工具配备制度的,则该评定项目不应得分;

(2)配备及使用,应根据具体情况评定折减分数。

四、企业市场行为评价

企业市场行为评价应为对企业安全管理市场行为的考核,其内容包括安全生产许可证、安全生产文明施工、安全质量标准化达标、资质机构与人员管理制度4个评定项目。

(一)安全生产许可证

施工企业安全生产许可证许可状况的考核评价应符合下列要求:

(1)未取得安全生产许可证而承接施工任务的、在安全生产许可证暂扣期间承接工程的、企业承发包工程项目的规模和施工范围与本企业资质不相符的,则该评定项目不应得分;

(2)企业主要负责人、项目负责人和专职安全管理人员的配备和考核,应根据具体情况评定折减分数。

（二）安全生产文明施工

施工企业安全生产文明施工动态管理行为的考核评价应符合下列要求：

（1）企业资质因安全生产、文明施工受到降级处罚的，则该评定项目不应得分；

（2）其他不良行为，视其影响程度、处理结果等，应根据具体情况评定折减分数。

（三）安全质量标准化达标

施工企业安全质量标准化达标情况的考核评价应符合下列要求：

（1）本企业所属的施工现场安全质量标准化年度达标合格率低于国家或地方规定的，则该评定项目不应得分；

（2）安全质量标准化年度达标优良率低于国家或地方规定的，应根据具体情况评定折减分数。

五、施工现场安全管理考核评价

施工现场安全管理考核评价应为对企业所属施工现场安全状况的考核，其内容应包括施工现场安全达标、安全文明资金保障、资质和资格管理、生产安全事故控制、设备设施工艺选用、保险等6个评定项目。

（一）施工现场安全达标

施工现场安全达标考核，企业应对所属的施工现场按现行规范标准进行检查，有一个工地未达到合格标准的，则该评定项目不应得分。

（二）安全文明资金保障

施工现场安全文明资金保障，应对企业按规定落实其所属施工现场安全生产、文明施工资金的情况进行考核，有一个施工现场未将施工现场安全生产、文明施工所需资金编制计划并实施，未做到专款专用的，则该评定项目不应得分。

（三）资质和资格管理

施工现场分包资质和资格管理规定的制定以及施工现场控制情况的考核评价应符合下列要求：

（1）未制定对分包单位安全生产许可证、资质、资格管理及施工现场控制的要求和规定，且在总包与分包合同中未明确参建各方的安全生产责任，分包单位承接的施工任务不符合其所具有的安全资质，作业人员不符合相应的安全资格，未按规定配备项目经理、专职或兼职安全生产管理人员的，则该评定项目不应得分；

（2）对分包单位的监督管理，应根据具体情况评定折减分数。

（四）生产安全事故控制

施工现场生产安全事故控制的隐患防治、应急预案的编制和实施情况的考核评价应符合下列要求：

（1）未针对施工现场实际情况制订事故应急救援预案的，则该评定项目不应得分；

（2）对现场常见、多发或重大隐患的排查及防治措施的实施，应急救援组织和救援物资的落实，应根据具体情况评定折减分数。

（五）设备设施工艺选用

施工现场设备、设施、工艺管理的考核评价应符合下列要求：

（1）使用国家明令淘汰的设备或工艺，则该评定项目不应得分；

(2)使用不符合国家现行标准的且存在严重安全隐患的设施,则该评定项目不应得分;

(3)使用超过使用年限或存在严重隐患的机械、设备、设施、工艺的,则该评定项目不应得分;

(4)对其余机械、设备、设施以及安全标志的使用情况,应根据具体情况评定折减分数;

(5)对职业病的防治,应根据具体情况评定折减分数。

(六)保险

施工现场保险办理情况的考核评价应符合下列要求:

(1)未按规定办理意外伤害保险的,则该评定项目不应得分;

(2)意外伤害保险的办理实施,应根据具体情况评定折减分数。

本章小结

安全技术标准是安全生产法律法规的补充,是施工安全管理的重要依据。本章介绍了安全技术标准的分类和安全生产评价标准,以及常用的脚手架、基坑支护、土方作业、高处作业、施工用电、建筑起重机械设备、建筑施工模板等常见安全技术标准。

思考练习题

1. 施工安全技术标准分为哪几类?
2. 脚手架安全技术要求有哪些?
3. 基坑支护、土方作业安全技术有哪些?
4. 高处作业安全技术要求有哪些?
5. 施工用电安全技术要求有哪些?
6. 建筑起重机械安全技术要求有哪些?
7. 建筑机械设备使用安全技术要求有哪些?
8. 建筑施工模板安全技术要求有哪些?
9. 施工企业安全生产评价标准内容有哪些?

第三章　施工项目安全生产管理计划

【学习目标】

通过对施工项目安全生产管理计划内容和编制方法的学习，了解施工项目安全生产管理计划基本编制办法；熟悉施工项目安全生产管理计划的编制，能够参与编制施工项目安全生产管理计划；掌握施工项目安全生产管理计划的主要内容。

第一节　施工项目安全生产管理计划的主要内容

安全管理计划（safety management plan）是指保证实现项目施工职业健康安全目标的管理计划。包括制定、实施所需的组织机构、职责、程序以及采取的措施和资源配置等。

为认真贯彻“安全第一，预防为主，综合治理”的方针，遵守国家、部门、行业以及施工企业公司有关安全生产的法律、法规、规章等要求，做好施工现场安全管理工作，确保在施工生产过程中的安全生产，杜绝违章指挥、违章作业，将一切事故隐患消灭在萌芽状态，避免安全事故的发生，施工单位在工程开工前应针对工程项目编制施工项目安全生产管理计划，该计划是指导该工程施工现场安全生产管理标准化、规范化的纲领性文件、计划性文件。安全生产管理计划应包含的主要内容如下。安全管理计划可参照《职业健康安全管理体系规范》（GB/T 28001—2011）在施工单位安全管理体系的框架内编制。依据《建筑施工组织设计规范》（GB/T 50502—2009）安全管理计划可以参照下列内容进行编写：

（1）确定项目重要危险源，制定项目职业健康安全管理目标；

（2）建立有管理层次的项目安全管理组织机构并明确职责；

（3）根据项目特点，进行职业健康安全方面的资源配置；

（4）建立具有针对性的安全生产管理制度和职工安全教育培训制度；

（5）针对项目重要危险源，制定相应的安全技术措施；对达到一定规摸的危阶性较大的分部（分项）工程和特殊工种的作业应制定专项安全技术措施的编制计划；

（6） 根据季节、气候的变化制定相应的季节性安全施工措施；

（7）建立现场安全检查制度，并对安全事故的处理做出相应规定。

第二节　施工项目安全生产管理计划基本编制办法

安全管理计划编制不仅要按照一定原则和步骤进行，而且要采用能够正确核算和确定各项安全指标的科学方法。在实际工作中，常用的安全管理计划方法主要有以下几种。

一、定额法

定额是通过经济、安全统计资料和安全技术手段测定而提出的完成一定安全生产任务的资源消耗标准,或一定的资源消耗所要完成安全生产任务的标准。它是安全管理计划的基础,对计划核算有决定性影响。定额法就是根据有关部门规定的标准,或者目前在正常情况下,已经达到的标准,来计算和确定安全管理计划指标的方法。

二、系数法

系数是两个变量之间比较稳定的数量依存关系的数量表现,主要有比例系数和弹性系数两种形式。比例系数是两个变量的绝对量之比。如企业安装一台消声器的工作量一般占基建投资总额的比例假设为65%,那么,这里的0.65,就是二者的比例系数。弹性系数是两个变量的变化率之比。如企业产量增长速度和企业总的经济增长速度之比假设为0.2∶1,那么,这里的0.2,就是产量增长的弹性系数。系数法就是运用这些系数从某些计划指标推算其他相关计划指标的方法。系数法一般用于计划编制的匡算阶段和远景规划。其优点是可以在时间短、任务急、资料不全的情况下迅速编制粗线条的计划,还可以对计划进行粗略的论证和检验。但使用时必须注意系数在计划期的有效性,并对其进行尽可能科学的修正。

三、动态法

动态法就是按照某项安全指标在过去几年的发展动态,来推算该指标在计划期的发展水平的方法。如假设根据历年情况,某企业集团人身伤害事故每年大约减少5%。假定计划期安全生产条件没有大的变化,那么也就可以按减少5%来考虑。这种方法常见于确定安全管理计划目标的最初阶段。

四、比较法

比较法就是对同一计划指标在不同时间或不同空间所呈现的结果进行比较,以便研究确定该项计划指标水平的方法。这种方法常被用于进行安全管理计划分析和论证。使用它,可以较好地吸收其他企业的成功经验。当然,在运用这种方法时,一定要注意到同一指标的诸多因素的可比性问题,简单的类比是不科学的。

五、因素分析法

因素分析法是指通过分析影响某个安全指标的具体因素以及每个因素变化对该指标的影响程度来确定安全管理计划指标的方法。例如,在生产资料供应充足的条件下,企业生产水平取决于投入生产领域的活劳动量和单位活劳动的生产率以及企业安全生产的水平。因此,确定企业产量计划,可以通过分别求出计划期由于劳动力增加可能增加的产量以及由于劳动生产率提高可能增加的产量和安全生产的平稳运行可能增加的产量,然后把三者相加。这就是因素分析法。

六、综合平衡法

综合平衡法是从整个企业安全生产管理计划全局出发,对计划的各个构成部分、各个主要因素、整个安全管理计划指标体系进行的全面平衡。综合平衡法把任何一项安全工作计划都看作是一个系统,不是追求局部的、单指标的最优化,而是寻求系统整体的最优化。因此，它是进行计划平衡的基本方法。综合平衡法的具体形式很多，主要有编制各种平衡表，建立便于计算的计划图解模型或数学模型等。

第三节　施工项目安全生产管理计划的编制

一、施工项目安全管理计划编制原则

施工项目安全管理计划是主观的东西，计划制订的好坏，取决于它和客观相符合的程度。为此，在安全管理计划的编制过程中，必须遵循一系列的原则。这些原则如下：

（一）科学性原则

所谓科学性原则，是指企业所制订的安全管理计划必须符合安全生产的客观规律，符合企业的实际情况。只有这样，才有理由要求各部门、各单位主动地按照计划的要求办事。相反，如果安全管理计划不科学，甚至从根本上违背安全生产的客观规律，那么，这样的计划就很难被人接受，即使通过某些强制的方法和手段贯彻下去，也很难实现计划的目标。因此，这就要求安全管理计划编制人员必须从企业安全生产的实际出发，深入调查研究，掌握客观规律，使每一项计划都建立在科学的基础之上。

（二）统筹兼顾的原则

安全管理计划的目的是通过系统的整体优化实现安全决策目标，而系统整体优化的关键在于系统内部结构的有序和合理，在于对象的内部关系与外部关系的协调。因此在制订安全管理计划时，不仅要考虑到计划对象系统中所有的各个构成部分及其相互关系，而且还要考虑到计划对象和相关系统的关系，按照它们的必然联系，进行统一筹划。

首先，要处理好重点和一般的关系。在安全生产和生产经营中，有的环节、有的项目关系到企业发展的全局，具有战略意义。对于这些重点，要优先保证它的发展，同时也不能只顾重点忽视其他，没有非重点的发展，就不会有重点的发展。

其次，要处理好简单再生产和扩大再生产与安全生产的关系。社会化大生产是以扩大再生产为特征的。但是扩大再生产不能离开简单再生产孤立进行，扩大再生产更不能离开安全生产，否则就失去了前提和基础，失掉了扩大再生产的条件。因此，在对财力、物力、人力进行分配时，既要满足简单再生产的需要，又要满足适当的扩大再生产的需要，还必须要满足安全生产的需要。

再次，要处理好国家、地方、企业和职工个人之间的关系。按照统筹兼顾的原则，一方面要保证国家的整体利益和长远利益，强调局部利益服从整体利益，眼前利益服从长远利益；另一方面又要照顾到地方、企业和职工个人的利益。只有这样，才能调动各方面的安全生产积极性。

（三）积极可靠的原则

制订安全管理计划指标一是要积极，凡是经过努力可以办到的事，要尽力安排，努力争取办到；二是要可靠，计划要落到实处，而确定的安全管理计划指标，必须要有资源条件作保证，不能留有缺口。坚持这一原则，把尽力而为和量力而行正确结合起来，使安全管理计划既有先进性，又有科学性，保证生产、安全、效益持续、稳定、健康地发展。

（四）弹性原则

弹性原则，是安全管理计划在实际安全管理活动中的适应性、应变能力和与动态的安全管理对象相一致的性质。计划要留有余地，一是指标不能定得太高，否则经过努力也达不到，既挫伤计划执行者的积极性，又使计划容易落空；二是资金和物资的安排、使用留有一定的后备，否则难以应付突发事件、自然灾害等不测情况。任何计划都只是预测性的，在计划的执行过程中，往往会出现某些人们事先预想不到或者无法控制的事件，这将会影响到计划的实现。因此，必须使计划具有弹性和灵活的应变能力，以及时适应客观事物各种可能的变化。

（五）瞻前顾后的原则

在制订安全管理计划时，必须有远见，能够预测到未来发展变化的方向；同时又要参考以前的历史情况，保持计划的连续性。为实现安全管理计划的目标，合理地确定各种比例关系。从系统论的角度来说，也就是保持系统内部结构的有序和合理。在制订计划时，必须对计划的各个组成部分、计划对象与相关系统的关系进行统筹安排。其中，最重要的就是保持任务、资源与需求之间，局部与整体之间，目前与长远之间的平衡。

（六）群众性原则

安全管理计划工作的群众性原则，是指在制订和执行计划的过程中，必须依靠群众、发动群众、广泛听取群众意见。要通过各种形式向群众讲形势、讲任务、提问题、指关键、明是非；要放手发动群众，揭矛盾、找差距、定措施。只有依靠职工群众的安全生产经验和安全工作聪明才智，才能制订出科学、可行的安全管理计划，也才能激发职工的安全积极性，自觉地为安全目标的实现而奋斗。

二、安全生产管理计划的编制程序

（一）调查研究

编制安全管理计划，必须弄清计划对象的客观情况，这样才能做到目标明确，有的放矢。为此，在计划编制之前，首先必须按照计划编制的目的要求，对计划对象中的各个有关方面进行现状的和历史的调整，全面积累数据，充分掌握资料。在调查中，一方面要注意全面、系统地掌握第一手资料，防止支离破碎、断章取义；另一方面也要注意解剖麻雀，有针对性地把主要安全问题追深追透，反对浅尝辄止，浮于表面。调查有多种形式，从获得资料的方式来看，有亲自调查、委托调查、重点调查、典型调查、抽样调查和专项调查等。调查搞好了，还要对调查材料进行及时、深入、细致的分析，发现矛盾、找出原因、去伪存真、去粗取精。

（二）科学预测

预测，就是通过分析和总结某种安全生产现象的历史演变和现状，掌握客观过程发展变化的具体规律性，揭示和预见其未来发展趋势及其数量表现。预测是安全管理计划的依据和前期。因此，在调查研究的基础上，必须邀请有关安全专家参加，进行科学预测，得出科学、可信的数据和资料。安全预测的内容十分丰富，主要有工艺状况预测、设备可靠性预测、隐患发展趋势预测、事故发生的可能性预测等；而从预测的期限来看，则又有长期、中期和短期预测等。

（三）拟订计划方案

经过充分的调查研究和科学的安全管理计划预测，计划机关或计划者掌握了形成安全管理计划足够的数据和资料，根据这些数据和资料，审慎地提出计划的安全发展战略目标，安全工作主要任务，有关安全生产指标和实施步骤的设想，并附上必要的说明。通常情况下，一般要拟订几种不同的方案以供决策者选择之用。

（四）论证和择定计划方案

这一阶段是安全管理计划编制的最后一个阶段，主要工作大致可归纳为以下几个方面。

（1）通过各种形式和渠道，召集有准备的各方面安全专家的评议会进行科学论证；同时，也可召集职工座谈会，广泛听取意见。

（2）修改补充计划草案，拟出修订稿，再次通过各种形式渠道征集意见和建议。这一程序必要时可反复多次。

（3）比较选择各个可行方案的合理性与效益性，从中选择一个满意的安全管理计划，然后由企业权力机关批准实行。

由上可见，安全管理计划编制的这套程序，既符合决策科学的要求，也符合群众路线的要求。只要自觉地运用从实际出发的唯物观点和辩证方法，能够认真地运用科学的安全管理计划方法并走群众路线，就一定能够制订出比较满意的计划。

三、安全生产管理计划的编制

（一）工程概况

（1）建筑情况；

（2）结构情况；

（3）工程特点分析；

（4）安全特点、难点分析。

（二）管理职责

项目管理部制定并执行安全生产管理体系要求，以明确安全生产管理体系组织机构以及体系中各职能部门的安全生产管理职责，以确保安全生产体系正常，管理安全管理目标和承诺的实现。

（1）针对项目特点，明确项目安全管理机构。

（2）现场施工各层次的主要安全职责为：

①总承包项目部应统一负责建立并完善现场施工安全生产管理体系。

②专业分包项目部应根据分包专业工程的范围、特点，负责建立和实施该专业工程现场施工安全生产管理体系；劳务分包项目部直接纳入相应发包单位现场施工安全生产管理体系。

③班组应遵守安全生产规章制度，结合工种实际落实相关的安全施工措施和要求。

④作业人员应服从班组管理，遵守操作规程和劳动纪律。

（3）项目负责人员的主要安全职责为：

①项目经理应对本项目安全生产负总责，并负责项目安全生产管理活动的组织、协调、考核、奖惩。

②项目副经理(包括项目技术负责人)应对分管范围内的职能部门(或岗位)安全生产管理活动负责。

(4)各职能部门(或岗位)应负责实施分管业务范围内相关的安全管理活动,并配合其他职能部门(或岗位)安全管理活动的实施,其主要安全职责分别为:

①技术管理部门(或岗位)负责安全技术的归口管理,提供安全技术保障,并控制其实施的相符性;

②施工管理部门(或岗位)负责安全生产的归口管理,组织落实生产计划、布置、实施活动的安全管理;

③材料管理部门(或岗位)负责物资和劳动防护用品的安全管理;

④动力设备管理部门(或岗位)负责机具设备和临时用电的安全管理;

⑤安全管理部门(或岗位)负责安全管理的检查、处理的归口管理;

⑥其他管理部门(或岗位)分别负责对人员、分包单位的安全管理,以及安全宣传教育、安全生产费用、消防、卫生防疫等的管理。

(二)策划

1. 安全目标

项目部应针对工程施工和风险特点,制定安全管理目标并形成文件。项目安全管理目标内容应包括:

(1)生产安全事故控制指标;

(2)安全生产、文明施工达标目标。

2. 风险控制措施

对施工过程、人员活动、设施设备中可能存在的危险源,应参与或组织进行识别、风险评价,制定相应的风险控制措施,主要包括以下两方面内容:

(1)对危险性较大的分部分项工程,在施工组织(总)设计的基础上,应按规定单独编制专项安全施工方案,针对其重大危险源,制定专项安全技术措施。

(2)对其他危险源,在施工组织设计中制定安全技术措施,明确相关的安全生产规章制度、操作规程。需要时也可单独编制专项安全施工方案。

风险控制措施应按规定进行审批,实施专家论证。风险控制措施必须明确安全技术措施的交底、验收、检查、动态监控,相关方沟通活动的内容、权限、程序和要求。

3. 相关资源配置计划

项目部应依据安全管理目标和风险控制措施,制订下列相关资源配置计划:

(1)法律法规、标准规范、规章制度、操作规程;

(2)施工技术和工艺;

(3)技术、管理人员,分包单位和作业班组;

(4)物资、设施、设备、检测器具和劳防用品;

(5)安全生产费用。

当法定要求、工程设计或施工条件变化时,项目部应及时对安全管理目标、风险控制措施,以及资源配置计划的充分性与适宜性进行评价,进行必要的修订和调整。

（三）实施

1. 教育培训

项目部所有从业人员应按规定进行安全教育培训，项目部必须禁止未接受安全教育培训、未具备与其工作相适应的安全生产、文明施工的意识、知识和技能的从业人员上岗。安全教育培训应贯穿施工全过程，并有计划地分层次、分岗位、分工种实施。从业人员应按规定持有效的资格证书上岗。

2. 分包控制

项目部应选择合格的分包单位承担专业工程施工或劳务分包，对分包单位的有效证照和相关资料能追溯检查。承发包双方应依法签订合同，并附有安全生产等协议文件，明确双方的责任和义务。项目部应对分包单位实施管理，内容包括：

（1）组织审核、审批分包单位的施工组织设计和专项施工方案；

（2）确认分包单位进场项目部、班组及从业人员的资格，并进行针对性的安全教育培训和安全施工交底，形成双方签字认可的记录；

（3）对分包单位进场的物资、设施、设备的安全状态进行验收；

（4）对分包单位的安全生产、文明施工费用的使用情况进行监督、检查；

（5）对分包单位的安全生产、文明施工的管理活动进行监督、检查、定期考核。

分包合同履行完毕后，总包项目部应对分包单位现场施工安全管理状况进行评价，并就结果与分包单位及时沟通。

3. 安全技术交底

施工前，项目部应依据风险控制措施要求，组织对专业分包单位、施工作业班组安全技术交底，并形成双方签字的交底记录。安全技术交底的内容应包括：

（1）施工部位、内容和环境条件；

（2）专业分包单位、施工作业班组应掌握的相关现行标准、规范，安全生产、文明施工规章制度和操作规程；

（3）资源的配备及安全防护、文明施工技术措施；

（4）动态监控以及检查、验收的组织、要点、部位和节点等相关要求；

（5）与之衔接、交叉的施工部位、工序的安全防护、文明施工技术措施；

（6）潜在事故应急措施及相关注意事项。

在施工要求发生变化时，应对安全技术交底内容进行变更并补充交底。

4. 安全验收

项目部应依据资源配置计划和风险控制措施，对现场人员、实物、资金、管理及其组合的相符性进行安全验收。

安全验收应分阶段按以下要求实施：

（1）施工作业前，对安全施工的作业条件进行验收。

（2）危险性较大的分部分项工程、其他重大危险源工程以及设施、设备施工过程中，对可能给下道工序造成影响的节点进行过程验收。

（3）物资、设施、设备和检测器具在投入使用前进行使用验收。

（4）建立必要的安全验收标识。未经安全验收或安全验收不合格，不得进入后续工序或投入使用。

(5)总包项目部应在作业班组或专项工程分包单位自验合格的基础上，组织相关职能部门（或岗位）实施安全验收，风险控制措施编制人员或技术负责人应参与验收。必要时，应根据规定委托有资质的机构检测合格后，再组织实施安全验收。

5. 安全检查

(1)项目部应依据风险控制措施的要求进行安全检查。

(2)项目部应实施日、周、月安全巡查和专项检查；实行总承包施工的，应在分包项目部自查的基础上，由总包项目部组织实施。

(3)安全检查应包括施工过程中的资源配置、人员活动、实物状态、环境条件、管理行为等内容。

(4)项目部对检查中发现的安全隐患，应责令相关单位整改，并分类记录，作为安全隐患排查治理的依据；对检查中发现的不合格情况，还应要求采取纠正措施。

6. 动态监控

(1)项目部应依据风险控制要求，对易发生生产安全事故的部位、环节的作业活动实施动态监控。

(2)动态监控方式应包括旁站监控、远程监控等。

(3)监控人员由被监控对象的主管职能部门（或岗位）负责落实；监控人员应熟悉操作规程和施工安全技术，配备人数应满足监控的实际需要。

(4)监控人员发现违反风险控制措施要求的情况时，应立即制止，必要时责令暂停施工作业、撤离危险区域并报告。

7. 整改和复查

(1)对施工过程中发现的安全隐患以及不合格的情况，项目部应组织相关责任单位、部门、人员落实整改，并明确时间、人员和措施要求。

(2)项目部应及时向提出整改要求的相关方反馈整改情况和结果。

(3)整改的有效性应经提出整改要求的相关方复查确认，通过后方可进行后续工序施工或使用。

8. 应急和事故处理

(1)项目部应依据应急预案，结合现场实际，配备应急物资器材，开展事故应急预案的培训与演练，并在事故发生时立即启动实施。

(2)在事故应急预案演练或应急抢险实施后，项目部应对事故应急预案的可操作性和有效性进行评价，必要时进行修订。

(3)事故发生后，项目部应配合查清事故原因，处理责任人员、教育从业人员，吸取事故教训，落实整改和防范措施。

9. 考核和奖惩

(1)总承包项目部应依据安全生产考核奖惩办法，对分包项目部安全生产职责的履行情况进行考核。

(2)总承包项目部和分包项目部应依据安全生产考核奖惩办法，分别对各自的职能部门（或岗位）、施工班组安全生产职责的履行情况进行考核。

(3)项目部应根据安全生产职责履行情况考核的结果，依据安全生产考核奖惩办法，及时实施奖励或惩罚。

（四）审核和改进

项目部应定期分类汇总安全检查发现的问题，排查确定多发和重大安全隐患，制定纠正和预防的措施，进行专项治理。项目部应委托具有资格的人员组成审核组，在各主要施工阶段对安全生产管理体系建立和运行的符合性、有效性进行审核，对审核发现的不合格及相应的不符合审核准则的事实应进行处置，并提出改进要求，包括分析原因，制定、实施并跟踪验证相应的纠正措施。

四、安全管理计划的检查与修订

制订安全管理计划并不是计划管理的全部，而只是计划管理的开始，在整个安全管理计划的制订、贯彻、执行和反馈的过程中，计划的检查与修订，占有十分重要的地位，起着不可忽视的作用。

（一）计划的检查是监督计划贯彻落实情况，推动计划顺利实施的需要

安全生产管理计划虽然是按照一定的民主程序和科学过程而制订的，并对企业各方面的诸种关系都作了通盘的考虑，但是，仍然不能保证它在各个子系统内或每一个环节都能得到及时、全面、切实的贯彻和落实。通过计划检查，就可以及时了解计划任务的落实情况，各部门、各单位、各基层完成计划的进度情况，以便研究和提出保证完成计划的有力措施。

（二）计划检查还可以检验计划编制是否符合客观实际，以便修订和补充计划

计划的编制力求做到从实际出发，使其尽量符合客观实际。但是，由于人的认识不但受着科学条件和技术条件的限制，而且也受着客观过程的发展及其表现程度的限制。因此，部分地改变计划是常有的。当发现计划与实际执行情况不符时，应具体分析其原因，如果是由于计划本身不符合实际或在执行过程中出现了前所未料的问题，如重大突发事件、突发重大事故等，就应修改原定计划。但修订调整计划必须按一定程序进行，必须经原批准机关审查批准。对由于计划执行单位管理不善等主观原因造成的计划与实际脱节，则不允许修改计划，以保证计划的严肃性。

（三）计划的检查要贯穿于计划执行的全过程

从安全管理计划的下达开始，直到计划执行结束。计划检查要做到全面而深入。检查的主要内容有：

（1）计划的执行是否偏离目标；

（2）计划指标的完成程度；

（3）计划执行中的经验和潜在的问题；

（4）计划是否符合执行中的实际情况，有无必要作修改和补充等。

检查的方法有：

（1）分项检查和综合检查；

（2）数量检查和质量检查；

（3）定期检查和不定期检查；

（4）全面检查；

（5）重点检查；

（6）抽样检查；

(7)统计报表检查；

(8)深入基层检查等。

第四节　施工项目安全生产管理计划实例

二维码 3-1　施工项目安全生产管理计划实例

本章小结

安全生产管理计划是施工现场安全管理的指导性文件，本章主要介绍了安全生产管理计划编制的方法、原则和程序，分析安全生产管理计划的主要内容和安全生产管理计划的落实检查和修订工作。

思考练习题

1. 安全生产的方针？

2. 安全管理计划的概念？

3. 施工项目安全生产管理计划的主要内容？

4. 管理职责的编制内容有哪些？

5. 策划的编制内容有哪些？

6. 实施和检查的内容有哪些？

7. 如何进行审核与改进？

8. 施工项目安全生产管理计划基本编制办法？

9. 安全生产管理计划的编制原则？

10. 安全生产管理计划的编制程序？

第四章　施工现场安全管理

【学习目标】

通过施工现场安全管理的学习,了解安全生产管理概论;熟悉施工现场安全管理的基本要求、主要内容和主要形式;掌握安全技术交底,能够参与编制安全技术交底,掌握安全检查和验收制度,能够根据施工现场安全管理知识参与对施工机械、临时用电、消防设施进行安全检查,对防护用品与劳动保护用品进行符合性审查。

第一节　安全生产管理概论

一、安全管理的术语与概念

(1)安全

消除能导致人员伤害、疾病或死亡,或引起设备或财产损失,或危害环境的条件。

(2)本质安全

定义一:本质安全是指设备、设施或技术工艺含有内在的能够从根本上防止发生事故的功能。

定义二:本质安全是指通过研究、设计、制度、维修、改造等各种措施,保障技术系统的安全自协调能力,实现故障和事故自动排除,确保人和设备安全。

(3)安全系统

安全系统是指人、机、环境要素,在相互联系和作用条件下,构成的安全有机整体。

(4)安全生产管理

所谓安全生产管理,就是针对人们生产过程的安全问题,运用有效的资源,发挥人们的智慧,通过人们的努力,进行有关决策、计划、组织和控制等活动,实现生产过程中人与机器设备、物料、环境的和谐,达到安全生产目标。

(5)事故

造成死亡、职业病、伤害、财产损失或其它损失的意外事件。

(6)事故隐患

定义一:事故隐患泛指生产系统中可导致事故发生的人的不安全行为、物的不安全状态和管理上的缺陷。

定义二:隐患是人机环境系统安全品质的缺陷。表现:物的不安全状态、人的不安全行为、环境的不安全条件。

(7)危险

某一系统、产品、设备或操作的内部和外部的一种潜在状态,其发生可能导致意外事故或事件,造成人员伤害、疾病或死亡,或者设备财产的损失或环境危害。

(8)危害

可能造成人员生命及生理伤害或职业病、财产损失、工作场所环境破坏或其组合之根源或状态。

(9)危险源

从安全生产角度,危险源是指可能造成人员伤害、疾病、财产损失、作业环境破坏或其他损失的根源或状态。

(10)重大危险源

是指长期地或者临时地生产、搬运、使用或者储存危险物品,且危险物品的数量等于或者超过临界量的单元(包括场所和设施)。

二、人类安全哲学发展进程

人类的发展历史一直伴随着人为或自然意外事故和灾难的种种安全挑战,从远古时代的听天由命、被动承受到“亡羊补牢”式凭经验应付,到近代人类的“预防”,直至现代社会全新的安全理念、观点、知识、策略、行为、对策等。人们以安全系统工程、本质安全化的事故预防科学和技术。在这漫长的历史过程中,人类安全哲学经历了四个发展阶段(详见表4-1),不同的安全哲学阶段形成不同的安全文化(详见表4-2)。

(1)工业革命前——宿命论与被动型的安全哲学

对于事故与灾害听天由命,无能为力,认为命运是老天的安排,神灵是人类的主宰。面对事故对生命的残酷与践踏人类无所作为,自然与人为的灾难与事故只能是被动的承受,人类的生活质量无从谈起,生命与健康的价值被泯灭,人类处于一种落后和愚昧的社会。

(2) 17 世纪初至 20 世纪初 - -经验论与事后型的安全哲学

随着生产方式的变革,人类从农业社会进入到早期的工业化社会 - 蒸汽机时代。由于事故与灾害类型的复杂多样性和严重性,人类从事故统计中开始了致因理论研究,事后整改对策研究,随着这种建立在事故与灾难经历上的总结,人类进入了局部安全认识阶段,学会了“亡羊补牢”的手段,开始了与事故和灾害的抗争。

(3) 20 世纪初至 20 世纪 50 年代——系统论与综合型的安全哲学

建立了事故系统的综合认识,认识到了人、机、环境、管理综合要素,开展了安全工程技术硬手段和管理、教育等软手段的综合治理。

(4) 20 世纪 50 年代至今——本质论与预防型的安全哲学

人类在安全认识上有了本质安全化的认识,方法论上讲求安全的超前、主动。

表 4-1 安全哲学的发展阶段

阶段	时代	技术特征	认识论	方法论
1	工业革命前	农牧业手工业	听天由命	无能为力
2	17 世纪至本世纪初	蒸气机时代	局部安全	事后型亡羊补牢
3	20 世纪初至 50 年代	电气化时代	系统安全	综合对策系统工程
4	20 世纪 50 年代以来	宇航技术核工业	安全系统	本质安全,超前,主动,预防型

表4-2 安全文化的发展

时代	观念特征	行为特征
古代安全文化	宿命论	被动承受型
近代安全文化	经验论	事后型、亡羊补牢
现代安全文化	系统论	综合型、人机环对策
发展的安全文化	本质论	超前、预防型

三、安全生产的特点

近年来，我国建筑企业认真贯彻“安全第一、预防为主、综合治理”的安全生产方针，认真贯彻落实党中央、国务院关于安全生产工作的一系列方针、政策，牢固树立科学发展观，按照构建社会主义和谐社会的总体要求，全面落实安全生产责任制，加强建设工程安全法规和技术标准体系建设，积极开展专项整治和隐患排查治理活动，着眼于建立安全生产长效机制，强化监管，狠抓落实，从而取得全国建筑施工安全生产形势总体趋向稳定好转，施工作业和生产环境的安全、卫生及文明工地状况得到明显改善的成效。

建筑业长期以来，由于人员流动性大、劳动对象复杂和劳动条件变化大等特点，在各个国家都是高风险的行业，伤亡事故发生率一直位于各行业的前列。尤其是现代社会建设项目趋向大型化、高层化、复杂化，加之建设场地的多变性，使得建设工程生产特别是安全生产与其他生产行业相比有明显的区别，建设工程安全生产的特点主要体现在以下几个方面：

(1)建筑施工多数是露天作业，受环境、气候的影响较大，工作条件差，劳动强度大，安全管理难度较大。

(2)建筑施工多为多工种立体作业，人员多，工种复杂。施工人员安全观念淡薄，安全操作知识少，施工中由于违反操作规程而引发的安全事故较多。

(3)建筑安全技术涉及面广，它涉及高处作业、电气、起重、运输、机械加工和防火、防爆、防尘、防毒等多工种、多专业，组织安全技术培训难度较大。

(4)建筑施工流动性大，施工设施、防护设施多为临时性的，容易使施工人员产生临时观念，忽视施工设施的质量，不能及时消除安全隐患，以致发生事故。

(5)建筑工地一般是事故多发区。建筑施工现场安全防范的重点是高空坠落、起重伤害、触电、坍塌和物体打击等。

第二节 施工现场安全管理的基本要求

一、取得《安全生产许可证》后方可组织施工

按照《安全生产许可证条例》的规定，企业取得安全生产许可证，应当具备下列条件：

(1)建立健全安全生产责任制，制定完备的安全生产规章制度和操作规程；

(2)安全投入符合安全生产要求；

(3)设置安全生产管理机构，配备专职安全生产管理人员；

(4)主要负责人和安全生产管理人员经考核合格；

(5)特种作业人员经有关业务主管部门考核合格，取得特种作业操作资格证书；

(6)从业人员经安全生产教育和培训合格；

(7)依法参加工伤保险，为从业人员缴纳保险费；

(8)厂房、作业场所和安全设施、设备、工艺符合有关安全生产法律、法规、标准和规程的要求；

(9)有职业危害防治措施，并为从业人员配备符合国家标准或者行业标准的劳动防护用品；

(10)依法进行安全评价；

(11)有重大危险源检测、评估、监控措施和应急预案；

(12)有生产安全事故应急救援预案、应急救援组织或者应急救援人员，配备必要的应急救援器材、设备；

(13)法律、法规规定的其他条件。

施工单位在施工前，应备齐相关的文件和资料，按照分级管理的规定，向安全生产许可证颁发管理机关申请领取安全生产许可证，未取得安全生产许可证前，不能组织施工。

二、必须建立健全安全管理保障制度

施工单位应建立健全以下几种基本的安全管理保障制度。

(一)健全安全生产有关制度

安全生产有关制度包括安全生产责任制度和安全生产教育培训制度，制定安全生产规章制度和操作规程，保证安全生产资金投入制度，安全检查制度等。

(二)特种作业人员持证上岗制度

垂直运输机械作业人员、起重机械安装拆卸工、爆破作业人员、起重信号工、登高架设作业人员等特种作业人员，必须按照国家有关规定经过专门的安全作业培训，并取得特种作业操作资格证书后，方可上岗作业。

(三)专项工程专家论证制度

施工单位在施工组织设计中编制安全技术措施和施工现场临时用电方案时，对达到一定规模的危险性较大的分部分项工程编制专项施工方案。

(四)消防安全责任制度

施工现场应按有关规定，建立消防安全责任制度，确定消防安全责任人，制定用火、用电、使用易燃易爆材料等各项消防安全管理制度和操作规程。

(五)施工单位管理人员考核任职制度

施工单位的主要负责人、专职安全生产管理人员应当经建设行政主管部门或者其他有关部门考核合格后方可任职。

(六)施工自升式架设设施使用登记制度

施工起重机械和整体提升脚手架、模板等自升式架设设施应按有关规定，向建设行政主管部门或者其他有关部门登记。

(七)意外伤害保险制度

施工单位应当为施工现场从事危险作业的人员办理意外伤害保险。意外伤害保险费由施工单位支付。实行施工总承包的,由总承包单位支付意外伤害保险费。意外伤害保险期限自建设工程开工之日起至竣工验收合格止。

(八)危及施工安全工艺、设备、材料淘汰制度

对严重危及施工安全的工艺、设备、材料要按国家现行规定实行淘汰制度。

(九)生产安全事故应急救援制度

施工单位应当制定本单位生产安全事故应急救援预案,建立应急救援组织或者配备应急救援人员,配备必要的应急救援器材、设备,并定期组织演练。

(十)生产安全事故报告制度

现场发生事故时,要及时、如实地向上级主管部门报告。

三、各类管理施工人员必须具备相应的安全生产资格方可上岗

施工单位的项目负责人应当由取得相应执业资格的人员担任。其他各类管理和施工人员均应经过相应的培训,并取得资格证书后,方可上岗。外包施工人员必须经过三级安全教育。

四、对查出的事故隐患要做到"四定"

"定整改责任人、定整改措施、定整改完成时间、定整改验收人"。切实将事故隐患消灭在萌芽状态。

五、把好安全生产"七关"

安全生产"七关"即安全生产教育关、安全措施关、安全交底关、安全防护关、文明施工关、安全验收关和安全检查关。

六、建立安全值班制度

施工单位机关和施工现场必须建立安全生产值班制度,配备专职的安全值班人员,每班必须有领导带班。

第三节　施工现场安全管理的主要内容

一、施工安全制度管理

施工项目确立以后,施工单位就要根据国家及行业有关安全生产的政策、法规、规范和标准,建立一整套符合项目工程特点的安全生产管理制度,包括安全生产责任制度、安全生产教育制度、安全生产检查制度、现场安全管理制度、电气安全管理制度、防火防爆安全管理制度、高处作业安全管理制度、劳动卫生安全管理制度等。用制度约束施工人员的行为,达到安全生产的目的。

二、施工安全组织管理

为保证国家有关安全生产的政策、法规及施工现场安全管理制度的落实,企业应建立健

全安全管理机构，并对安全管理机构的构成、职责及工作模式作出规定；企业还应重视安全档案管理工作，及时整理、完善安全档案、安全资料，对预防、预测、预报安全事故提供依据。

三、施工现场设施管理

根据国家建设部颁发的《建筑工程施工现场管理规定》中对施工现场的运输道路，附属加工设施，给排水、动力及照明、通信等管线，临时性建筑（仓库、工棚、食堂，加工车间、变电所等），材料、构件、设备及工器具的堆放点，施工机械的行进路线，安全防火设施等一切施工所必需的临时工程设施进行合理的设计、有序摆放和科学管理。

四、施工人员操作规范化管理

施工单位要严格按照国家及行业的有关规定，按各工种操作规程及工作条例的要求规范施工人员的行为，坚决贯彻执行各项安全管理制度，杜绝由于违反操作规程而引发的工伤事故。

五、施工安全技术管理

在施工生产过程中，为了防止和消除伤亡事故，保障职工的安全，企业应根据国家及行业的有关规定，针对工程特点、施工现场环境、使用机械以及施工中可能使用的有毒有害材料，提出安全技术和防护措施。安全技术措施在开工前应根据施工图编制。施工前必须以书面形式对施工人员进行安全技术交底，对不同工程特点和可能造成的安全事故，从技术上采取措施，消除危险，保证施工安全。施工中对各项安全技术措施要认真组织实施，经常进行监督检查。对施工中出现的新问题，技术人员和安全管理人员要在调查分析的基础上，提出新的安全技术措施。

第四节　施工现场安全管理主要方式

随着安全科学技术的发展，施工现场安全管理需要发展科学、合理、有效的现代安全管理方法和技术。现代安全管理是实现现代安全生产和安全生活的必由之路。

一、安全管理模式的分类

对于施工现场的管理模式有传统的事后型管理模式和现代的预期型模式。

事后型管理模式的安全管理等同于事故管理，是一种被动的对策，即在事故或灾难发生后进行整改，以避免同类事故再发生的一种对策。这种模式属“纯反应型”，侧重于对已经发生事故的调查分析和处理；是一种“静态管理”，信息交流与反馈不畅通；定性概念多，凭经验和直观处理安全问题，就事论事多；没有把安全与经济效益挂起钩来，缺乏安全经济与危险损失率的研究；侧重于追究人的操作失误的责任，片面强调“违章作业”，忽视创造本质安全的条件。这种对策模式遵循如下技术步骤：事故或灾难发生—调查原因—分析主要原因—提出整改对策—实施对策—进行评价—新的对策。

预期型模式是一种主动、积极地预防事故或灾难发生的对策，是现代安全管理和减灾对策的重要方法和模式。预期型模式属“预见型”，对可能发生的事故进行预测和预防；属“动态管理”，利用信息的交流与反馈指导安全管理；定量与定性分析相结合，以系统的观念对生产系统进行安全分析；重视安全价值准则，把安全与生产、安全与效益结合起来；重视人－机－环境的关系和本质安全，把人既看成管理的对象，又看成管理的动力。其基本的技术步骤是：提出安全或减灾目标—分析存在的问题—找出主要问题—制订实施方案—落实方案—评价—新的目标。

显然仅仅围绕事故本身作文章，安全管理的效果是有限的，只有强化了隐患的控制，消除危险，事故的预防才高效。因此，施工现场的安全管理要变传统的纵向单因素安全管理为现代的横向综合安全管理；变传统的事故管理为现代的事件分析与隐患管理（变事后型为预防型）；变传统的被动的安全管理对象为现代的安全管理动力；变传统的静态安全管理为现代的动态安全管理；变过去只顾生产经济效益的安全辅助管理为现代的效益、环境、安全与卫生的综合效果的管理；变传统的被动、辅助、滞后的安全管理程式为现代主动、本质、超前的安全管理程式；变传统的外迫型安全指标管理为内激型的安全目标管理（变次要因素为核心事业）。

二、现代安全管理方法

20世纪中后期，世界进入信息化时代，随着计算机技术、传感技术、人工智能等高技术的开发应用，人类对安全有了更全面更深刻的认识，以系统安全观为指导，提出了自组织思想，有了本质安全化的认识，其方法论追求安全的超前性、主动性、预防性和应急性，实现本质安全化。具体表现如下方法：

1.从人的本质安全化着手

人的本质安全化不但要解决人的安全知识、技能、意识、素质，还要从人的安全观念、伦理、情感、态度、认识、品德等人文素质入手，从而提出安全文化建设的思路。

2.物和环境的本质安全化

采用先进的安全科技、设备、设施和发挥系统的自组织、自适应功能，实现本质安全化。

3.研究和应用“三论”

以人、物、能量、信息为要素的安全信息论、安全控制论和安全信息论为基础，推进现代工业安全管理。

4.坚持“三同时”“三同步”“四不放过”“五同时”原则

根据《中华人民共和国安全生产法》第二十四条对“三同时”做出了明确规定，即：生产经营单位新建、改建、扩建工程项目的安全设施，必须与主体工程同时设计、同时施工、同时投入生产和使用。

“三同步”是指 企业在考虑自身的经济发展，进行机构改革，进行技术改造时，安全生产方面要相应地与之同步规划、同步组织实施、同步运作投产。

“四不放过”是指国家对发生事故后的“四不放过”处理原则，其具体内容是事故原因未查清不放过、事故责任人未受到处理不放过、事故责任人和相关人员没有受到教育不放过、未采取防范措施不放过。

安全工作的“五同时”原则是指企业的生产组织领导者必须在计划、布置、检查、总结、评比生产工作的同时进行计划、布置、检查、总结、评比安全工作的原则。它要求把安全工作落实到每一个生产组织管理环节中去。这是解决生产管理中安全与生产统一的一项重要原则。

5. 开展“三不伤害”“6S”活动

规范人的行为，开展不伤害他人、不伤害自己、不被别人伤害的“三不伤害活动”和安全、整理、整顿、清扫、清洁、态度“6S”活动，以人为本，珍惜生命保护生命。

6. 职业安全健康体系的建立

通过建立职业安全健康管理体系，实现组织安全生产经营活动的科学化、法制化、标准化，通过文件、手册和审核，实现 PDCA 持续改进，通过 OHSMS 绩效不断的提升，望本质安全化管理目标迈进。

7. 科学、超前、预防事故

积极推行生产现场的工具、设备、材料、工件等物流与现场工人流动的定置管理，对施工现场的“危险点、危害点、事故多发点”的三点控制工程，对隐患的评估，应急预案的制定和实施保证等开展超前预防性安全活动。

8. 应用现代安全管理方法

推行安全目标管理、无隐患管理、安全经济分析、危险预知活动、事故判定技术等安全系统工程方法。

三、安全管理手段和程序

（一）落实安全责任、实施责任管理

（1）建立、完善以项目经理为首的安全生产领导组织，有组织、有领导地开展安全管理活动。承担组织、领导安全生产的责任。

（2）建立各级人员安全生产责任制度，明确各级人员的安全责任。抓制度落实、抓责任落实，定期检查安全责任落实情况，及时报告。

（3）施工项目应通过监察部门的安全生产资质审查，并得到认可。

（4）施工项目经理部负责施工生产中物的状态审验与认可，承担物的状态漏验、失控的管理责任，接受由此而出现的经济损失。

（二）安全教育与训练

进行安全教育与训练，能增强人的安全生产意识，提高安全生产知识，有效地防止人的不安全行为，减少人的失误。

（三）安全检查

安全检查是发现不安全行为和不安全状态的重要途径，是消除事故隐患、落实整改措施，防止事故伤害、改善劳动条件的重要方法。安全检查的内容主要是查思想、查管理、查制度、查现场、查隐患、查事故处理。

（四）作业标准化

在操作者产生的不安全行为中，由于不知正确的操作方法、为了干得快些而省略了必要的操作步骤、坚持自己的操作习惯等所占比例很大。按科学的作业标准规范人的行为，有利于控制人的不安全行为，减少人为失误。

（五）生产技术与安全技术的统一

生产技术工作是通过完善生产工艺过程、完备生产设备、规范工艺操作，发挥技术的作用，保证生产顺利进行的。包含了安全技术在保证生产顺利进行的全部职能和作用。两者

的实施目标虽各有侧重,但工作目的完全统一在保证生产顺利进行、实现效益这一共同的基点上。生产技术、安全技术的统一,体现了安全生产责任制的落实,具体地落实"管生产同时管安全"的管理原则。

(六)正确对待事故的调查与处理

事故是违背人们意愿,且又不希望发生的事件。一旦发生事故,不能以违背人们意愿为理由予以否定。关键在于对事故的发生要有正确认识,并用严肃、认真、科学、积极的态度,处理好已发生的事故,尽量减少损失。采取有效措施,避免同类事故重复发生。

第五节 安全技术交底

安全技术交底是指导工人安全施工的技术措施,是项目安全技术方案的具体落实。安全技术交底一般由技术管理人员根据分部分项工程的具体要求、特点和危险因素编写,是操作者的指令性文件,因而要具体、明确、针对性强,不得用施工现场的安全纪律、安全检查等制度代替,在进行工程技术交底的同时进行安全技术交底。

一、分项工程安全技术交底文件的编制

(一)安全技术交底编制原则

安全技术交底要依据施工组织设计中的安全措施,结合具体施工方法、现场的作业条件及环境,编制操作性、针对性强的安全技术交底书面材料。

(二)安全技术交底主要内容

(1)工程概况;

(2)工程项目和分部分项工程的危险部位;

(3)针对危险部位采取的具体防范措施;

(4)作业中应注意的安全事项;

(5)作业人员应遵守的安全操作规程和规范;

(6)安全防护措施的正确操作;

(7)发现事故隐患应采取的措施;

(8)发现事故后应及时采取的躲避和急救措施;

(9)其他。

(三)分部分项工程安全技术交底基本项目

(1)基础工程:包括挖土工程、回填土工程、基坑支护等。

(2)主体工程:包括砌筑工程、模板工程、钢筋工程、混凝土工程、楼板安装工程、钢结构及铁件制作工程、构件吊装工程等。

(3)屋面工程:包括钢筋混凝土屋面施工、卷材屋面施工、涂料防水层施工、瓦屋面施工、玻璃钢型屋面施工等。

(4)装饰工程:内外墙装饰等。

(5)门窗工程:包括木门窗、铝合金门窗、塑钢门窗、钢门窗工程等。

(6)脚手架工程:包括落地式脚手架、悬挑脚手架、门型脚手架、吊篮脚手架、附着式升降脚手架(整体提升架或爬架)。

(7)临时用电工程。

(8)垂直运输机械:包括塔吊、无物料提升机、外用电梯、卷扬机等机械设备的拆装、使用。

(9)施工机具及设备:木工、钢筋、混凝土、电气焊等机具设备的安装、使用。

(10)水暖、通风工程。

(11)电气安装工程。

(12)防火工程:包括电气防火、木工棚(车间)防火、职工宿舍防火及建筑材料防火等。

二、安全技术交底的监督实施

安全技术交底与工程技术交底一样,实行分级交底制度,具体内容如下。

(1)大型或特大型工程由公司总工程师组织有关部门向项目经理部和分包商(含公司内部专业公司)进行交底。交底内容:工程概况、特征、施工难度、施工组织,采用的新工艺、新材料、新技术,施工程序与方法,关键部位应采取的安全技术方案或措施等。

(2)一般工程由项目经理部总(主任)工程师会同现场经理向项目有关施工人员(项目工程管理部、工程协调部、物资部、合约部、安全总监及区域责任工程师、专业责任工程师等和分包商(含公司内部专业公司)行政和技术负责人进行交底,交底内容同前款。

(3)分包商(含公司内部专业公司)技术负责人要对其管辖的施工人员进行详尽的交底。

(4)项目专业责任工程师要对所管辖的分包商的工长进行分部工程施工安全措施交底,对分包工长向操作班组所进行的安全技术交底进行监督与检查。

(5)专业责任工程师要对劳务分承包方的班组进行分部分项工程安全技术交底并监督指导其安全操作。

(6)各级安全技术交底都应按规定程序实施书面交底签字制度,并存档以备查用。

第六节　安全检查和评定

一、概述

建筑施工企业安全检查和改进管理应包括规定安全检查的内容、形式、类型、标准、方法、频次,检查、整改、复查,安全生产管理评估与持续改进等工作内容。

(一)建筑施工企业安全检查的内容

(1)安全目标的实现程度;

(2)安全生产职责的落实情况;

(3)各项安全管理制度的执行情况;

(4)施工现场安全隐患排查和安全防护情况;

(5)生产安全事故、未遂事故和其他违规违法事件的调查、处理情况;

(6)安全生产法律法规、标准规范和其他要求的执行情况。

(二)安全检查的分类

建筑施工企业安全检查的形式应包括各管理层的自查、互查以及对下级管理层的抽查等;安全检查的类型应包括日常巡查、专项检查、季节性检查、定期检查、不定期抽查等。

(1)工程项目部每天应结合施工动态,实行安全巡查;总承包工程项目部应组织各分包单位每周进行安全检查,每月对照《建筑施工安全检查标准》,至少进行一次定量检查。

(2)企业每月应对工程项目施工现场安全职责落实情况至少进行一次检查,并针对检查中发现的倾向性问题、安全生产状况较差的工程项目,组织专项检查。

(3)企业应针对承建工程所在地区的气候与环境特点,组织季节性的安全检查。

建筑施工企业应根据安全检查的类型,确定检查内容和具体标准,编制相应的安全检查评分表,配备必要的检查、测试器具。对安全检查中发现的问题和隐患,应定人、定时间、定措施组织整改,并跟踪复查。同时对于安全检查中发现的问题,应定期统计、分析,确定多发和重大隐患,制定并实施治理措施。

二、施工现场安全检查评定项目

《建筑施工安全检查标准》(JGJ 59—2011)采用系统工程学的原理,将施工现场作为一个完整的系统,利用数理统计的方法,对5年来发生的职工因工死亡的810起事故的类别、原因、发生的部位等进行了统计分析,得到主要发生在高处坠落(占44.8%)、触电(占16.6%)、物体打击(占12%)、机械伤害(占7.2%)、坍塌事故(占6%)这五类事故占总数的86.6%。为此,根据统计分析的结果,将消除以上事故确定为整体系统的安全目标。这些事故集中在安全管理、文明施工、脚手架、基坑工程、模板工程、高处作业、施工用电、物料提升机与施工升降机、塔吊、起重吊装和施工机具等10个方面,列为20张检查表。因此,把这10个部分列为本标准的检查评分内容,以检查表的形式用定量的方法,为安全评价提供了直观数字和综合评价标准。

(一)安全管理

安全管理检查评定应符合国家现行有关安全生产的法律、法规、标准的规定。

安全管理检查评定保证项目应包括安全生产责任制、施工组织设计及专项施工方案、安全技术交底、安全检查、安全教育、应急救援。一般项目应包括分包单位安全管理、持证上岗、生产安全事故处理、安全标志。

1. 安全管理保证项目的检查评定

安全管理保证项目的检查评定应符合下列规定。

1)安全生产责任制

(1)工程项目部应建立以项目经理为第一责任人的各级管理人员安全生产责任制;

(2)安全生产责任制应经责任人签字确认;

(3)工程项目部应有各工种安全技术操作规程;

(4)工程项目部应按规定配备专职安全员;

(5)对实行经济承包的工程项目,承包合同中应有安全生产考核指标;

(6)工程项目部应制定安全生产资金保障制度;

(7)按安全生产资金保障制度,应编制安全资金使用计划,并应按计划实施;

(8)工程项目部应制定以伤亡事故控制、现场安全达标、文明施工为主要内容的安全生产管理目标;

(9)按安全生产管理目标和项目管理人员的安全生产责任制,应进行安全生产责任目标分解；

(10)应建立对安全生产责任制和责任目标的考核制度；

(11)按考核制度，应对项目管理人员定期进行考核。

2)施工组织设计及专项施工方案

(1)工程项目部在施工前应编制施工组织设计，施工组织设计应针对工程特点、施工工艺制定安全技术措施；

(2)危险性较大的分部分项工程应按规定编制安全专项施工方案，专项施工方案应有针对性，并按有关规定进行设计计算；

(3)超过一定规模危险性较大的分部分项工程，施工单位应组织专家对专项施工方案进行论证；

(4)施工组织设计、安全专项施工方案，应由有关部门审核，施工单位技术负责人、监理单位项目总监批准；

(5)工程项目部应按施工组织设计、专项施工方案组织实施。

3)安全技术交底

(1)施工负责人在分派生产任务时，应对相关管理人员、施工作业人员进行书面安全技术交底；

(2)安全技术交底应按施工工序、施工部位、施工栋号分部分项进行；

(3)安全技术交底应结合施工作业场所状况、特点、工序，对危险因素、施工方案、规范标准、操作规程和应急措施进行交底；

(4)安全技术交底应由交底人、被交底人、专职安全员进行签字确认。

4)安全检查

(1)工程项目部应建立安全检查制度；

(2)安全检查应由项目负责人组织，专职安全员及相关专业人员参加，定期进行并填写检查记录；

(3)对检查中发现的事故隐患应下达隐患整改通知单，定人、定时间、定措施进行整改，重大事故隐患整改后，应由相关部门组织复查。

5)安全教育

(1)工程项目部应建立安全教育培训制度；

(2)当施工人员入场时，工程项目部应组织进行以国家安全法律法规、企业安全制度、施工现场安全管理规定及各工种安全技术操作规程为主要内容的三级安全教育培训和考核；

(3)当施工人员变换工种或采用新技术、新工艺、新设备、新材料施工时，应进行安全教育培训；

(4)施工管理人员、专职安全员每年度应进行安全教育培训和考核。

6)应急救援

(1)工程项目部应针对工程特点，进行重大危险源的辨识。应制订防触电、防坍塌、防高处坠落、防起重及机械伤害、防火灾、防物体打击等主要内容的专项应急救援预案，并对施工现场易发生重大安全事故的部位、环节进行监控；

(2)施工现场应建立应急救援组织，培训、配备应急救援人员，定期组织员工进行应急救援演练；

(3)按应急救援预案要求，应配备应急救援器材和设备。

2. 安全管理一般项目的检查评定

安全管理一般项目的检查评定应符合下列规定：

1)分包单位安全管理

(1)总包单位应对承揽分包工程的分包单位进行资质、安全生产许可证和相关人员安全生产资格的审查；

(2)当总包单位与分包单位签订分包合同时，应签订安全生产协议书，明确双方的安全责任；

(3)分包单位应按规定建立安全机构，配备专职安全员。

2)持证上岗

(1)从事建筑施工的项目经理、专职安全员和特种作业人员，必须经行业主管部门培训考核合格，取得相应资格证书，方可上岗作业；

(2)项目经理、专职安全员和特种作业人员应持证上岗。

3)生产安全事故处理

(1)当施工现场发生生产安全事故时，施工单位应按规定及时报告；

(2)施工单位应按规定对生产安全事故进行调查分析，制定防范措施；

(3)应依法为施工作业人员办理保险。

4)安全标志

(1)施工现场入口处及主要施工区域、危险部位应设置相应的安全警示标志牌；

(2)施工现场应绘制安全标志布置图；

(3)应根据工程部位和现场设施的变化，调整安全标志牌设置；

(4)施工现场应设置重大危险源公示牌。

(二)文明施工

文明施工检查评定应符合现行国家标准《建设工程施工现场消防安全技术规范》(GB 50720)和现行行业标准《建筑施工现场环境与卫生标准》(JGJ 146)、《施工现场临时建筑物技术规范》(JGJ/T 188)的规定。

文明施工检查评定保证项目应包括现场围挡、封闭管理、施工场地、材料管理、现场办公与住宿、现场防火。一般项目应包括综合治理、公示标牌、生活设施、社区服务。

1. 文明施工保证项目的检查评定

文明施工保证项目的检查评定应符合下列规定。

1)现场围挡

(1)市区主要路段的工地应设置高度不小于2.5 m的封闭围挡；

(2)一般路段的工地应设置高度不小于1.8 m的封闭围挡；

(3)围挡应坚固、稳定、整洁、美观。

2)封闭管理

(1)施工现场进出口应设置大门，并应设置门卫值班室；

(2)应建立门卫职守管理制度，并应配备门卫职守人员；

(3)施工人员进入施工现场应佩戴工作卡；

(4)施工现场出入口应标有企业名称或标志,并应设置车辆冲洗设施。

3)施工场地

(1)施工现场的主要道路及材料加工区地面应进行硬化处理;

(2)施工现场道路应畅通,路面应平整坚实;

(3)施工现场应有防止扬尘措施;

(4)施工现场应设置排水设施,且排水通畅无积水;

(5)施工现场应有防止泥浆、污水、废水污染环境的措施;

(6)施工现场应设置专门的吸烟处,严禁随意吸烟;

(7)温暖季节应有绿化布置。

4)材料管理

(1)建筑材料、构件、料具应按总平面布局进行码放;

(2)材料应码放整齐,并应标明名称、规格等;

(3)施工现场材料码放应采取防火、防锈蚀、防雨等措施;

(4)建筑物内施工垃圾的清运,应采用器具或管道运输,严禁随意抛掷;

(5)易燃易爆物品应分类储藏在专用库房内,并应制定防火措施。

5)现场办公与住宿

(1)施工作业、材料存放区与办公、生活区应划分清晰,并应采取相应的隔离措施;

(2)在施工程、伙房、库房不得兼作宿舍;

(3)宿舍、办公用房的防火等级应符合规范要求;

(4)宿舍应设置可开启式窗户,床铺不得超过2层,通道宽度不应小于0.9 m;

(5)宿舍内住宿人员人均面积不应小于2.5 m^2,且不得超过16人;

(6)冬季宿舍内应有采暖和防一氧化碳中毒措施;

(7)夏季宿舍内应有防暑降温和防蚊蝇措施;

(8)生活用品应摆放整齐,环境卫生应良好。

6)现场防火

(1)施工现场应建立消防安全管理制度、制定消防措施;

(2)施工现场临时用房和作业场所的防火设计应符合规范要求;

(3)施工现场应设置消防通道、消防水源,并应符合规范要求;

(4)施工现场灭火器材应保证可靠有效,布局配置应符合规范要求;

(5)明火作业应履行动火审批手续,配备动火监护人员。

2. 文明施工一般项目的检查评定

文明施工一般项目的检查评定应符合下列规定。

1)综合治理

(1)生活区内应设置供作业人员学习和娱乐的场所;

(2)施工现场应建立治安保卫制度,责任分解落实到人;

(3)施工现场应制定治安防范措施。

2)公示标牌

(1)大门口处应设置公示标牌,主要内容应包括工程概况牌、消防保卫牌、安全生产牌、文明施工牌、管理人员名单及监督电话牌、施工现场总平面图;

(2)标牌应规范、整齐、统一；
(3)施工现场应有安全标语；
(4)应有宣传栏、读报栏、黑板报。
3)生活设施
(1)应建立卫生责任制度并落实到人；
(2)食堂与厕所、垃圾站、有毒有害场所等污染源的距离应符合规范要求；
(3)食堂必须有卫生许可证，炊事人员必须持身体健康证上岗；
(4)食堂使用的燃气罐应单独设置存放间，存放间应通风良好，并严禁存放其他物品；
(5)食堂的卫生环境应良好，且应配备必要的排风、冷藏、消毒、防鼠、防蚊蝇等设施；
(6)厕所内的设施数量和布局应符合规范要求；
(7)厕所必须符合卫生要求；
(8)必须保证现场人员卫生饮水；
(9)应设置淋浴室，且能满足现场人员需求；
(10)生活垃圾应装入密闭式容器内，并应及时清理。
4)社区服务
(1)夜间施工前，必须经批准后方可进行施工；
(2)施工现场严禁焚烧各类废弃物；
(3)施工现场应制定防粉尘、防噪声、防光污染等措施；
(4)应制定施工不扰民措施。

(三)扣件式钢管脚手架

扣件式钢管脚手架检查评定应符合现行行业标准《建筑施工扣件式钢管脚手架安全技术规范》(JGJ 130)的规定。

扣件式钢管脚手架检查评定保证项目应包括施工方案、立杆基础、架体与建筑结构拉结、杆件间距与剪刀撑、脚手板与防护栏杆、交底与验收。一般项目应包括横向水平杆设置、杆件连接、层间防护、构配件材质、通道。

1. 扣件式钢管脚手架保证项目的检查评定

扣件式钢管脚手架保证项目的检查评定应符合下列规定。

1)施工方案
(1)架体搭设应编制专项施工方案，结构设计应进行计算，并按规定进行审核、审批；
(2)当架体搭设超过规范允许高度时，应组织专家对专项施工方案进行论证。
2)立杆基础
(1)立杆基础应按方案要求平整、夯实，并应采取排水措施，立杆底部设置的垫板、底座应符合规范要求；
(2)架体应在距立杆底端高度不大于200 mm处设置纵、横向扫地杆，并应用直角扣件固定在立杆上，横向扫地杆应设置在纵向扫地杆的下方。
3)架体与建筑结构拉结
(1)架体与建筑结构拉结应符合规范要求；
(2)连墙件应从架体底层第一步纵向水平杆处开始设置，当该处设置有困难时应采取其他可靠措施固定；

(3)对搭设高度超过 24 m 的双排脚手架,应采用刚性连墙件与建筑结构可靠拉结。

4)杆件间距与剪刀撑

(1)架体立杆、纵向水平杆、横向水平杆间距应符合设计和规范要求;

(2)纵向剪刀撑及横向斜撑的设置应符合规范要求;

(3)剪刀撑杆件的接长、剪刀撑斜杆与架体杆件的固定应符合规范要求。

5)脚手板与防护栏杆

(1)脚手板材质、规格应符合规范要求,铺板应严密、牢靠;

(2)架体外侧应采用密目式安全网封闭,网间连接应严密;

(3)作业层应按规范要求设置防护栏杆;

(4)作业层外侧应设置高度不小于 180 mm 的挡脚板。

6)交底与验收

(1)架体搭设前应进行安全技术交底,并应有文字记录;

(2)当架体分段搭设、分段使用时,应进行分段验收;

(3)搭设完毕应办理验收手续,验收应有量化内容并经责任人签字确认。

2. 扣件式钢管脚手架一般项目的检查评定

扣件式钢管脚手架一般项目的检查评定应符合下列规定。

1)横向水平杆设置

(1)横向水平杆应设置在纵向水平杆与立杆相交的主节点处,两端应与纵向水平杆固定;

(2)作业层应按铺设脚手板的需要增加设置横向水平杆;

(3)单排脚手架横向水平杆插入墙内不应小于 180 mm。

2)杆件连接

(1)纵向水平杆杆件宜采用对接,若采用搭接,其搭接长度不应小于 1 m,且固定应符合规范要求;

(2)立杆除顶层顶步外,不得采用搭接;

(3)扣件紧固力矩不应小于 40 N · m,且不应大于 65 N · m。

3)层间防护

(1)作业层脚手板下应采用安全平网兜底,以下每隔 10 m 应采用安全平网封闭;

(2)作业层里排架体与建筑物之间应采用脚手板或安全平网封闭。

4)构配件材质

(1)钢管直径、壁厚、材质应符合规范要求;

(2)钢管弯曲、变形、锈蚀应在规范允许范围内;

(3)扣件应进行复试且技术性能符合规范要求。

5)通道

(1)架体应设置供人员上下的专用通道;

(2)专用通道的设置应符合规范要求。

(四)门式钢管脚手架

门式钢管脚手架检查评定应符合现行行业标准《建筑施工门式钢管脚手架安全技术规范》(JGJ 128)的规定。

门式钢管脚手架检查评定保证项目应包括施工方案、架体基础、架体稳定、杆件锁臂、脚手板、交底与验收。一般项目应包括架体防护、构配件材质、荷载、通道。

1.门式钢管脚手架保证项目的检查评定

门式钢管脚手架保证项目的检查评定应符合下列规定。

1)施工方案

(1)架体搭设应编制专项施工方案,结构设计应进行计算,并按规定进行审核、审批;

(2)当架体搭设超过规范允许高度时,应组织专家对专项施工方案进行论证。

2)架体基础

(1)立杆基础应按方案要求平整、夯实,并应采取排水措施;

(2)架体底部应设置垫板和立杆底座,并应符合规范要求;

(3)架体扫地杆设置应符合规范要求。

3)架体稳定

(1)架体与建筑物结构拉结应符合规范要求;

(2)架体剪刀撑斜杆与地面夹角应在45°~60°,应采用旋转扣件与立杆固定,剪刀撑设置应符合规范要求;

(3)门架立杆的垂直偏差应符合规范要求;

(4)交叉支撑的设置应符合规范要求。

4)杆件锁臂

(1)架体杆件、锁臂应按规范要求进行组装;

(2)应按规范要求设置纵向水平加固杆;

(3)架体使用的扣件规格应与连接杆件相匹配。

5)脚手板

(1)脚手板材质、规格应符合规范要求;

(2)脚手板应铺设严密、平整、牢固;

(3)挂扣式钢脚手板的挂扣必须完全挂扣在水平杆上,挂钩应处于锁住状态。

6)交底与验收

(1)架体搭设前应进行安全技术交底,并应有文字记录;

(2)当架体分段搭设、分段使用时,应进行分段验收;

(3)搭设完毕应办理验收手续,验收应有量化内容并经责任人签字确认。

2.门式钢管脚手架一般项目的检查评定

门式钢管脚手架一般项目的检查评定应符合下列规定。

1)架体防护

(1)作业层应按规范要求设置防护栏杆;

(2)作业层外侧应设置高度不小于180 mm的挡脚板;

(3)架体外侧应采用密目式安全网进行封闭,网间连接应严密;

(4)架体作业层脚手板下应采用安全平网兜底,以下每隔10 m应采用安全平网封闭。

2)构配件材质

(1)门架不应有严重的弯曲、锈蚀和开焊;

(2)门架及构配件的规格、型号、材质应符合规范要求。

3)荷载

(1)架体上的施工荷载应符合设计和规范要求;

(2)施工均布荷载、集中荷载应在设计允许范围内。

4)通道

(1)架体应设置供人员上下的专用通道;

(2)专用通道的设置应符合规范要求。

(五)碗扣式钢管脚手架

碗扣式钢管脚手架检查评定应符合现行行业标准《建筑施工碗扣式钢管脚手架安全技术规范》(JGJ 166)的规定。

碗扣式钢管脚手架检查评定保证项目应包括施工方案、架体基础、架体稳定、杆件锁件、脚手板、交底与验收。一般项目应包括架体防护、构配件材质、荷载、通道。

1.碗扣式钢管脚手架保证项目的检查评定

碗扣式钢管脚手架保证项目的检查评定应符合下列规定。

1)施工方案

(1)架体搭设应编制专项施工方案,结构设计应进行计算,并按规定进行审核、审批;

(2)当架体搭设超过规范允许高度时,应组织专家对专项施工方案进行论证。

2)架体基础

(1)立杆基础应按方案要求平整、夯实,并应采取排水措施,立杆底部设置的垫板和底座应符合规范要求;

(2)架体纵横向扫地杆距立杆底端高度不应大于350 mm。

3)架体稳定

(1)架体与建筑结构拉结应符合规范要求,并应从架体底层第一步纵向水平杆处开始设置连墙件,当该处设置有困难时应采取其他可靠措施固定;

(2)架体拉结点应牢固可靠;

(3)连墙件应采用刚性杆件;

(4)架体竖向应沿高度方向连续设置专用斜杆或八字撑;

(5)专用斜杆两端应固定在纵横向水平杆的碗扣节点处;

(6)专用斜杆或八字型斜撑的设置角度应符合规范要求。

4)杆件锁件

(1)架体立杆间距、水平杆步距应符合设计和规范要求;

(2)应按专项施工方案设计的步距在立杆连接碗扣节点处设置纵、横向水平杆;

(3)当架体搭设高度超过24 m时,顶部24 m以下的连墙件层应设置水平斜杆,并应符合规范要求;

(4)架体组装及碗扣紧固应符合规范要求。

5)脚手板

(1)脚手板材质、规格应符合规范要求;

(2)脚手板应铺设严密、平整、牢固;

(3)挂扣式钢脚手板的挂扣必须完全挂扣在水平杆上,挂钩应处于锁住状态。

6)交底与验收

(1)架体搭设前应进行安全技术交底,并应有文字记录;

(2)架体分段搭设、分段使用时,应进行分段验收;

(3)搭设完毕应办理验收手续,验收应有量化内容并经责任人签字确认。

2. 碗扣式钢管脚手架一般项目的检查评定

碗扣式钢管脚手架一般项目的检查评定应符合下列规定。

1)架体防护

(1)架体外侧应采用密目式安全网进行封闭,网间连接应严密;

(2)作业层应按规范要求设置防护栏杆;

(3)作业层外侧应设置高度不小于 180 mm 的挡脚板;

(4)作业层脚手板下应采用安全平网兜底,以下每隔 10 m 应采用安全平网封闭。

2)构配件材质

(1)架体构配件的规格、型号、材质应符合规范要求;

(2)钢管不应有严重的弯曲、变形、锈蚀。

3)荷载

(1)架体上的施工荷载应符合设计和规范要求;

(2)施工均布荷载、集中荷载应在设计允许范围内。

4)通道

(1)架体应设置供人员上下的专用通道;

(2)专用通道的设置应符合规范要求。

(六)承插型盘扣式钢管脚手架

承插型盘扣式钢管脚手架检查评定应符合现行行业标准《建筑施工承插型盘扣式钢管支架安全技术规范》(JGJ 231)的规定。

承插型盘扣式钢管脚手架检查评定保证项目包括施工方案、架体基础、架体稳定、杆件设置、脚手板、交底与验收。一般项目包括架体防护、杆件连接、构配件材质、通道。

1. 承插型盘扣式钢管脚手架保证项目的检查评定

承插型盘扣式钢管脚手架保证项目的检查评定应符合下列规定。

1)施工方案

(1)架体搭设应编制专项施工方案,结构设计应进行计算;

(2)专项施工方案应按规定进行审核、审批。

2)架体基础

(1)立杆基础应按方案要求平整、夯实,并应采取排水措施;

(2)土层地基上立杆底部必须设置垫板和可调底座,并应符合规范要求;

(3)架体纵、横向扫地杆设置应符合规范要求。

3)架体稳定

(1)架体与建筑结构拉结应符合规范要求,并应从架体底层第一步水平杆处开始设置连墙件,当该处设置有困难时应采取其他可靠措施固定;

(2)架体拉结点应牢固可靠;

(3)连墙件应采用刚性杆件;

(4)架体竖向斜杆、剪刀撑的设置应符合规范要求；

(5)竖向斜杆的两端应固定在纵、横向水平杆与立杆汇交的盘扣节点处；

(6)斜杆及剪刀撑应沿脚手架高度连续设置,角度应符合规范要求。

4)杆件设置

(1)架体立杆间距、水平杆步距应符合设计和规范要求；

(2)应按专项施工方案设计的步距在立杆连接插盘处设置纵、横向水平杆；

(3)当双排脚手架的水平杆层未设挂扣式钢脚手板时,应按规范要求设置水平斜杆。

5)脚手板

(1)脚手板材质、规格应符合规范要求；

(2)脚手板应铺设严密、平整、牢固；

(3)挂扣式钢脚手板的挂扣必须完全挂扣在水平杆上,挂钩应处于锁住状态。

6)交底与验收

(1)架体搭设前应进行安全技术交底,并应有文字记录；

(2)架体分段搭设、分段使用时,应进行分段验收；

(3)搭设完毕应办理验收手续,验收应有量化内容并经责任人签字确认。

2.承插型盘扣式钢管脚手架一般项目的检查评定

承插型盘扣式钢管脚手架一般项目的检查评定应符合下列规定。

1)架体防护

(1)架体外侧应采用密目式安全网进行封闭,网间连接应严密；

(2)作业层应按规范要求设置防护栏杆；

(3)作业层外侧应设置高度不小于180 mm的挡脚板；

(4)作业层脚手板下应采用安全平网兜底,以下每隔10 m应采用安全平网封闭。

2)杆件连接

(1)立杆的接长位置应符合规范要求；

(2)剪刀撑的接长应符合规范要求。

3)构配件材质

(1)架体构配件的规格、型号、材质应符合规范要求；

(2)钢管不应有严重的弯曲、变形、锈蚀。

4)通道

(1)架体应设置供人员上下的专用通道；

(2)专用通道的设置应符合规范要求。

(七)满堂脚手架

满堂脚手架检查评定应符合现行行业标准《建筑施工扣件式钢管脚手架安全技术规范》(JGJ 130)、《建筑施工门式钢管脚手架安全技术规范》(JGJ 128)、《建筑施工碗扣式钢管脚手架安全技术规范》(JGJ 166)和《建筑施工承插型盘扣式钢管支架安全技术规范》(JGJ 231)的规定。

满堂脚手架检查评定保证项目应包括施工方案、架体基础、架体稳定、杆件锁件、脚手板、交底与验收。一般项目应包括架体防护、构配件材质、荷载、通道。

1. 满堂脚手架保证项目的检查评定

满堂脚手架保证项目的检查评定应符合下列规定。

1)施工方案

(1)架体搭设应编制专项施工方案,结构设计应进行计算;

(2)专项施工方案应按规定进行审核、审批。

2)架体基础

(1)架体基础应按方案要求平整、夯实,并应采取排水措施;

(2)架体底部应按规范要求设置垫板和底座,垫板规格应符合规范要求;

(3)架体扫地杆设置应符合规范要求。

3)架体稳定

(1)架体四周与中部应按规范要求设置竖向剪刀撑或专用斜杆;

(2)架体应按规范要求设置水平剪刀撑或水平斜杆;

(3)当架体高宽比大于规范规定时应按规范要求与建筑结构拉结或采取增加架体宽度、设置钢丝绳张拉固定等稳定措施。

4)杆件锁件

(1)架体立杆件间距、水平杆步距应符合设计和规范要求;

(2)杆件的接长应符合规范要求;

(3)架体搭设应牢固,杆件节点应按规范要求进行紧固。

5)脚手板

(1)作业层脚手板应满铺,铺稳、铺牢;

(2)脚手板的材质、规格应符合规范要求;

(3)挂扣式钢脚手板的挂扣应完全挂扣在水平杆上,挂钩处应处于锁住状态。

6)交底与验收

(1)架体搭设前应进行安全技术交底,并应有文字记录;

(2)架体分段搭设、分段使用时,应进行分段验收;

(3)搭设完毕应办理验收手续,验收应有量化内容并经责任人签字确认。

2. 满堂脚手架一般项目的检查评定

满堂脚手架一般项目的检查评定应符合下列规定。

1)架体防护

(1)作业层应按规范要求设置防护栏杆;

(2)作业层外侧应设置高度不小于180 mm的挡脚板;

(3)作业层脚手板下应采用安全平网兜底,以下每隔10 m应采用安全平网封闭。

2)构配件材质

(1)架体构配件的规格、型号、材质应符合规范要求;

(2)杆件的弯曲、变形和锈蚀应在规范允许范围内。

3)荷载

(1)架体上的施工荷载应符合设计和规范要求;

(2)施工均布荷载、集中荷载应在设计允许范围内。

4）通道

（1）架体应设置供人员上下的专用通道；

（2）专用通道的设置应符合规范要求。

（八）悬挑式脚手架

悬挑式脚手架检查评定应符合现行行业标准《建筑施工扣件式钢管脚手架安全技术规范》（JGJ 130）、《建筑施工门式钢管脚手架安全技术规范》（JGJ 128）、《建筑施工碗扣式钢管脚手架安全技术规范》（JGJ 166）和《建筑施工承插型盘扣式钢管支架安全技术规范》（JGJ 231）的规定。

悬挑式脚手架检查评定保证项目应包括施工方案、悬挑钢梁、架体稳定、脚手板、荷载、交底与验收。一般项目应包括杆件间距、架体防护、层间防护、构配件材质。

1. 悬挑式脚手架保证项目的检查评定

悬挑式脚手架保证项目的检查评定应符合下列规定。

1）施工方案

（1）架体搭设应编制专项施工方案，结构设计应进行计算；

（2）架体搭设超过规范允许高度，专项施工方案应按规定组织专家论证；

（3）专项施工方案应按规定进行审核、审批。

2）悬挑钢梁

（1）钢梁截面尺寸应经设计计算确定，且截面形式应符合设计和规范要求；

（2）钢梁锚固端长度不应小于悬挑长度的1.25倍；

（3）钢梁锚固处结构强度、锚固措施应符合设计和规范要求；

（4）钢梁外端应设置钢丝绳或钢拉杆与上层建筑结构拉结；

（5）钢梁间距应按悬挑架体立杆纵距设置。

3）架体稳定

（1）立杆底部应与钢梁连接柱固定；

（2）承插式立杆接长应采用螺栓或销钉固定；

（3）纵横向扫地杆的设置应符合规范要求；

（4）剪刀撑应沿悬挑架体高度连续设置，角度应为45°～60°；

（5）架体应按规定设置横向斜撑；

（6）架体应采用刚性连墙件与建筑结构拉结，设置的位置、数量应符合设计和规范要求。

4）脚手板

（1）脚手板材质、规格应符合规范要求；

（2）脚手板铺设应严密、牢固，探出横向水平杆长度不应大于150 mm。

5）荷载

架体上施工荷载应均匀，并不应超过设计和规范要求。

6）交底与验收

（1）架体搭设前应进行安全技术交底，并应有文字记录；

（2）架体分段搭设、分段使用时，应进行分段验收；

（3）搭设完毕应办理验收手续，验收应有量化内容并经责任人签字确认。

2. 悬挑式脚手架一般项目的检查评定

悬挑式脚手架一般项目的检查评定应符合下列规定。

1)杆件间距

(1)立杆纵、横向间距,纵向水平杆步距应符合设计和规范要求;

(2)作业层应按脚手板铺设的需要增加横向水平杆。

2)架体防护

(1)作业层应按规范要求设置防护栏杆;

(2)作业层外侧应设置高度不小于 180 mm 的挡脚板;

(3)架体外侧应采用密目式安全网封闭,网间连接应严密。

3)层间防护

(1)架体作业层脚手板下应采用安全平网兜底,以下每隔 10 m 应采用安全平网封闭;

(2)作业层里排架体与建筑物之间应采用脚手板或安全平网封闭;

(3)架体底层沿建筑结构边缘在悬挑钢梁与悬挑钢梁之间应采取措施封闭;

(4)架体底层应进行封闭。

4)构配件材质

(1)型钢、钢管、构配件规格材质应符合规范要求;

(2)型钢、钢管弯曲、变形、锈蚀应在规范允许范围内。

(九)附着式升降脚手架

附着式升降脚手架检查评定应符合现行行业标准《建筑施工工具式脚手架安全技术规范》(JGJ 202)的规定。

附着式升降脚手架检查评定保证项目包括施工方案、安全装置、架体构造、附着支座、架体安装、架体升降。一般项目包括检查验收、脚手板、架体防护、安全作业。

1. 附着式升降脚手架保证项目的检查评定

附着式升降脚手架保证项目的检查评定应符合下列规定。

1)施工方案

(1)附着式升降脚手架搭设作业应编制专项施工方案,结构设计应进行计算;

(2)专项施工方案应按规定进行审核、审批;

(3)脚手架提升超过规定允许高度,应组织专家对专项施工方案进行论证。

2)安全装置

(1)附着式升降脚手架应安装防坠落装置,技术性能应符合规范要求;

(2)防坠落装置与升降设备应分别独立固定在建筑结构上;

(3)防坠落装置应设置在竖向主框架处,与建筑结构附着;

(4)附着式升降脚手架应安装防倾覆装置,技术性能应符合规范要求;

(5)升降和使用工况时,最上和最下两个防倾装置之间最小间距应符合规范要求;

(6)附着式升降脚手架应安装同步控制装置,并应符合规范要求。

3)架体构造

(1)架体高度不应大于 5 倍楼层高度,宽度不应大于 1.2 m;

(2)直线布置的架体支承跨度不应大于 7 m,折线、曲线布置的架体支承点处的架体外侧距离不应大于 5.4 m;

(3)架体水平悬挑长度不应大于 2 m,且不应大于跨度的 1/2;

(4)架体悬臂高度不应大于架体高度的 2/5,且不应大于 6 m;

(5)架体高度与支承跨度的乘积不应大于 110 m^2。

4)附着支座

(1)附着支座数量、间距应符合规范要求;

(2)使用工况应将竖向主框架与附着支座固定;

(3)升降工况应将防倾、导向装置设置在附着支座上;

(4)附着支座与建筑结构连接固定方式应符合规范要求。

5)架体安装

(1)主框架和水平支承桁架的节点应采用焊接或螺栓连接,各杆件的轴线应交会于节点;

(2)内外两片水平支承桁架的上弦和下弦之间应设置水平支撑杆件,各节点应采用焊接或螺栓连接;

(3)架体立杆底端应设在水平桁架上弦杆的节点处;

(4)竖向主框架组装高度应与架体高度相等;

(5)剪刀撑应沿架体高度连续设置,并应将竖向主框架、水平支承桁架和架体构架连成一体,剪刀撑斜杆水平夹角应为 45°~60°。

6)架体升降

(1)两跨以上架体同时升降应采用电动或液压动力装置,不得采用手动装置;

(2)升降工况附着支座处建筑结构混凝土强度应符合设计和规范要求;

(3)升降工况架体上不得有施工荷载,严禁人员在架体上停留。

2. 附着式升降脚手架一般项目的检查评定

附着式升降脚手架一般项目的检查评定应符合下列规定。

1)检查验收

(1)动力装置、主要结构配件进场应按规定进行验收;

(2)架体分区段安装、分区段使用时,应进行分区段验收;

(3)架体安装完毕应按规定进行整体验收,验收应有量化内容并经责任人签字确认;

(4)架体每次升、降前应按规定进行检查,并应填写检查记录。

2)脚手板

(1)脚手板应铺设严密、平整、牢固;

(2)作业层里排架体与建筑物之间应采用脚手板或安全平网封闭;

(3)脚手板材质、规格应符合规范要求。

3)架体防护

(1)架体外侧应采用密目式安全网封闭,网间连接应严密;

(2)作业层应按规范要求设置防护栏杆;

(3)作业层外侧应设置高度不小于 180 mm 的挡脚板。

4)安全作业

(1)操作前应对有关技术人员和作业人员进行安全技术交底,并应有文字记录;

(2)作业人员应经培训并定岗作业;

(3)安装拆除单位资质应符合要求,特种作业人员应持证上岗;

(4)架体安装、升降、拆除时应设置安全警戒区,并应设置专人监护;

(5)荷载分布应均匀,荷载最大值应在规范允许范围内。

(十)高处作业吊篮

高处作业吊篮检查评定应符合现行行业标准《建筑施工工具式脚手架安全技术规范》(JGJ 202)的规定。

高处作业吊篮检查评定保证项目应包括施工方案、安全装置、悬挂机构、钢丝绳、安装作业、升降作业。一般项目应包括交底与验收、安全防护、吊篮稳定、荷载。

1. 高处作业吊篮保证项目的检查评定

高处作业吊篮保证项目的检查评定应符合下列规定。

1)施工方案

(1)吊篮安装作业应编制专项施工方案,吊篮支架支撑处的结构承载力应经过验算;

(2)专项施工方案应按规定进行审核、审批。

2)安全装置

(1)吊篮应安装防坠安全锁,并应灵敏有效;

(2)防坠安全锁不应超过标定期限;

(3)吊篮应设置为作业人员挂设安全带专用的安全绳和安全锁扣,安全绳应固定在建筑物可靠位置上,不得与吊篮上的任何部位连接;

(4)吊篮应安装上限位装置,并应保证限位装置灵敏可靠。

3)悬挂机构

(1)悬挂机构前支架不得支撑在女儿墙及建筑物外挑檐边缘等非承重结构上;

(2)悬挂机构前梁外伸长度应符合产品说明书规定;

(3)前支架应与支撑面垂直,且脚轮不应受力;

(4)上支架应固定在前支架调节杆与悬挑梁连接的节点处;

(5)严禁使用破损的配重块或其他替代物;

(6)配重块应固定可靠,重量应符合设计规定。

4)钢丝绳

(1)钢丝绳不应存断丝、断股、松股、锈蚀、硬弯及油污和附着物;

(2)安全钢丝绳应单独设置,型号规格应与工作钢丝绳一致;

(3)吊篮运行时安全钢丝绳应张紧悬垂;

(4)电焊作业时应对钢丝绳采取保护措施。

5)安装作业

(1)吊篮平台的组装长度应符合产品说明书和规范要求;

(2)吊篮的构配件应为同一厂家的产品。

6)升降作业

(1)必须由经过培训合格的人员操作吊篮升降;

(2)吊篮内的作业人员不应超过 2 人;

(3)吊篮内作业人员应将安全带用安全锁扣正确挂置在独立设置的专用安全绳上;

(4)作业人员应从地面进出吊篮。

2. 高处作业吊篮一般项目的检查评定

高处作业吊篮一般项目的检查评定应符合下列规定。

1)交底与验收

(1)吊篮安装完毕,应按规范要求进行验收,验收表应由责任人签字确认;

(2)班前、班后应按规定对吊篮进行检查;

(3)吊篮安装、使用前对作业人员进行安全技术交底,并应有文字记录。

2)安全防护

(1)吊篮平台周边的防护栏杆、挡脚板的设置应符合规范要求;

(2)上下立体交叉作业时吊篮应设置顶部防护板。

3)吊篮稳定

(1)吊篮作业时应采取防止摆动的措施;

(2)吊篮与作业面距离应在规定要求范围内。

4)荷载

(1)吊篮施工荷载应符合设计要求;

(2)吊篮施工荷载应均匀分布。

(十一)基坑工程

基坑工程安全检查评定应符合现行国家标准《建筑基坑工程监测技术规范》(GB 50497)及现行行业标准《建筑基坑支护技术规程》(JGJ 120)和《建筑施工土石方工程安全技术规范》(JGJ 180)的规定。

基坑工程检查评定保证项目应包括施工方案、基坑支护、降排水、基坑开挖、坑边荷载、安全防护。一般项目应包括基坑监测、支撑拆除、作业环境、应急预案。

1. 基坑工程保证项目的检查评定

基坑工程保证项目的检查评定应符合下列规定。

1)施工方案

(1)基坑工程施工应编制专项施工方案,开挖深度超过 3 m 或虽未超过 3 m 但地质条件和周边环境复杂的基坑土方开挖、支护、降水工程,应单独编制专项施工方案;

(2)专项施工方案应按规定进行审核、审批;

(3)开挖深度超过 5 m 的基坑土方开挖、支护、降水工程或开挖深度虽未超过 5 m 但地质条件、周围环境复杂的基坑土方开挖、支护、降水工程专项施工方案,应组织专家进行论证;

(4)当基坑周边环境或施工条件发生变化时,专项施工方案应重新进行审核、审批。

2)基坑支护

(1)人工开挖的狭窄基槽,开挖深度较大并存在边坡塌方危险时,应采取支护措施;

(2)地质条件良好、土质均匀且无地下水的自然放坡的坡率应符合规范要求;

(3)基坑支护结构应符合设计要求;

(4)基坑支护结构水平位移应在设计允许范围内。

3)降排水

(1)当基坑开挖深度范围内有地下水时,应采取有效的降排水措施;

(2)基坑边沿周围地面应设排水沟;放坡开挖时,应对坡顶、坡面、坡脚采取降排水措

施;

(3)基坑底四周应按专项施工方案设排水沟和集水井,并应及时排除积水。

4)基坑开挖

(1)基坑支护结构必须在达到设计要求的强度后,方可开挖下层土方,严禁提前开挖和超挖;

(2)基坑开挖应按设计和施工方案的要求,分层、分段、均衡开挖;

(3)基坑开挖应采取措施防止碰撞支护结构、工程桩或扰动基底原状土土层;

(4)当采用机械在软土场地作业时,应采取铺设渣土或砂石等硬化措施。

5)坑边荷载

(1)基坑边堆置土、料具等荷载应在基坑支护设计允许范围内;

(2)施工机械与基坑边沿的安全距离应符合设计要求。

6)安全防护

(1)开挖深度超过2 m及以上的基坑周边必须安装防护栏杆,防护栏杆的安装应符合规范要求;

(2)基坑内应设置供施工人员上下的专用梯道,梯道应设置扶手栏杆,梯道的宽度不应小于1 m,梯道搭设应符合规范要求;

(3)降水井口应设置防护盖板或围栏,并应设置明显的警示标志。

2.基坑工程一般项目的检查评定

基坑工程一般项目的检查评定应符合下列规定。

1)基坑监测

(1)基坑开挖前应编制监测方案,并应明确监测项目、监测报警值、监测方法和监测点的布置、监测周期等内容;

(2)监测的时间间隔应根据施工进度确定。当监测结果变化速率较大时,应加密观测次数;

(3)基坑开挖监测工程中,应根据设计要求提交阶段性监测报告。

2)支撑拆除

(1)基坑支撑结构的拆除方式、拆除顺序应符合专项施工方案的要求;

(2)当采用机械拆除时,施工荷载应小于支撑结构承载能力;

(3)人工拆除时,应按规定设置防护设施;

(4)当采用爆破拆除、静力破碎等拆除方式时,必须符合国家现行相关规范的要求。

3)作业环境

(1)基坑内土方机械、施工人员的安全距离应符合规范要求;

(2)上下垂直作业应按规定采取有效的防护措施;

(3)在电力、通信、燃气、上下水等管线2 m范围内挖土时,应采取安全保护措施,并应设专人监护;

(4)施工作业区域应采光良好,当光线较弱时应设置有足够照度的光源。

4)应急预案

(1)基坑工程应按规范要求结合工程施工过程中可能出现的支护变形、漏水等影响基坑工程安全的不利因素制定应急预案;

（2）应急组织机构应健全，应急的物资、材料、工具、机具等品种、规格、数量应满足应急的需要，并应符合应急预案的要求。

（十二）模板支架

模板支架安全检查评定应符合现行行业标准《建筑施工模板安全技术规范》（JGJ 162）、《建筑施工扣件式钢管脚手架安全技术规范》（JGJ 130）、《建筑施工门式钢管脚手架安全技术规范》（JGJ 128）、《建筑施工碗扣式钢管脚手架安全技术规范》（JGJ 166）和《建筑施工承插型盘扣式钢管支架安全技术规范》（JGJ 231）的规定。

模板支架检查评定保证项目应包括施工方案、支架基础、支架构造、支架稳定、施工荷载、交底与验收。一般项目应包括杆件连接、底座与托撑、构配件材质、支架拆除。

1. 模板支架保证项目的检查评定

模板支架保证项目的检查评定应符合下列规定。

1）施工方案

（1）模板支架搭设应编制专项施工方案，结构设计应进行计算，并应按规定进行审核、审批；

（2）模板支架搭设高度 8 m 及以上，跨度 18 m 及以上，施工总荷载 15 kN/m^2 及以上，集中线荷载 20 kN/m 及以上的专项施工方案应按规定组织专家论证。

2）支架基础

（1）基础应坚实、平整，承载力应符合设计要求，并应能承受支架上部全部荷载；

（2）底部应按规范要求设置底座、垫板，垫板规格应符合规范要求；

（3）支架底部纵、横向扫地杆的设置应符合规范要求；

（4）基础应设排水设施，并应排水畅通；

（5）当支架设在楼面结构上时，应对楼面结构强度进行验算，必要时应对楼面结构采取加固措施。

3）支架构造

（1）立杆间距应符合设计和规范要求；

（2）水平杆步距应符合设计和规范要求，水平杆应按规范要求连续设置；

（3）竖向、水平剪刀撑或专用斜杆、水平斜杆的设置应符合规范要求。

4）支架稳定

（1）当支架高宽比大于规定值时，应按规定设置连墙杆或采用增加架体宽度的加强措施；

（2）立杆伸出顶层水平杆中心线至支撑点的长度应符合规范要求；

（3）浇筑混凝土时应对架体基础沉降、架体变形进行监控，基础沉降、架体变形应在规定允许范围内。

5）施工荷载

（1）施工均布荷载、集中荷载应在设计允许范围内；

（2）当浇筑混凝土时，应对混凝土堆积高度进行控制。

6）交底与验收

（1）支架搭设、拆除前应进行交底，并应有交底记录；

（2）支架搭设完毕，应按规定组织验收，验收应有量化内容并经责任人签字确认。

2. 模板支架一般项目的检查评定

模板支架一般项目的检查评定应符合下列规定。

1)杆件连接

(1)立杆应采用对接、套接或承插式连接方式,并应符合规范要求;

(2)水平杆的连接应符合规范要求;

(3)当剪刀撑斜杆采用搭接时,搭接长度不应小于 1 m;

(4)杆件各连接点的紧固应符合规范要求。

2)底座与托撑

(1)可调底座、托撑螺杆直径应与立杆内径匹配,配合间隙应符合规范要求;

(2)螺杆旋入螺母内长度不应少于 5 倍的螺距。

3)构配件材质

(1)钢管壁厚应符合规范要求;

(2)构配件规格、型号、材质应符合规范要求;

(3)杆件弯曲、变形、锈蚀量应在规范允许范围内。

4)支架拆除

(1)支架拆除前结构的混凝土强度应达到设计要求;

(2)支架拆除前应设置警戒区,并应设专人监护。

(十三)高处作业

高处作业检查评定应符合现行国家标准《安全网》(GB 5725)、《安全帽》(GB 2118)、《安全带》(GB 6095)和现行行业标准《建筑施工高处作业安全技术规范》(JGJ 80)的规定。

高处作业检查评定项目应包括安全帽、安全网、安全带、临边防护、洞口防护、通道口防护、攀登作业、悬空作业、移动式操作平台、悬挑式物料钢平台。

高处作业的检查评定应符合下列规定:

1. 安全帽

(1)进入施工现场的人员必须正确佩戴安全帽;

(2)安全帽的质量应符合规范要求。

2. 安全网

(1)在建工程外脚手架的外侧应采用密目式安全网进行封闭;

(2)安全网的质量应符合规范要求。

3. 安全带

(1)高处作业人员应按规定系挂安全带;

(2)安全带的系挂应符合规范要求;

(3)安全带的质量应符合规范要求。

4. 临边防护

(1)作业面边沿应设置连续的临边防护设施;

(2)临边防护设施的构造、强度应符合规范要求;

(3)临边防护设施宜定型化、工具式,杆件的规格及连接固定方式应符合规范要求。

5. 洞口防护

(1)在建工程的预留洞口、楼梯口、电梯井口等孔洞应采取防护措施;

(2)防护措施、设施应符合规范要求；
(3)防护设施宜定型化、工具式；
(4)电梯井内每隔二层且不大于10 m应设置安全平网防护。

6. 通道口防护

(1)通道口防护应严密、牢固；
(2)防护棚两侧应采取封闭措施；
(3)防护棚宽度应大于通道口宽度,长度应符合规范要求；
(4)当建筑物高度超过24 m时,通道口防护顶棚应采用双层防护；
(5)防护棚的材质应符合规范要求。

7. 攀登作业

(1)梯脚底部应坚实,不得垫高使用；
(2)折梯使用时上部夹角宜为35°~45°,并应设有可靠的拉撑装置；
(3)梯子的材质和制作质量应符合规范要求。

8. 悬空作业

(1)悬空作业处应设置防护栏杆或采取其他可靠的安全措施；
(2)悬空作业所使用的索具、吊具等应经验收,合格后方可使用；
(3)悬空作业人员应系挂安全带、佩戴工具袋。

9. 移动式操作平台

(1)操作平台应按规定进行设计计算；
(2)移动式操作平台轮子与平台连接应牢固、可靠,立柱底端距地面高度不得大于80 mm；
(3)操作平台应按设计和规范要求进行组装,铺板应严密；
(4)操作平台四周应按规范要求设置防护栏杆,并应设置登高扶梯；
(5)操作平台的材质应符合规范要求。

10. 悬挑式物料钢平台

(1)悬挑式物料钢平台的制作、安装应编制专项施工方案,并应进行设计计算；
(2)悬挑式物料钢平台的下部支撑系统或上部拉结点,应设置在建筑结构上；
(3)斜拉杆或钢丝绳应按规范要求在平台两侧各设置前后两道；
(4)钢平台两侧必须安装固定的防护栏杆,并应在平台明显处设置荷载限定标牌；
(5)钢平台台面、钢平台与建筑结构间铺板应严密、牢固。

(十四)施工用电

施工用电检查评定应符合现行国家标准《建设工程施工现场供用电安全规范》(GB 50194)和现行行业标准《施工现场临时用电安全技术规范》(JGJ 46)的规定。

施工用电检查评定的保证项目应包括外电防护、接地与接零保护系统、配电线路、配电箱与开关箱。一般项目应包括配电室与配电装置、现场照明、用电档案。

1. 施工用电保证项目的检查评定

施工用电保证项目的检查评定应符合下列规定。

1)外电防护

(1)外电线路与在建工程及脚手架、起重机械、场内机动车道的安全距离应符合规范要求；

(2)当安全距离不符合规范要求时,必须采取绝缘隔离防护措施,并应悬挂明显的警示标志;

(3)防护设施与外电线路的安全距离应符合规范要求,并应坚固、稳定;

(4)外电架空线路正下方不得进行施工、建造临时设施或堆放材料物品。

2)接地与接零保护系统

(1)施工现场专用的电源中性点直接接地的低压配电系统应采用TN-S接零保护系统;

(2)施工现场配电系统不得同时采用两种保护系统;

(3)保护零线应由工作接地线、总配电箱电源侧零线或总漏电保护器电源零线处引出,电气设备的金属外壳必须与保护零线连接;

(4)保护零线应单独敷设,线路上严禁装设开关或熔断器,严禁通过工作电流;

(5)保护零线应采用绝缘导线,规格和颜色标记应符合规范要求;

(6)TN系统的保护零线应在总配电箱处、配电系统的中间处和末端处做重复接地;

(7)接地装置的接地线应采用2根及以上导体,在不同点与接地体做电气连接,接地体应采用角钢、钢管或光面圆钢;

(8)工作接地电阻不得大于4 Ω,重复接地电阻不得大于10 Ω;

(9)施工现场起重机、物料提升机、施工升降机、脚手架应按规范要求采取防雷措施,防雷装置的冲击接地电阻值不得大于30 Ω;

(10)做防雷接地机械上的电气设备,保护零线必须同时做重复接地。

3)配电线路

(1)线路及接头应保证机械强度和绝缘强度;

(2)线路应设短路、过载保护,导线截面应满足线路负荷电流;

(3)线路的设施、材料及相序排列、档距、与邻近线路或固定物的距离应符合规范要求;

(4)电缆应采用架空或埋地敷设并应符合规范要求,严禁沿地面明设或沿脚手架、树木等敷设;

(5)电缆中必须包含全部工作芯线和用作保护零线的芯线,并应按规定接用;

(6)室内非埋地明敷主干线距地面高度不得小于2.5 m。

4)配电箱与开关箱

(1)施工现场配电系统应采用三级配电、二级漏电保护系统,用电设备必须有各自专用的开关箱;

(2)箱体结构、箱内电器设置及使用应符合规范要求;

(3)配电箱必须分设工作零线端子板和保护零线端子板,保护零线、工作零线必须通过各自的端子板连接;

(4)总配电箱与开关箱应安装漏电保护器,漏电保护器参数应匹配并灵敏可靠;

(5)箱体应设置系统接线图和分路标记,并应有门、锁及防雨措施;

(6)箱体安装位置、高度及周边通道应符合规范要求;

(7)分配箱与开关箱间的距离不应超过30 m,开关箱与用电设备间的距离不应超过3 m。

2. 施工用电一般项目的检查评定

施工用电一般项目的检查评定应符合下列规定。

1)配电室与配电装置

(1)配电室的建筑耐火等级不应低于三级,配电室应配置适用于电气火灾的灭火器材;

(2)配电室、配电装置的布设应符合规范要求;

(3)配电装置中的仪表、电器元件设置应符合规范要求;

(4)备用发电机组应与外电线路进行联锁;

(5)配电室应采取防止风雨和小动物侵入的措施;

(6)配电室应设置警示标志、工地供电平面图和系统图。

2)现场照明

(1)照明用电应与动力用电分设;

(2)特殊场所和手持照明灯应采用安全电压供电;

(3)照明变压器应采用双绕组安全隔离变压器;

(4)灯具金属外壳应接保护零线;

(5)灯具与地面、易燃物间的距离应符合规范要求;

(6)照明线路和安全电压线路的架设应符合规范要求;

(7)施工现场应按规范要求配备应急照明。

3)用电档案

(1)总包单位与分包单位应签订临时用电管理协议,明确各方相关责任;

(2)施工现场应制订专项用电施工组织设计、外电防护专项方案;

(3)专项用电施工组织设计、外电防护专项方案应履行审批程序,实施后应由相关部门组织验收;

(4)用电各项记录应按规定填写,记录应真实有效;

(5)用电档案资料应齐全,并应设专人管理。

(十五)物料提升机

物料提升机检查评定应符合现行行业标准《龙门架及井架物料提升机安全技术规范》(JGJ 88)的规定。

物料提升机检查评定保证项目应包括安全装置、防护设施、附墙架与缆风绳、钢丝绳、安拆、验收与使用。一般项目应包括基础与导轨架、动力与传动、通信装置、卷扬机操作棚、避雷装置。

1.物料提升机保证项目的检查评定

物料提升机保证项目的检查评定应符合下列规定。

1)安全装置

(1)应安装起重量限制器、防坠安全器,并应灵敏可靠;

(2)安全停层装置应符合规范要求,并应定型化;

(3)应安装上行程限位并灵敏可靠,安全越程不应小于3 m;

(4)安装高度超过30 m的物料提升机应安装渐进式防坠安全器及自动停层、语音影像信号监控装置。

2)防护设施

(1)应在地面进料口安装防护围栏和防护棚,防护围栏、防护棚的安装高度和强度应符合规范要求;

(2)停层平台两侧应设置防护栏杆、挡脚板,平台脚手板应铺满、铺平;

(3)平台门、吊笼门安装高度、强度应符合规范要求,并应定型化。

3)附墙架与缆风绳

(1)附墙架结构、材质、间距应符合产品说明书要求;

(2)附墙架应与建筑结构可靠连接;

(3)缆风绳设置的数量、位置、角度应符合规范要求,并应与地锚可靠连接;

(4)安装高度超过 30 m 的物料提升机必须使用附墙架;

(5)地锚设置应符合规范要求。

4)钢丝绳

(1)钢丝绳磨损、断丝、变形、锈蚀量应在规范允许范围内;

(2)钢丝绳夹设置应符合规范要求;

(3)当吊笼处于最低位置时,卷筒上钢丝绳严禁少于 3 圈;

(4)钢丝绳应设置过路保护措施。

5)安拆、验收与使用

(1)安装、拆卸单位应具有起重设备安装工程专业承包资质和安全生产许可证;

(2)安装、拆卸作业应制订专项施工方案,并应按规定进行审核、审批;

(3)安装完毕应履行验收程序,验收表格应由责任人签字确认;

(4)安装、拆卸作业人员及司机应持证上岗;

(5)物料提升机作业前应按规定进行例行检查,并应填写检查记录;

(6)实行多班作业,应按规定填写交接班记录。

2.物料提升机一般项目的检查评定

物料提升机一般项目的检查评定应符合下列规定。

1)基础与导轨架

(1)基础的承载力和平整度应符合规范要求;

(2)基础周边应设置排水设施;

(3)导轨架垂直度偏差不应大于导轨架高度的 0.15%;

(4)井架停层平台通道处的结构应采取加强措施。

2)动力与传动

(1)卷扬机曳引机应安装牢固,当卷扬机卷筒与导轨底部导向轮的距离小于 20 倍卷筒宽度时,应设置排绳器;

(2)钢丝绳应在卷筒上排列整齐;

(3)滑轮与导轨架、吊笼应采用刚性连接,并应与钢丝绳相匹配;

(4)卷筒、滑轮应设置防止钢丝绳脱出装置;

(5)当曳引钢丝绳为 2 根及以上时,应设置曳引力平衡装置。

3)通信装置

(1)应按规范要求设置通信装置;

(2)通信装置应具有语音和影像显示功能。

4)卷扬机操作棚

(1)应按规范要求设置卷扬机操作棚;

(2)卷扬机操作棚强度、操作空间应符合规范要求。

5)避雷装置

(1)当物料提升机未在其他防雷保护范围内时,应设置避雷装置;

(2)避雷装置设置应符合现行行业标准《施工现场临时用电安全技术规范》(JGJ 46)的规定。

(十六)施工升降机

施工升降机检查评定应符合现行国家标准《施工升降机安全规程》(GB 10055)和现行行业标准《建筑施工升降机安装、使用、拆卸安全技术规程》(JGJ 215)的规定。

施工升降机检查评定保证项目应包括安全装置、限位装置、防护设施、附墙架、钢丝绳、滑轮与对重、安拆、验收与使用。一般项目应包括导轨架、基础、电气安全、通信装置。

1.施工升降机保证项目的检查评定

施工升降机保证项目的检查评定应符合下列规定。

1)安全装置

(1)应安装起重量限制器,并应灵敏可靠;

(2)应安装渐进式防坠安全器并应灵敏可靠,应在有效的标定期内使用;

(3)对重钢丝绳应安装防松绳装置,并应灵敏可靠;

(4)吊笼的控制装置应安装非自动复位型的急停开关,任何时候均可切断控制电路停止吊笼运行;

(5)底架应安装吊笼和对重缓冲器,缓冲器应符合规范要求;

(6)SC 型施工升降机应安装一对以上安全钩。

2)限位装置

(1)应安装非自动复位型极限开关并应灵敏可靠;

(2)应安装自动复位型上、下限位开关并应灵敏可靠,上、下限位开关安装位置应符合规范要求;

(3)上极限开关与上限位开关之间的安全越程不应小于0.15 m;

(4)极限开关、限位开关应设置独立的触发元件;

(5)吊笼门应安装机电联锁装置并应灵敏可靠;

(6)吊笼顶窗应安装电气安全开关并应灵敏可靠。

3)防护设施

(1)吊笼和对重升降通道周围应安装地面防护围栏,防护围栏的安装高度、强度应符合规范要求,围栏门应安装机电联锁装置并应灵敏可靠;

(2)地面出入通道防护棚的搭设应符合规范要求;

(3)停层平台两侧应设置防护栏杆、挡脚板,平台脚手板应铺满、铺平;

(4)层门安装高度、强度应符合规范要求,并应定型化。

4)附墙架

(1)附墙架应采用配套标准产品,当附墙架不能满足施工现场要求时,应对附墙架另行设计,附墙架的设计应满足构件刚度、强度、稳定性等要求,制作应满足设计要求;

(2)附墙架与建筑结构连接方式、角度应符合产品说明书要求;

(3)附墙架间距、最高附着点以上导轨架的自由高度应符合产品说明书要求。

5)钢丝绳、滑轮与对重

(1)对重钢丝绳绳数不得少于2根且应相互独立;

(2)钢丝绳磨损、变形、锈蚀应在规范允许范围内;

(3)钢丝绳的规格、固定应符合产品说明书及规范要求;

(4)滑轮应安装钢丝绳防脱装置并应符合规范要求;

(5)对重重量、固定应符合产品说明书要求;

(6)对重除导向轮、滑靴外应设有防脱轨保护装置。

6)安拆、验收与使用

(1)安装、拆卸单位应具有起重设备安装工程专业承包资质和安全生产许可证;

(2)安装、拆卸应制订专项施工方案,并经过审核、审批;

(3)安装完毕应履行验收程序,验收表格应由责任人签字确认;

(4)安装、拆卸作业人员及司机应持证上岗;

(5)施工升降机作业前应按规定进行例行检查,并应填写检查记录;

(6)实行多班作业,应按规定填写交接班记录。

2.施工升降机一般项目的检查评定

施工升降机一般项目的检查评定应符合下列规定。

1)导轨架

(1)导轨架垂直度应符合规范要求;

(2)标准节的质量应符合产品说明书及规范要求;

(3)对重导轨应符合规范要求;

(4)标准节连接螺栓使用应符合产品说明书及规范要求。

2)基础

(1)基础制作、验收应符合说明书及规范要求;

(2)基础设置在地下室顶板或楼面结构上,应对其支承结构进行承载力验算;

(3)基础应设有排水设施。

3)电气安全

(1)施工升降机与架空线路的安全距离和防护措施应符合规范要求;

(2)电缆导向架设置应符合说明书及规范要求;

(3)施工升降机在其他避雷装置保护范围外应设置避雷装置,并应符合规范要求。

4)通信装置

通信装置应安装楼层信号联络装置,并应清晰有效。

(十七)塔式起重机

塔式起重机检查评定应符合现行国家标准《塔式起重机安全规程》(GB 5144)和现行行业标准《建筑施工塔式起重机安装、使用、拆卸安全技术规程》(JGJ 196)的规定。

塔式起重机检查评定保证项目应包括载荷限制装置、行程限位装置、保护装置、吊钩、滑轮、卷筒与钢丝绳、多塔作业、安拆、验收与使用。一般项目应包括附着、基础与轨道、结构设施、电气安全。

1.塔式起重机保证项目的检查评定

塔式起重机保证项目的检查评定应符合下列规定。

1)载荷限制装置

(1)应安装起重量限制器并应灵敏可靠。当起重量大于相应挡位的额定值并小于该额定值的110%时,应切断上升方向上的电源,但机构可作下降方向的运动;

(2)应安装起重力矩限制器并应灵敏可靠。当起重力矩大于相应工况下的额定值并小于该额定值的110%时,应切断上升和幅度增大方向的电源,但机构可作下降和减小幅度方向的运动。

2)行程限位装置

(1)应安装起升高度限位器,起升高度限位器的安全越程应符合规范要求,并应灵敏可靠;

(2)小车变幅的塔式起重机应安装小车行程开关,动臂变幅的塔式起重机应安装臂架幅度限制开关,并应灵敏可靠;

(3)回转部分不设集电器的塔式起重机应安装回转限位器,并应灵敏可靠;

(4)行走式塔式起重机应安装行走限位器,并应灵敏可靠。

3)保护装置

(1)小车变幅的塔式起重机应安装断绳保护及断轴保护装置,并应符合规范要求;

(2)行走及小车变幅的轨道行程末端应安装缓冲器及止挡装置,并应符合规范要求;

(3)起重臂根部绞点高度大于50 m的塔式起重机应安装风速仪,并应灵敏可靠;

(4)当塔式起重机顶部高度大于30 m且高于周围建筑物时,应安装障碍指示灯。

4)吊钩、滑轮、卷筒与钢丝绳

(1)吊钩应安装钢丝绳防脱钩装置并应完整可靠,吊钩的磨损、变形应在规定允许范围内;

(2)滑轮、卷筒应安装钢丝绳防脱装置并应完整可靠,滑轮、卷筒的磨损应在规定允许范围内;

(3)钢丝绳的磨损、变形、锈蚀应在规定允许范围内,钢丝绳的规格、固定、缠绕应符合说明书及规范要求。

5)多塔作业

(1)多塔作业应制订专项施工方案并经过审批;

(2)任意两台塔式起重机之间的最小架设距离应符合规范要求。

6)安拆、验收与使用

(1)安装、拆卸单位应具有起重设备安装工程专业承包资质和安全生产许可证;

(2)安装、拆卸应制订专项施工方案,并经过审核、审批;

(3)安装完毕应履行验收程序,验收表格应由责任人签字确认;

(4)安装、拆卸作业人员及司机、指挥人员应持证上岗;

(5)塔式起重机作业前应按规定进行例行检查,并应填写检查记录;

(6)实行多班作业,应按规定填写交接班记录。

2.塔式起重机一般项目的检查评定

塔式起重机一般项目的检查评定应符合下列规定。

1)附着

(1)当塔式起重机高度超过产品说明书规定时,应安装附着装置,附着装置安装应符合产品说明书及规范要求;

(2)当附着装置的水平距离不能满足产品说明书要求时,应进行设计计算和审批;

(3)安装内爬式塔式起重机的建筑承载结构应进行受力计算；

(4)附着前和附着后塔身垂直度应符合规范要求。

2)基础与轨道

(1)塔式起重机基础应按产品说明书及有关规定进行设计、检测和验收；

(2)基础应设置排水措施；

(3)路基箱或枕木铺设应符合产品说明书及规范要求；

(4)轨道铺设应符合产品说明书及规范要求。

3)结构设施

(1)主要结构件的变形、锈蚀应在规范允许范围内；

(2)平台、走道、梯子、护栏的设置应符合规范要求；

(3)高强螺栓、销轴、紧固件的紧固、连接应符合规范要求，高强螺栓应使用力矩扳手或专用工具紧固。

4)电气安全

(1)塔式起重机应采用TN－S接零保护系统供电；

(2)塔式起重机与架空线路的安全距离和防护措施应符合规范要求；

(3)塔式起重机应安装避雷接地装置，并应符合规范要求；

(4)电缆的使用及固定应符合规范要求。

(十八)起重吊装

起重吊装检查评定应符合现行国家标准《起重机械安全规程》(GB 6067)的规定。

起重吊装检查评定保证项目应包括施工方案、起重机械、钢丝绳与地锚、索具、作业环境、作业人员。一般项目应包括起重吊装、高处作业、构件码放、警戒监护。

1.起重吊装保证项目的检查评定

起重吊装保证项目的检查评定应符合下列规定。

1)施工方案

(1)起重吊装作业应编制专项施工方案，并按规定进行审核、审批；

(2)超规模的起重吊装作业，应组织专家对专项施工方案进行论证。

2)起重机械

(1)起重机械应按规定安装荷载限制器及行程限位装置；

(2)荷载限制器、行程限位装置应灵敏可靠；

(3)起重拔杆组装应符合设计要求；

(4)起重拔杆组装后应进行验收，并应由责任人签字确认。

3)钢丝绳与地锚

(1)钢丝绳磨损、断丝、变形、锈蚀应在规范允许范围内；

(2)钢丝绳规格应符合起重机产品说明书要求；

(3)吊钩、卷筒、滑轮磨损应在规范允许范围内；

(4)吊钩、卷筒、滑轮应安装钢丝绳防脱装置；

(5)起重拔杆的缆风绳、地锚设置应符合设计要求。

4)索具

(1)当采用编结连接时，编结长度不应小于15倍的绳径，且不应小于300 mm；

(2)当采用绳夹连接时,绳夹规格应与钢丝绳相匹配,绳夹数量、间距应符合规范要求;

(3)索具安全系数应符合规范要求;

(4)吊索规格应互相匹配,机械性能应符合设计要求。

5)作业环境

(1)起重机行走、作业处地面承载能力应符合产品说明书要求;

(2)起重机与架空线路安全距离应符合规范要求。

6)作业人员

(1)起重机司机应持证上岗,操作证应与操作机型相符;

(2)起重机作业应设专职信号指挥和司索人员,一人不得同时兼顾信号指挥和司索作业;

(3)作业前应按规定进行技术交底,并应有交底记录。

2.起重吊装一般项目的检查评定

起重吊装一般项目的检查评定应符合下列规定。

1)起重吊装

(1)当多台起重机同时起吊一个构件时,单台起重机所承受的荷载应符合专项施工方案的要求;

(2)吊索系挂点应符合专项施工方案要求;

(3)起重机作业时,任何人不应停留在起重臂下方,被吊物不应从人的正上方通过;

(4)起重机不应采用吊具载运人员;

(5)当吊运易散落物件时,应使用专用吊笼。

2)高处作业

(1)应按规定设置高处作业平台;

(2)平台强度、护栏高度应符合规范要求;

(3)爬梯的强度、构造应符合规范要求;

(4)应设置可靠的安全带悬挂点,并应高挂低用。

3)构件码放

(1)构件码放荷载应在作业面承载能力允许范围内;

(2)构件码放高度应在规定允许范围内;

(3)大型构件码放应有保证稳定的措施。

4)警戒监护

(1)应按规定设置作业警戒区;

(2)警戒区应设专人监护。

(十九)施工机具

施工机具检查评定应符合现行行业标准《建筑机械使用安全技术规程》(JGJ 33)和《施工现场机械设备检查技术规程》(JGJ 160)的规定。

施工机具检查评定项目应包括平刨、圆盘锯、手持电动工具、钢筋机械、电焊机、搅拌机、气瓶、翻斗车、潜水泵、振捣器、桩工机械。

施工机具的检查评定应符合下列规定。

1. 平刨

(1)平刨安装完毕应按规定履行验收程序,并应经责任人签字确认;

(2)平刨应设置护手及防护罩等安全装置;

(3)保护零线应单独设置,并应安装漏电保护装置;

(4)平刨应按规定设置作业棚,并应具有防雨、防晒等功能;

(5)不得使用同台电机驱动多种刃具、钻具的多功能木工机具。

2. 圆盘锯

(1)圆盘锯安装完毕应按规定履行验收程序,并应经责任人签字确认;

(2)圆盘锯应设置防护罩、分料器、防护挡板等安全装置;

(3)保护零线应单独设置,并应安装漏电保护装置;

(4)圆盘锯应按规定设置作业棚,并应具有防雨、防晒等功能;

(5)不得使用同台电机驱动多种刃具、钻具的多功能木工机具。

3. 手持电动工具

(1)Ⅰ类手持电动工具应单独设置保护零线,并应安装漏电保护装置;

(2)使用Ⅰ类手持电动工具应按规定穿戴绝缘手套、绝缘鞋;

(3)手持电动工具的电源线应保持出厂状态,不得接长使用。

4. 钢筋机械

(1)钢筋机械安装完毕应按规定履行验收程序,并应经责任人签字确认;

(2)保护零线应单独设置,并应安装漏电保护装置;

(3)钢筋加工区应搭设作业棚,并应具有防雨、防晒等功能;

(4)对焊机作业应设置防火花飞溅的隔热设施;

(5)钢筋冷拉作业应按规定设置防护栏;

(6)机械传动部位应设置防护罩。

5. 电焊机

(1)电焊机安装完毕应按规定履行验收程序,并应经责任人签字确认;

(2)保护零线应单独设置,并应安装漏电保护装置;

(3)电焊机应设置二次空载降压保护装置;

(4)电焊机一次线长度不得超过5 m,并应穿管保护;

(5)二次线应采用防水橡皮护套铜芯软电缆;

(6)电焊机应设置防雨罩,接线柱应设置防护罩。

6. 搅拌机

(1)搅拌机安装完毕应按规定履行验收程序,并应经责任人签字确认;

(2)保护零线应单独设置,并应安装漏电保护装置;

(3)离合器、制动器应灵敏有效,料斗钢丝绳的磨损、锈蚀、变形量应在规定允许范围内;

(4)料斗应设置安全挂钩或止挡装置,传动部位应设置防护罩;

(5)搅拌机应按规定设置作业棚,并应具有防雨、防晒等功能。

7. 气瓶

(1)气瓶使用时必须安装减压器,乙炔瓶应安装回火防止器,并应灵敏可靠;

(2)气瓶间安全距离不应小于5 m,与明火安全距离不应小于10 m;

(3)气瓶应设置防震圈、防护帽,并应按规定存放。

8. 翻斗车

(1)翻斗车制动、转向装置应灵敏可靠;

(2)司机应经专门培训,持证上岗,行车时车斗内不得载人。

9. 潜水泵

(1)保护零线应单独设置,并应安装漏电保护装置;

(2)负荷线应采用专用防水橡皮电缆,不得有接头。

10. 振捣器

(1)振捣器作业时应使用移动配电箱,电缆线长度不应超过30 m;

(2)保护零线应单独设置,并应安装漏电保护装置;

(3)操作人员应按规定穿戴绝缘手套、绝缘鞋。

11. 桩工机械

(1)桩工机械安装完毕应按规定履行验收程序,并应经责任人签字确认;

(2)作业前应编制专项方案,并应对作业人员进行安全技术交底;

(3)桩工机械应按规定安装安全装置,并应灵敏可靠;

(4)机械作业区域地面承载力应符合机械说明书要求;

(5)机械与输电线路安全距离应符合现行行业标准《施工现场临时用电安全技术规范》(JGJ 46)的规定。

三、检查评分方法

建筑施工安全检查评定中,保证项目应全数检查。

建筑施工安全检查评定应符合《建筑施工安全检查标准》(JGJ 59—2011)第3章中各检查评定项目的有关规定,并应按《建筑施工安全检查标准》(JGJ 59—2011)附录A、B的评分表进行评分。检查评分表应分为安全管理、文明施工、脚手架、基坑工程、模板支架、高处作业、施工用电、物料提升机与施工升降机、塔式起重机与起重吊装、施工机具分项检查评分表和检查评分汇总表。

各评分表的评分应符合下列规定:

(1)分项检查评分表和检查评分汇总表的满分分值均应为100分,评分表的实得分值应为各检查项目所得分值之和。多人对同一分项目检查评分时,遇意见不统一,为突出安全专职人员的作用,采用加权评分方法确定分值。权数分配原则:专职安全人员的权数为0.6,其他人员的权数为0.4。

(2)评分应采用扣减分值的方法,扣减分值总和不得超过该检查项目的应得分值。

(3)当按分项检查评分表评分时,保证项目中有一项未得分或保证项目小计得分不足40分,此分项检查评分表不应得分。

(4)检查评分汇总表中各分项项目实得分值应按下式计算:

$$A_1 = \frac{B \times C}{100} \tag{4-1}$$

式中 A_1——汇总表各分项项目实得分值;

B——汇总表中该项应得满分值;

C——该项检查评分表实得分值。

(5)当评分遇有缺项时,分项检查评分表或检查评分汇总表的总得分值应按下式计算:

$$A_2 = \frac{D}{E} \times 100 \tag{4-2}$$

式中 A_2——遇有缺项时总得分值;

D——实查项目在该表的实得分值之和;

E——实查项目在该表的应得满分值之和。

(6)脚手架、物料提升机与施工升降机、塔式起重机与起重吊装项目的实得分值,应为所对应专业的分项检查评分表实得分值的算术平均值。

四、检查评定等级

应按汇总表的总得分和分项检查评分表的得分,对建筑施工安全检查评定划分为优良、合格、不合格三个等级。

建筑施工安全检查评定的等级划分应符合下列规定:

(1)优良:

分项检查评分表无零分,汇总表得分值应在80分及以上。

(2)合格:

分项检查评分表无零分,汇总表得分值应在80分以下,70分及以上。

(3)不合格:

①当汇总表得分值不足70分时;

②当有一分项检查评分表得零分时。

当建筑施工安全检查评定的等级为不合格时,必须限期整改达到合格。

五、建筑施工安全检查评分表

建筑施工安全检查评分汇总表见表4-3(扫描二维码4-3查看对应内容)。

建筑施工安全分项检查评分表见表4-4~表4-22(扫描二维码4-4~二维码4-22查看对应内容)。

表4-23 表4-3~4-22目录

序号	表名	二维码	序号	表明	二维码
表4-3	建筑施工安全检查评分汇总表		表4-4	安全管理检查评分表	
表4-5	文明施工检查评分表		表4-6	扣件式钢管脚手架检查评分表	

续表 4-23

序号	表名	二维码	序号	表明	二维码
表 4-7	门式钢管脚手架检查评分表		表 4-8	碗扣式钢管脚手架检查评分表	
表 4-9	承插型盘扣式钢管脚手架检查评分表		表 4-10	满堂脚手架检查评分表	
表 4-11	悬挑式脚手架检查评分表		表 4-12	附着式升降脚手架检查评分表	
表 4-13	高处作业吊篮检查评分表		表 4-14	基坑工程检查评分表	
表 4-15	模板支架检查评分表		表 4-16	高处作业检查评分表	
表 4-17	施工用电检查评分表		表 4-18	物料提升机检查评分表	
表 4-19	施工升降机检查评分表		表 4-20	塔式起重机检查评分表	
表 4-21	起重吊装检查评分表		表 4-22	施工机具检查评分表	

第七节　安全教育培训

《建筑法》第四十六条规定："建筑施工企业应当建立健全劳动安全教育培训制度，加强对企业安全生产的教育培训，未经安全生产教育培训的人员，不得上岗作业；建设部2004年出台的《建设工程安全生产管理条例》中制定了《中央管理的建筑施工企业（集团公司、总公司）主要负责人、项目负责人和专职安全生产管理人员安全生产考核管理实施细则》，从而在国家法律、法规中确立了安全生产教育培训的重要地位。除进行一般安全教育外，特种作业人员培训还要执行《关于特种作业人员安全技术考核管理规划》（GB 5306—2010）的有关规定，按国家、行业、地方和企业规定进行本工种专业培训、资格考核、取得《特种作业人员操作证》后上岗。

一、安全教育培训的基本要求

（1）建筑施工企业安全生产教育培训应贯穿于生产经营的全过程，教育培训包括计划编制、组织实施和人员资格审定等工作内容。

（2）建筑施工企业安全生产教育培训计划应依据类型、对象、内容、时间安排、形式等需求进行编制。

（3）安全教育和培训的类型应包括岗前教育、日常教育、年度继续教育，以及各类证书的初审、复审培训。

（4）建筑施工企业新上岗操作工人必须进行岗前教育培训，教育培训应包括以下内容：

①安全生产法律法规和规章制度；

②安全操作规程；

③针对性的安全防范措施；

④违章指挥、违章作业、违反劳动纪律产生的后果；

⑤预防、减少安全风险以及紧急情况下应急救援的基本措施。

（5）建筑施工企业应结合季节施工要求及安全生产形势对从业人员进行日常安全生产教育培训。

（6）建筑施工企业每年应按规定对所有相关人员进行安全生产继续教育，教育培训应包括以下内容：

①新颁布的安全生产法律法规、安全技术标准、规范、安全生产规范性文件；

②先进的安全生产管理经验和典型事故案例分析。

（7）企业的下列人员上岗前还应满足下列要求：

①企业主要负责人、项目负责人和专职安全生产管理人员必须经安全生产知识和管理能力考核合格，依法取得安全生产考核合格证书；

②企业的技术和相关管理人员必须具备与岗位相适应的安全管理知识和能力，依法取得必要的岗位资格证书；

③特种作业人员必须经安全技术理论和操作技能考核合格，依法取得建筑施工特种作业人员操作资格证书。

(8)建筑施工企业应及时统计、汇总从业人员的安全教育培训和资格认定等相关记录，定期对从业人员持证上岗情况进行审核、检查。

二、工程项目安全教育培训计划的制订

施工企业结合企业实际情况，编制企业年度安全教育计划，每个季度应有教育重点，每月要有教育内容。实行总分包的工程项目，总包单位要负责统一管理分包单位的职工安全培训教育工作，分包单位要服从总包单位的统一管理。

（一）安全教育培训的对象与时间

根据建设建教〔1997〕83号文件印发的《建筑企业职工安全培训教育暂行规定》的要求如下：

(1)企业法人代表、项目经理每年不少于30学时。

(2)专职管理和技术人员每年不少于40学时。

(3)其他管理和技术人员每年不少于20学时。

(4)特殊工种每年不少于20学时。

(5)其他职工每年不少于15学时。

(6)待、转、换岗重新上岗前，接受一次不少于20学时的培训。

(7)新工人的公司、项目、班组三级培训教育时间分别不少于15学时、15学时、20学时。

（二）安全教育培训内容

为规范对建筑施工企业主要负责人、项目负责人、专职安全生产管理人员（以下简称三类人员）的安全生产考核工作，建设部于2004年制定了《中央管理的建筑施工企业（集团公司、总公司）主要负责人、项目负责人和专职安全生产管理人员安全生产考核管理实施细则》。由于不同的对象对掌握的知识和内容有所区别，因此对于三类人员安全教育内容、方式应依对象的不同而不同。

1. 建筑施工企业负责人的安全教育培训

1)建筑企业负责人的安全教育培训内容

(1)国家有关安全生产的方针、政策、法律、法规及有关行业的规章、规范、标准；

(2)建筑施工企业安全生产管理的基本知识、方法与安全生产技术，有关行业安全生产管理专业知识；

(3)重、特大事故防范、应急救援措施及调查处理方法，重大危险源管理与应急救援预案编制原则；

(4)企业安全生产责任制和安全生产规章制度的内容、制定和方法；

(5)国内外先进的安全生产管理经验；

(6)典型事故案例分析。

2)建筑企业负责人安全教育培训的目标

通过建筑施工企业的负责人进行安全教育培训，使他们在思想和意识上树立“安全第一”的哲学观、尊重人的情感观、安全是效益的经济观、预防为主的科学观。

(1)“安全第一”的哲学观：在思想认识上高于其他工作；在组织机构上赋予其一定的责、权、利；在资金安排上，其规划程度和重视程度，重于其他工作所需的资金；在知识的更新

上，安全知识（规章）学习先于其他知识培训和学习；在检查考核上，安全的检查评比严于其他考核工作；当安全与生产、安全与经济、安全与效益发生矛盾时，安全优先。

（2）尊重人的情感观：企业负责人在具体的管理与决策过程中，应树立"以人为本，尊重与爱护职工"的情感观。

（3）安全是效益的经济观：实现安全生产，保护职工的生命安全与健康，不仅是企业的工作责任和任务，而且是保障生产顺利进行、企业经济效益实现的基本条件。"安全就是效益"，安全不仅能"减损"而且能"增值"。

（4）预防为主的科学观：要高效、高质量地实现企业的安全生产，必须采用现代的科学技术和安全管理技术，变纵向单因素管理为横向综合管理；变事后处理为预先分析；变事故管理为隐患管理；变静态被动管理为动态主动管理，实现本质安全化。

2. 项目负责人的安全教育培训

1）建筑施工企业项目负责人的安全教育培训内容

（1）国家有关安全生产的方针政策、法律法规、部门规章、标准及有关规范，本地区有关安全生产的法规、规章、标准及规范性文件；

（2）工程项目安全生产管理的基本知识和相关专业知识；

（3）重大事故防范、应急救援措施，报告制度及调查处理方法；

（4）企业和项目安全生产责任制与安全生产规章制度的内容、制定方法；

（5）施工现场安全生产监督检查的内容和方法；

（6）国内外安全生产管理经验；

（7）典型事故案例分析。

2）建筑施工企业项目负责人的安全教育培训目标

（1）掌握多学科的安全技术知识。建筑施工企业项目负责人除必须具备的建筑生产知识外，在安全方面还必须具备一定的知识、技能，应该具有企业安全管理、劳动保护、机械安全、电气安全、防火防爆、工业卫生、环境保护等多学科的知识。

（2）提高安全生产管理水平的方法。如何不断提高安全生产管理水平，是建筑施工企业项目负责人工作重点之一。

（3）熟悉国家的安全生产法规、规章制度体系。

（4）具备安全系统理论、现代安全管理、安全决策技术、安全生产规律、安全生产基本理论和安全规程的知识。

3. 专职安全生产管理人员的安全教育培训

1）专职安全生产管理人员安全教育培训的内容

（1）国家有关安全生产的法律、法规、政策及有关行业安全生产的规章、规程、规范和标准；

（2）安全生产管理知识、安全生产技术、劳动卫生知识和安全文化知识，有关行业安全生产管理专业知识；

（3）工伤保险的法律、法规、政策；

（4）伤亡事故和职业病统计、报告及调查处理方法；

（5）事故现场勘验技术，以及应急处理措施；

（6）重大危险源管理与应急救援预案编制方法；

（7）国内外先进的安全生产管理经验；

(8)典型事故案例。

2)专职安全管理人员安全教育培训的目标

随着建筑业的不断发展,建筑施工企业对安全专职管理人员的要求越来越高。传统的单一功能的安全员,即仅会照章检查的安全员,已不能满足企业生产、经营、管理和发展的需要。通过对企业专职安全管理人员的安全教育,除具有系列安全知识体系外,还应该要有广博的知识和敬业精神。

(三)培训效果检查

对安全教育与培训效果的检查主要是以下几个方面:

(1)检查施工单位的安全教育制度。建筑施工单位要广泛开展安全生产的宣传教育,使各级领导和广大职工真正认识到安全生产的重要性、必要性,懂得安全生产、文明施工的科学知识,牢固树立"安全第一"的思想,自觉地遵守各项安全生产法令和规章制度。因此,企业要建立健全安全教育和培训考核制度。

(2)检查新入厂工人三级安全教育。现在临时劳务工多,发生伤亡事故主要在临时劳务工之中,因此在三级安全教育上,应把临时劳务工作为新入厂工人对待。新工人(包括合同工、临时工、学徒工、实习和代培人员)都必须进行三级安全教育。主要检查施工单位、工区、班组对新入厂工人的三级教育考核记录。

(3)检查安全教育内容。安全教育要有具体内容,要把《建筑安装工人安全技术操作规程》作为安全教育的重要内容,做到人手一册,除此以外,企业、工程处、项目经理部、班组都要有具体的安全教育内容。电工、焊工、架工、司炉工、爆破工、机械工及起重工、打桩机和各种机动车辆司机等特殊工种的安全教育内容。经教育合格后,方准独立操作,每年还要复审。对从事有尘毒危害作业的工人,要进行尘毒危害和防治知识教育,也应有安全教育内容。主要检查每个工人包括特殊工种工人是否人手一册《建筑安装工人安全技术操作规程》,检查企业、工程处、项目经理部、班组的安全教育资料。

(4)检查变换工种时是否进行安全教育。各工种工人及特殊工种工人除懂得一般安全生产知识外,尚要懂各自的安全技术操作规程,当采用新技术、新工艺、新设备施工和调换工作岗位时,要对操作人员进行新技术操作和新岗位的安全教育,未经教育不得上岗操作。主要检查变换工种的工人在调换工种时重新进行安全教育的记录。检查采用新技术、新工艺、新设备施工时,应有进行新技术操作安全教育的记录。

(5)检查工人对本工种安全技术操作规程的熟悉程度。该条是考核各工种工人掌握《建筑工人安全技术操作规程》的熟悉程度,也是施工单位对各工种工人安全教育效果的检验。按《建筑工人安全技术操作规程》的内容,到施工现场(车间)随机抽查各工种工人对本工种安全技术操作规程的问答,各工种工人宜抽 2 人以上进行问答。

(6)检查施工管理人员的年度培训。各级建设行政主管部门若行文规定施工单位的施工管理人员进行年度有关安全生产方面的培训,施工单位应按各级建设行政主管部门文件规定,安排施工管理人员去培训。施工单位内部也要规定施工管理人员每年进行一次有关安全生产工作的培训学习。主要检查施工管理人员是否进行年度培训的记录。

(7)检查专职安全员的年度培训考核情况。建设部,各省、自治区、直辖市建设行政主管部门规定专职安全员要进行年度培训考核,具体由县级、地区(市)级建设行政主管部门经办。建筑企业应根据上级建设行政主管部门的规定,对本企业的专职安全员进行年度培训考核，提高专职安全员的专业技术水平和安全生产工作的管理水平。按上级建设行政管理部门和本企业有关安全生产管理文件，核查专职安全员是否进行年度培训考核及考核是否合格，未进行安全培训的或考核不合格的，是否仍在岗工作等。

三、施工现场安全教育培训的方法

(1)在职的工作现场的安全教育。工作场所内，上级给下级传授安全生产经验，或由老工人对新工人传授安全操作的方法和注意事项。边看，边听，边模仿操作，不间断生产。

(2)离开工作现场脱产的系统的安全教育。通过系统的安全教育传授全面系统的安全知识，这是企业安全教育的基础性工作。这些教育内容随不同行业、不同企业有很大的差异。须由企业自己去组织教学，使职工掌握本企业所需的全部安全知识。

(3)安全操作技能的培训。在实际操作过程或使用模拟器进行操作技能的培训，使操作技能形成之初就完成规程的操作习惯之后，再纠正就要花费两倍以上的精力和时间。模拟器设计可模拟各种操作情境，例如航空驾驶舱、汽车驾驶室、各种自动化生产线的中央控制室，甚至可模拟出地震时化学工厂中央控制室的紧急操作状态。模拟器一般需要电脑及其连锁装置来模拟出各种操作情境。

(4)演讲法。其优点是听讲人数不受限制，越多越好，气氛的感染力越浓。效果取决于演讲人和演讲内容，演讲人的威望是一个重要因素。采用职工进行演讲比赛的方法效果很好，提高了职工的参与感、亲切感。自己讲安全，知道自己的行动，更具有主动精神。

(5)讨论法。一般先确定主题，选择适当的案例，结合具体操作情境，讨论解决安全问题的对策。讨论的议题必须是大家最关心的安全问题，或者是多数人暂时还没有意识但却是客观存在的关键问题。通过讨论可以集思广益，互相启迪，提高安全意识，交流安全经验，形成共识，统一安全步调。

(6)脑力激荡法。为了防止讨论中群体限制个人的发挥，对讨论过程定下一些新的规则，主要是不允许对别人的意见提出反对或批评性意见。不能使用"这是不可能的"、"这是错误的"、"这是有矛盾的"、"不够的"、"不完善的"等等否定性的用语。每个人只讲自己的想法，思路尽可能开阔一些，不怕别人怎么说，但在别人启发下，可以修正或完善自己的看法，也可以自动放弃原来看法，提出新的思路。会议主持人的责任是促使每个人尽可能发挥其聪明才智，把每个人的头脑激荡活跃起来，记录下各种意见想法。

(7)角色扮演法。以安全操作的场面为素材，制作成剧本，并在现场进行演出，也可以只设情境，要求扮演者即兴表演。担任角色的扮演者和观众都能通过表演，理解什么是安全行为，什么是不安全行为。通过角色扮演可以促使操作人员互相理解，提高他们之间的协调意识。角色扮演之后，把大家集中起来进行简短的讨论，能进一步提高教育效果。角色扮演法强调实用性和参与性。

(8)视听方法。随着现代科技的发展和视听器材的普及，以及各种视听教材的出版发行，通过视听方法进行安全教育已经被广泛采用。这种教育方法直观易懂，可以让人们看到平时看不到或忽略了的细节，了解酿成事故的来龙去脉，传授防止事故的方法和技巧。

(9)安全活动。也就是集中一段时间开展各种形式的安全活动(例如安全周、安全月)。提出活动的中心口号，围绕中心口号开展强有力的宣传活动，做到人人皆知。设计多种形式的有关安全的宣传教育活动，开展评比、竞赛、交流、展览、办报、广播、录像、讲座、参观等多种活动,吸引尽可能多的人参加到活动中来。通过安全运动增强每一个人和群体的安全意识,营造出企业的安全生产气氛,使之成为企业文化的重要组成部分。

(10)安全检查。检查不仅是纠正种种不安全现象的强制性工作过程,也是进行有针对性的安全教育的过程。为加强教育效果,提倡自检和互检,以及再次学习安全规章制度的活动。

四、班前安全教育活动的组织

(一)新工人安全教育内容

新工人被分配到班组固定岗位后,未开始工作前要进行安全生产教育。班组安全生产教育的基本要求如下:

(1)牢固树立"安全生产,人人有责"的思想,要有较强的自我保护意识,不能只顾干活,不顾安全;

(2)积极参加安全活动,遵守安全操作规程和安全规章制度,对不安全的作业要主动提出改进意见;

(3)必须熟悉施工要求、作业环境,认真执行安全交底,不蛮干;

(4)对没有安全交底的生产任务,有权拒绝接受,有权抵制违章指令;

(5)发扬团结友爱精神,互相关照,制止他人违章行为;

(6)正确穿戴劳动保护用品,进入现场戴好安全帽,系好下颏带,高处作业挂好安全带,使用手持或移动式电动工具时,要穿好绝缘鞋,戴好绝缘手套;

(7)熟悉使用工具的性能、操作方法,作业前和作业中注意检查,不带病运转,不在运转中维修保养,发现问题及时报告,经修复后再使用;

(8)维护生产现场的一切防护设施,不得任意拆改,如脚手架、护身栏、孔洞防护等,若必须改动时,须经有关管理人员批准;

(9)机电设备发生故障,自己不得随意拆动,应报告机电专业维修人员处理;

(10)发生重大伤亡事故和重大未遂事故,应立即向领导报告,保护好现场,如实向事故调查组汇报事故情况。

(二)班组安全生产教育内容

(1)本班组施工概况,工作性质及范围;

(2)新工人个人从事的工作的性质、必要的安全知识、各种施工机具及其安全防护设施的性质和使用知识;

(3)本工种的安全操作规程;

(4)本工程容易发生安全事故的部位及相应的防护措施;

(5)劳动防护用品的正确使用方法;

(6)工程项目中工人的安全生产责任制。

本章小结

本章主要介绍了施工现场安全管理的基本要求、主要内容和主要形式,介绍了安全技术交底,安全检查和验收制度,以及如何做好对施工机械、临时用电、消防设施进行安全检查,对防护用品与劳动保护用品进行符合性审查。

思考练习题

1. 什么叫安全生产管理、危险源、本质安全？
2. 安全哲学的发展阶段如何划分？
3. 建设工程安全生产的特点有哪些？
4. 施工现场安全管理的基本要求和内容有哪些？
5. 安全管理模式的分类有哪些？
6. 如何理解现代安全管理方法？
7. 如何理解事后性安全管理模式？
8. 如何理解现代预期型安全管理模式？
9. “三同时”“三同步”“四不放过”“五同时”“三不伤害”“6S”分别指什么？
10. 安全技术交底编制原则有哪些？
11. 安全技术交底的主要内容是什么？
12. 建筑工程施工企业安全检查的内容有哪些？
13. 安全检查如何分类？
14. 常见安全检查评定项目有哪些？
15. 安全管理的检查评定的保证项目和一般项目分别包括哪些？
16. 文明管理的检查评定的保证项目包和一般项目分别包括哪些？
17. 扣件式脚手架管理的检查评定的保证项目和一般项目分别包括哪些？
18. 碗扣式式脚手架管理的检查评定的保证项目和一般项目分别包括哪些？
19. 悬挑式脚手架管理的检查评定的保证项目和一般项目分别包括哪些？
20. 高处作业吊篮管理的检查评定的保证项目和一般项目分别包括哪些？
21. 基坑工程管理的检查评定的保证项目和一般项目分别包括哪些？
22. 模板支架管理的检查评定的保证项目和一般项目分别包括哪些？
23. 高处作业管理的检查评定的保证项目和一般项目分别包括哪些？
24. 施工用电管理的检查评定的保证项目和一般项目分别包括哪些？
25. 物料提升机管理的检查评定的保证项目和一般项目分别包括哪些？
26. 施工升降机管理的检查评定的保证项目和一般项目分别包括哪些？
27. 塔式起重机管理的检查评定的保证项目和一般项目分别包括哪些？
28. 起重吊装管理的检查评定的保证项目和一般项目分别包括哪些？
29. 检查评分评定等级如何划分？
30. 安全教育培训的基本要求是什么？
31. 建筑施工企业负责人安全教育培训内容和目标是什么？
32. 项目负责人安全教育培训内容和目标是什么？
33. 专职安全生产管理人员安全教育培训内容和目标是什么？
34. 安全教育培训效果如何检查？
35. 施工现场安全教育培训的方法有哪些？
36. 新进工人安全教育的内容有哪些？
37. 班组安全教育的内容有哪些？

第五章　安全施工方案的内容和编制

【学习目标】

通过安全施工方案的学习，熟悉安全施工方案的内容和编制办法；通过安全施工方案的内容和编制办法的学习，能够参与编制常见的安全专项施工方案。

第一节　安全专项施工方案的主要内容

危险性较大的分部分项工程是指建筑工程在施工过程中存在的、可能导致作业人员群死群伤或造成重大不良社会影响的分部分项工程。根据《建筑施工组织设计规范》(GB/T 50502—2009)、《危险性较大的分部分项工程安全管理办法》(建质(2009)87 号文)和有关法律、法规、标准、规范的要求，工程中的危险性较大的分部分项工程应编制专项施工方案。对于超过一定规模的危险性较大的分部分项工程，施工单位应当组织专家对专项方案进行论证。安全专项施工方案的内容如下：

(1)工程概况：危险性较大的分部分项工程概况、施工平面布置、施工要求和技术保证条件。

(2)编制依据：相关法律、法规、规范性文件、标准、规范及图纸(国标图集)、施工组织设计等。

(3)施工计划：包括施工进度计划、材料与设备计划。

(4)施工工艺技术：技术参数、工艺流程、施工方法、检查验收等。

(5)施工安全保证措施：组织保障、技术措施、应急预案、监测监控等。

(6)劳动力计划：专职安全生产管理人员、特种作业人员等。

(7)计算书及相关图纸。

第二节　安全专项施工方案的基本编制办法

安全专项方案的编制、审核、审批和论证要求如下。

一、专项施工方案的编制单位、编制人

(1)建筑工程实行施工总承包的，专项方案应当由施工总承包单位组织编制。其中，起重机械安装拆卸工程、深基坑工程、附着式升降脚手架等专业工程实行分包的，其专项方案可由专业承包单位组织编制。专项施工方案的编制单位和编制人应具有相应资格。实行专业分包的，应由专业分包单位编制，无专业分包的由总包单位编制，但不得由劳务分包单位编制。

(2)设备安装与拆除的专项施工方案应由具备相应资质的设备装拆单位或设备产权单位编制。

(3)临时用电工程的施工方案应由电气专业工程师编制。

(4)安全专项施工方案应由上述单位现场技术负责人编制,企业或项目部上一级的技术负责人审批。特殊、复杂的工程,其施工方案的编制由现场技术负责人会同企业相关技术负责人负责,由企业技术负责人审核批准。

二、专项施工方案的审核

(1)专项方案应当由施工单位技术部门组织本单位施工技术、安全、质量等部门的专业技术人员进行审核。经审核合格的,由施工单位技术负责人签字。实行施工总承包的,专项方案应当由总承包单位技术负责人及相关专业承包单位技术负责人签字。

(2)审核人员中至少2人应具有本专业中级以上技术职称(需专家论证的,审核人员中至少2人应具有本专业高级以上技术职称)。

(3)专项施工方案经施工单位审核合格后报监理单位,由项目总监理工程师审核签字。

(4)根据专项施工方案的重要程度,经公司正式授权(公司形成正式文件),专项施工方案可实行分级管理。即重要的专项施工方案(规模大、技术复杂、施工难度高、工艺与设备较新)的,可由施工项目部会同企业技术部门编制,企业技术负责人审批。对于一般的专项施工方案,规模较大或设有区域公司的,经公司正式授权(公司形成正式文件)可由施工项目部编制,实体分公司或区域公司技术负责人审批。对于上述重要的专项施工方案,应由施工项目部技术负责人会同区域公司技术部门编制,总公司技术负责人审批。

三、专项施工方案的专家论证

(1)超过一定规模的危险性较大的分部分项工程的专项施工方案应当由施工单位组织进行专家论证。

(2)专项方案经论证后需做重大修改的,施工单位应当按照论证报告修改,并重新组织专家进行论证。

(3)专家论证通过的专项方案,施工单位应当根据论证报告修改完善专项方案,并经施工单位技术负责人、项目总监理工程师、建设单位项目负责人签字后,方可组织实施。

(4)进行专家论证、未通过专家论证或正在进行论证的专项方案,不得施工。对于规避专家论证、未通过专家论证即施工的参建单位,按照有关规定予以处理。

第三节　安全专项施工方案编制

一、基坑支护与降水工程安全施工方案

(一)编制说明及依据

简述安全专项施工方案的编制目的,方案编制所依据的相关法律、法规、规范性文件、标准、规范及图纸(国标图集)、施工组织设计等,以及编制依据的版本、编号等。采用电算软件的,应说明方案计算使用的软件名称、版本。(注意标准规范的有效性,及时使用新的标准规范)

（二）工程概况与施工难点分析

简要描述工程地址、周边建筑物、道路、管线等环境情况，基坑平面尺寸、基坑开挖深度，工程地质情况、水文地质情况，气候条件（极端天气状况，最低温度、最高温度、暴雨），施工要求和技术保证条件，施工难点、重点部位、工序的分析。

（三）方案选择与总体施工安排

支护（降水）结构选型依据，支护（降水）系统构造的总体安排；支护工程的使用时间，降水工程的持续时间。

（四）施工部署

（1）管理机构及劳动力组织。简要描述质量、安全管理机构的组成，给出质量、安全管理机构网络图。简单描述劳动力组织。

（2）阐述施工目标、施工准备、施工劳动力投入计划、主要材料设备计划及进场时间、材料工艺的试验计划、施工现场平面布置、施工进度计划和施工总体流程。

（3）分析和说明施工的难点和重点，特别是支护和降水工程对周围建筑的影响，并简要说明采取的保证措施。

（五）主要施工方法及技术措施

（1）描述施工技术参数、工艺流程（设计的基坑开挖工况）、施工顺序、施工测量、土石方工程施工、基坑支护的施工工艺、变形观测、基坑周边的建筑物（地下管网）的监测和保护措施。

（2）方案中应绘制相应的基坑支护平面图、立面图、剖面图及节点大样施工图，降水井点布置图和构造图。应有相应的基坑水平、竖向和相邻建（构）筑物沉降变形的监测技术措施和基坑周边的地下管网的监测和保护措施。

（六）质量保证措施

描述施工质量标准和要求，保证施工质量的技术措施及施工质量标准。

（七）安全保证措施

描述安全生产组织措施、施工安全技术措施。措施应包括：

（1）坑壁支护方法及控制坍塌的安全措施；

（2）基坑周边环境及防护措施；

（3）施工作业人员安全防护措施；

（4）基坑临边防护及坑边载荷安全要求、进行危险源辨识、施工用电安全措施等。

（八）环保文明施工措施

描述现场安全文明施工、环境因素辨识及保护措施。

（九）施工应急处置措施

方案中应有应急救援处置措施，内容应包括：各方主体的职责、针对各种突发情况的应急处理方案、应急物资储备、应急演练、报警救援及联络电话、异常情况报告制度等，针对每项安全事故的应急措施。

（十）冬季、雨季、台风和夏季高温季节的施工措施（如有的话）

（十一）支护结构的设计计算书（降水或截水计算书）

（十二）各种图表

（1）施工材料机械设备表；

(2)施工进度计划表;

(3)质量安全环境因素辨识表;

(4)施工布置平面图;

(5)支护结构的施工图、节点图;

(6)降水或截水施工图(井点布置平面图、井点详图);

(7)基坑安全防护做法图;

(8)基坑内外排水图节点及示意图。

(注:图、表可根据工程实际情况删减)

二、土方开挖工程施工方案

(一)编制说明及依据

简述安全专项施工方案的编制目的,方案编制所依据的相关法律、法规、规范性文件、标准、规范及图纸(国标图集)、施工组织设计等,以及编制依据的版本、编号等。采用电算软件的,应说明方案计算使用的软件名称、版本。(注意标准规范的有效性,及时使用新的标准规范)

(二)工程概况

(1)描述工程地址、施工场地地形,地貌情况,施工环境(运输道路、卸土点位置、邻近建筑物、地下基础、管线、电缆基坑、防空洞、地面上施工范围内的障碍物和堆积物状况,供水、供电)情况。

(2)工程(基坑平面尺寸、基坑开挖深度与坡度、地下水位标高、工程地质、水文地质)情况,测量控制点位置。

(3)气候条件(极端天气状况,最低温度、最高温度、暴雨)。

(4)施工重点与难点分析,主要施工要求和自身技术保证条件等。

(三)施工计划(方案选择)

选择确定土方开挖采取的方式,描述施工进度计划、材料与设备计划(列表描述材料名称、力学性能、计算数据等参数)。劳动力计划(含专职安全生产管理人员、特种作业人员等)。

(四)施工工艺

(1)勘察测量、场地平整,排降水设计、支护结构体系选择和设计情况。

(2)土方开挖设计包括基坑开挖工况、开挖顺序与工艺流程、测量放线,开挖路线、范围,各层底部标高,边坡坡度,排水沟、集水井位置及流向,弃土堆放位置等。特别是对定位放线的控制,内容主要为复核建筑物的定位桩、轴线、方位和几何尺寸。

(3)对土方开挖的控制,内容主要为检查挖土标高、截面尺寸、放坡和排水,基坑(槽)验收。

(五)监测监控

基坑及周围建筑物、构筑物道路管线的监测方案及保护措施,土方开挖变形监测措施。

(六)安全、文明施工环境保证措施

组织保障、技术措施包括:

(1)避免基坑漏水、渗水措施;

(2)边坡放坡坡度及控制避免坍塌的安全措施;

(3)机械化联合作业时的安全措施;

(4)施工作业人员安全防护措施;

(5)临边防护及坑边荷载安全要求等;

(6)环境保护措施(防止扬尘、遗撒)等安全保证措施。

(七)应急处置措施

说明对土方工程施工过程中可能发生的各种紧急情况(包括坍塌、涌水、流砂等)进行处置的方案,报警救援及联络电话,异常情况报告制度等,以及针对每项安全事故的应急措施。

(八)计算书及相关图纸

(1)土方平衡计算;

(2)边坡稳定分析;

(3)开挖平面图;

(4)土方开挖路线图;

(5)土方开挖剖面图;

(6)基坑安全防护做法图;

(7)基坑内外降排水图。

(注:图、表可根据工程实际情况删减)

三、模板工程安全施工方案

(一)普通模板(结构梁、板、柱及高大模板)

1. 编制说明及依据

相关法律、法规、规范性文件、标准、规范及图纸(国标图集)、施工组织设计等,以及编制依据的版本、编号等。采用电算软件的,应说明方案计算使用的软件名称、版本。(注意标准规范的有效性,及时使用新的标准规范)

2. 工程概况、施工重点、难点与施工方案说明

(1)模板工程概况与特点、施工平面及立面。具体明确支模区域、支模标高、高度、支模范围内的梁截面尺寸、跨度、板厚、支撑的地基情况等。梁、板、柱的混凝土等级。

(2)依据上述所采用的模板与支撑体系的材料选择和构造设计的总体安排。

(3)施工进度、质量、安全控制重点与难点分析,据此所提出的施工要求和技术保证条件。

3. 施工部署

(1)模板工程与支撑体系选择的具体描述(材料确定、配模、组模方法、支撑体系构造设计)等。

(2)施工安排:施工进度、材料与设备计划(列表描述材料名称、自重、力学性能、计算数据)等,施工流水段划分、模板支设与拆除顺序及区域划分,模板支设与拆除条件,支设与拆除安全保证措施。说明模板加工区域、周转料具堆放场地及模板堆放场地。

4. 施工工艺技术

(1)模板支撑系统的基础处理。

(2)模板与支撑体系的主要搭设方法、工艺要求、对主要材料的使用与验收要求、构造

设置以及检查、验收要求等。

(3)明确混凝土的施工方法:为保证施工质量与模板支撑体系稳定,明确混凝土浇筑的顺序、混凝土卸料点的布置、堆料高度、振捣要求,布料设备与振捣机械的选择及使用规定等。

(4)模板施工养护、拆除要求,模板的各项验收标准与程序要求。

5. 劳动力与管理人员配备计划

包括专职安全生产管理人员、特种作业人员的配置等,宜用列表的形式。

6. 施工质量安全保证措施

(1)模板及支撑系统的安装质量要求。包括模板的几何尺寸、平整度、连接方式,支撑系统安装的各项质量标准与施工过程控制要求。

(2)模板支撑体系搭设及混凝土浇筑区域管理人员组织机构、施工技术措施、模板安装、使用和拆除等施工过程控制的安全技术措施。

(3)模板与支撑系统在搭设、钢筋安装、混凝土浇捣过程中及混凝土终凝前后模板支撑体系位移的监测监控措施等。

7. 施工应急处置措施

应包括各相关人员的职责、针对此种施工各种突发情况的应急处理方案,包括应急人员、物资、应急方式,报警救援及联络电话,检测中异常情况报告制度与处置方法等。

8. 计算书及相关图纸

(1)验算项目及计算。内容包括模板、模板支撑系统的主要结构强度、截面特征、各项荷载设计值及荷载组合,梁、板模板支撑系统的强度和刚度计算,梁、板下立杆稳定性计算,立杆基础承载力验算,支撑系统支撑层承载力验算,转换层下支撑层承载力验算等。每项计算列出计算简图和截面构造大样图,注明材料尺寸、规格、纵横支撑方法及构造间距。

(2)支模区域立杆、纵横水平杆平面布置图、立面图和必要的剖面图。

(3)水平剪刀撑布置平面图、竖向剪刀撑布置投影图,架体与结构拉结点(连墙点)平面、立面布置图与节点详图。

(4)梁下、板下支撑详图,立杆下垫板、底座做法详图。

(5)施工流水平面布置示意图。

(6)支撑体系监测平面布置示意图。

(二)工具式模板(滑膜、爬摸)施工方案

1. 编制说明及依据

相关法律、法规、规范性文件、标准、规范及图纸(国标图集)、施工组织设计等,以及编制依据的版本、编号等。采用电算软件的,应说明方案计算使用的软件名称、版本。(注意标准规范的有效性,及时使用新的标准规范)

2. 工程概况、施工重点、难点与施工方案说明

(1)模板工程概况与特点、施工平面及立面。具体明确模板施工区域、标高、高度,施工范围内的建筑物、构筑物的建筑设计与结构设计情况,其他有关的梁截面尺寸、跨度、板厚,结构及其他梁、板、柱的混凝土等级。

(2)依据上述所采用的模板体系的施工工况。包括施工平面、立面的结构尺寸、形状,施工环境条件的分析,据此安排施工控制。

(3)施工进度、质量、安全控制重点与难点分析,据此提出施工要求和技术保证条件。

3. 施工部署

(1)模板体系的具体描述(辅助材料确定,配模、组模方法与工艺,滑、爬施工附着支撑体系,滑升系统、工作机构、防护装置、用电系统等的安装、使用与构造要求)。

(2)施工安排:施工进度、材料与设备计划(列表描述材料名称、自重、力学性能、计算数据)等,施工流水段划分、模板支设、滑升爬升与拆除顺序及区域划分,模板支设与拆除条件,支设与拆除安全保证措施。

(3)说明模板体系、周转料具堆放场地及堆放场地。

4. 施工工艺技术

(1)模板附着的方法与特殊情况处理措施。

(2)模板体系的搭设安装流程,主要辅助周转材料的使用与验收要求,爬、滑升模板系统的工序检查、验收标准等。

(3)明确混凝土的施工方法:为保证施工质量与模板体系稳定,明确混凝土浇筑的顺序、混凝土卸料点的布置、堆料高度、振捣要求,布料设备与振捣机械的选择及使用规定等。

(4)模板施工养护、拆除要求,模板的使用验收标准与程序要求。

5. 劳动力与管理人员配备计划

分项作业施工人员,包括专职安全生产管理人员、特种作业人员的配置等,宜用列表的形式。

6. 施工质量安全保证措施

(1)模板及支撑附着系统的安装质量要求。包括附着、工作机构、架体、安全装置与防护设施,模板的几何尺寸、平整度、连接方式,安装的各项质量标准与施工过程控制要求。

(2)模板体系搭设及混凝土浇筑区域管理人员组织机构,混凝土施工技术措施,模板安装、使用和拆除等施工过程控制的安全技术措施。

(3)模板与支撑系统在搭设、钢筋安装、混凝土浇捣过程中及混凝土终凝前后模板支撑体系位移的监测监控措施等。

7. 施工应急处置措施

应包括各相关人员的职责、针对此种施工各种突发情况的应急处理方案,包括应急人员、物资、应急方式,报警救援及联络电话,检测中异常情况报告制度与处置方法等。

8. 计算书、图纸与附录

(1)验算项目。模板系统与结构附着的验算,包括混凝土结构强度、截面特征,各项荷载设计值及荷载组合最不利的情况下的抗倾覆验算。

(2)滑、爬模板施工区域平面布置图、立面图和必要的剖面图。

(3)剪刀撑布置、架体与结构拉结点(连墙点)布置图与节点详图,施工防护布置图。

(4)施工流水平面布置示意图。

附:模板安装使用说明书,模板设计计算书,模板形式检验报告与准用证明,模板定期检测报告。

四、起重吊装及起重设备安装拆卸方案

(一)起重吊装工程施工方案

对于采用非常规起重设备、方法,且单件起吊重量在10 kN及以上的起重吊装工程和采

用起重机械进行安装的工程，其施工方案应包括下述内容。

1. 编制依据

相关法律、法规、规范性文件、标准、规范及图纸（国标图集）、施工组织设计、起重吊装设备的使用说明等。

2. 工程概况

(1)工程名称、结构形式、层高与其他相关的建筑设计情况。

(2)起重吊装部位、主要构件的重量与尺寸、构件形状。

(3)明确进度要求、施工平面布置、施工难点分析和施工技术保证条件。

3. 施工部署

(1)明确吊装的内容，安排吊装步骤和确定吊装设备。

(2)施工进度计划、材料与设备计划。

(3)劳动力计划：专职安全生产管理人员、特种作业人员（司机、信号指挥、司索工）等。

4. 施工工艺

(1)描述运输与吊装设备选型、吊装设备性能与运输架安排、验算构件强度。

(2)运输、堆放和拼装、吊装顺序，构件的绑扎、起吊、就位、临时固定、校正、最后固定。

(3)工序质量控制要点，检查验收标准及方法等。

5. 施工质量与安全保证措施

根据现场情况分析吊装安拆过程应重点注意的质量安全问题，描述组织保障、技术措施、监测监控等安全保证措施。

6. 应急措施

分析安装过程中可能遇到的紧急情况和事故类型，从组织机构、物资设备、应急联络、险情与事故处置等方面应采取的应对措施。

7. 计算书及相关图纸

(1)构件的吊装吊点位置、强度、验算；

(2)吊具的验算、校正和临时固定的稳定验算；

(3)承重结构的强度验算；

(4)起重设备地基承载力验算；

(5)吊装的平面布置图；

(6)构件卸载顺序示意图；

(7)起重设备安装、拆卸施工方案。

（二）塔吊安装、拆卸方案

1. 编制依据

有关塔吊的技术标准和施工安装规范、规程；随机的使用、拆装说明书；随机的整机、部件的装配图、电气原理图及接线图；已有的拆装工艺及过去拆装作业中积累的技术资料等。采用电算软件的，应说明方案计算使用的软件名称、版本。

2. 工程概况

工程名称、地点、结构类型、建筑面积、高度、层数、标准层高。安装位置平面和立面图。

3. 塔吊主要技术参数及进场安装条件

(1)塔吊的基本性能与工作数据。包括塔吊的型号、规格、回转半径、起重力矩、起重量、扭矩、起升高度(安装高度)、附墙道数、整机(主要零部件)重量和尺寸、塔吊基础受力、用电负荷等。

(2)塔吊进场前对塔吊进行验收的要求:对塔吊的结构、工作机构、保护装置、电气系统等进行全面检查的要求。

(3)基础处理设计施工要求和附着装置设置的安排,爬升工况的分析确认及附着点的安排。

4. 安装顺序、工艺要求和质量安全规定

(1)详细描述塔吊安装的程序、方法及安全技术;顶升的程序、方法及安全技术;附着锚固作业的程序、方法及安全技术;内爬升的程序、方法及安全技术;塔吊拆除的程序、方法及安全技术。

(2)主要安装部件的重量和吊点位置的分析确定,安装、顶升、附着、拆除等各个作业工序的质量控制要点、质量标准及保证措施。

(3)对施工电源的要求,安装气候、场地等环境条件的要求等。

5. 塔吊工作机构和安全装置调试的内容、方法、质量标准等

6. 安装、顶升、附着锚固、拆除危险源分析与施工应急处置措施

7. 基础承载及有关节点的受力计算(此条适用于地基承载力不满足要求,需进行塔吊基础处理的情况)

(1)描述塔吊基础的选型与结构设计要求。

(2)根据塔吊地基(如灰土地基、原状土或地下室底板)及其承载力,进行塔吊基础承载能力计算,确定塔吊基础几何尺寸、钢筋配置、混凝土强度等级等。

(3)描述辅助机械设备支承点承载能力(如汽车式起重机在地下室顶板上支承点承载能力验算,以确定地下室顶板是否采取加固措施)。

8. 附图表

(1)吊索具和专用工具配备清单;

(2)塔机各主要部件尺寸和重量表;

(3)塔吊安装场地总平面布置图(包括离建筑物、高压线的距离);

(4)群塔工作时的各塔吊间相互关系平面图;

(5)塔吊基础定位详图,基础施工图(图上须有塔吊基础配筋、混凝土强度等级、基础尺寸);

(6)立面布置图、附墙杆标高及位置图;

(7)附墙件结点详图、塔吊与结构间的上人通道详图;

(8)塔吊拆卸场地布置图。

(三)施工升降机的安装拆除方案

1. 工程概况

(1)简单描述工程名称、地点、结构类型、建筑面积、建筑高度、层数、标准层高、计划工期等。

(2)描述设备选择有关的参数,确定设备安装位置、数量。

(3)明确设备的使用时间,分析现场安装、使用、拆除的环境条件。

2. 基础施工要求

详细描述基础的位置、尺寸、对地基的要求、防排水措施等。如将地下室顶板作为地基,需进行承载力计算或楼板加固。

3. 施工升降机的装拆工艺

(1)描述装拆组织机构、机具设备、装拆顺序、顶升和附着的程序等,特别是拆卸前应对升降机的金属结构、工作机构、安全装置、电气系统等进行全面检查的要求。

(2)附着及做法。描述附着道数、附墙架的间距和导轨架最大自由端的高度;每次附着道数、标准节节数,升降机最终安装高度,建筑物最高点标高等。

4. 装拆质量标准与安全措施

(1)描述装拆工艺要求,质量安全控制要点。

(2)劳动防护用品和安全装置的使用要求,禁止作业的情况,现场警戒的安排,容易出现误操作和避免方法等。

(3)验收和试运转的规定。根据设备安装、使用、拆卸说明书和有关技术标准,安装后进行质量验收和试运转试验的要求。

5. 应急处置措施

安装与顶升、使用、拆除过程中可能遇到的紧急情况、事故类型,从人员组织、物资设备、应急联络、现场处置等方面应采取的应对措施。

6. 附图

(1)施工升降机总平面布置图;

(2)施工升降机基础定位图、基础施工图(须含基础配筋、混凝土强度等级、基础尺寸);

(3)施工升降机立面图、附墙件标高;

(4)附墙件节点详图;

(5)接料平台与防护装置平、立、剖面图。

(四)物料提升机安装(拆除)施工方案

1. 工程概况

叙述工程概况,特别是与设备选择有关的参数要叙述清楚。描述设备名称、性能参数、安装位置、使用高度、使用时间等。分析现场安装、使用、拆除的环境条件。

2. 基础选型与做法

描述基础的型式、尺寸、地基承载力要求、接地装置的埋设、基础埋件做法、设备安装前的基础强度要求等。

3. 准备工作与管理安排

(1)描述作业场地、人员、工具及材料的准备要求。

(2)安装管理组织机构。对安装施工的现场负责人、安装作业指导书(安全技术交底)、作业班组人员、安全员的配置要求,明确负责人和各工种、岗位的相应职责。

4. 安装(拆除)

详细描述安装(拆除)顺序、附墙件的安装(拆除)操作步骤和质量标准。

5. 安装(拆除)质量安全措施

描述安装(拆除)的组织、技术、经济等施工质量与安全措施及施工过程中的注意事项。

6. 应急处置措施

描述安装过程中可能遇到的紧急情况和应采取的应对措施，包括人员、物资、通信等应急准备和相应的处置程序、方法、要点与恢复条件等。

7. 附图

(1)物料提升机总平面布置图(包括离建筑物、高压线的距离)；

(2)物料提升机基础定位详图、基础施工图(如需要的话，须含基础配筋、混凝土强度等级、基础尺寸)；

(3)物料提升机立面布置图、附墙杆标高及位置图；

(4)物料提升机附墙件结点详图；

(5)物料提升机接料平台与安全防护设施的平、立、剖面图。

五、脚手架工程安全施工方案

(一)落地式或悬挑式钢管扣件式脚手架施工方案

1. 编制依据

相关法律、法规、规范性文件、标准、规范及图纸(国标图集)、施工组织设计等，以及编制依据的版本、编号等。采用电算软件的，应说明方案计算使用的软件名称、版本。

2. 工程概况

(1)描述建筑物的建筑设计与结构设计情况，包括：平面尺寸、层数、层高、总高度、建筑面积、结构形式、地质情况。

(2)脚手架的使用时间与工作内容。施工难点分析，方案比选与架体选型确定。

3. 脚手架设计

(1)架体材料要求。描述脚手架钢管、扣件、脚手板及连墙件材料。

(2)架体构造设计。确定脚手架基本结构尺寸、搭设高度(悬挑架为分段搭设，落地架为一次搭设)及基础处理方案(悬挑架为悬挑梁的设置)；确定脚手架步距，立杆纵、横距，杆件相对位置；确定剪刀撑的搭设位置及要求；确定连墙件连接方式、布置间距。

(3)确定上、下施工作业面通道设置方式及位置，挡脚板的设置，安全杆、安全网的设置。

(4)对于悬挑脚手架，应明确悬挑梁(工字钢或槽钢)的规格型号、悬挑和锚固长度、锚固点位置、锚固环详细做法和安装要求，阳台、阴阳角部或核心筒等特殊部位的架体设计及节点的详细做法。卸载钢丝绳规格(需要的话)。明确拉结点位置与钢丝绳连接做法。

4. 施工工艺

(1)描述脚手架基础的施工要求与质量控制标准(悬挑架为悬挑梁设置)。

(2)架体搭设与拆除工艺流程、施工方法、质量控制要点和检查验收(质量标准)要求等，特别是对脚手架杆配件的质量和允许缺陷的规定，脚手架的结构要求及对控制误差的规定。

(3)构造设施。连墙点和剪刀撑的设置方式、布点间距，对支承物的加固要求(需要时)以及某些部位不能设置时的弥补措施；在工程体形和施工要求变化部位的特殊加强构架措施。

(4)作业面与防护设施。作业层铺板和防护的设置要求；对脚手架中荷载大、跨度大、高空间部位的加固措施。

5. 脚手架施工质量标准及验收内容、方法、程序的规定

脚手架搭设、使用、拆除的质量控制要点、控制标准和技术要求、允许偏差与检查验收内容与方法。

6. 脚手架搭设、使用、拆除的安全措施

(1)制定有针对性的搭设、使用、拆除的安全措施,脚手架安全控制要点,包括日常定期检查的内容与标准、特殊情况和停工复工后的检查要求等。

(2)对实际使用荷载(包括架上人员、材料机具以及多层同时作业)的限制;对施工过程中需要临时拆除杆部件和拉结件的限制以及在恢复前的安全弥补措施。

(3)安全网、防护杆及其他防(围)护措施的设置要求。

7. 应急处置措施

根据脚手架搭设、使用、拆除等各阶段危险因素制订有针对性的应急处置方案,包括危险源分析、应急物资设备、人员联络、处置方法、监测监控要求等。

8. 计算书

(1)明确脚手架设计计算依据;确定脚手架设计荷载组合与计算内容,包括纵向、横向水平杆等受弯构件的强度及连接扣件的抗滑承载力计算;立杆稳定性及立杆段轴向力计算;基础承载力计算;连墙件的强度、稳定性和连接强度计算。

(2)脚手架底部如安放在结构上,要论证下部结构的承载能力,否则应采取的加固措施。

(3)悬挑脚手架的相关计算:除要进行上述一般架体的计算内容外,要进行悬挑梁的强度、抗弯、抗剪和锚固环的强度与抗拔验算等。

(4)架体均应进行风荷载的验算。局部特殊部位按照规范规定,如大阳台、阴阳角、较大跨度处亦应进行相应内容的验算。

9. 图表

(1)材料明细表、进度计划表、人员配置表;

(2)脚手架平面、立面图;

(3)剪刀撑布置图;

(4)连墙件布置图与详图;

(5)悬挑脚手架悬挑梁布置平面图、剖面图,悬挑或锚固节点大样图;

(6)安全通道、上人坡道、卸料平台位置图及详图;

(7)塔吊、施工电梯、物料提升机处架体搭设节点详图。

(二)附着式(整体和分片)提升脚手架施工方案

附着式提升脚手架按提升方式分整体提升和分片提升,按工作性能分为电动提升、液压顶升和手动提升,它们有一个共同的特点,即架体的导座与建筑结构进行刚性附着,架体滑轨与导座连接提供架体升降的轨道,使架体在稳定的状态下工作,它兼有施工工作面和施工防护的作用,是一种整体稳定性、施工操作性、安全性均佳的施工设施。

1. 编制依据

相关标准、规范及图纸(国标图集)、施工组织设计、安装使用说明书、检验检测报告、产品形式鉴定报告等。

2. 工程概况

描述建筑物的平面尺寸、层数、层高、总高度、建筑面积、结构形式、工期，脚手架的使用时间、工作内容、安装工况等。

3. 施工总体安排

(1)根据施工对象安排架体榀数、布置方式，据此安排所需的劳力、设备工具和施工时间。

(2)针对具体施工对象，描述架体高度、宽度，直线布置的架体支承跨度，折线或曲线布置的架体支承跨度，架体的悬挑长度，升降和使用工况下，架体悬臂高度、架体全高与支承跨度的乘积等参数。

4. 安装与提升规定

附着升降脚手架的安装要求。附着升降脚手架组装完毕，进行检查验收的要求，附着升降脚手架的升降操作的规定。附着升降脚手架升降到位，架体固定后，应进行检查验收的项目。

5. 使用要求

(1)附着升降脚手架使用时的性能指标，架体上的施工荷载的规定。

(2)附着升降脚手架在使用过程中严禁进行的作业内容。

(3)附着升降脚手架在使用过程中的检查要求。说明附着升降脚手架停用与恢复使用中的加固和检查要求。使用过程中对螺栓连接件、升降动力设备、防倾装置、防坠落装置、电控设备等的维修保养要求。

6. 拆除

说明附着升降脚手架的拆卸程序、安全控制要点以及拆除时的防止人员与物料坠落的措施。

7. 特殊部位的处理措施

(1)说明与附着支承结构的连接处，架体上升降机构的设置处，架体上防倾、防坠装置的设置处，架体吊拉点设置处，架体平面的转角处，架体因碰到塔吊、施工电梯、物料平台等设施而需要断开或开洞处，其他有加强要求的部位的处理措施。

(2)说明物料平台、防倾防坠装置、安全维护装置的设置、检查和验收的要求。

8. 说明对架体进行分阶段和整体验收的内容、方法、程序

9. 附图

(1)脚手架平面布置图(标明提升机位、塔吊、电梯、物料提升机位)；

(2)架体总装配剖面图、架体装配图；

(3)升降机构、防坠机构详图；

(4)预埋件(安装预留孔)详图、洞口处架体详图(阳台、窗台等)；

(5)卸料平台位置及架体处理做法图。

(三)吊篮脚手架工程

1. 工程概况

建筑物的平面尺寸、层数、层高、总高度、建筑面积、结构形式、工期，脚手架的使用时间、工作内容。

2. 吊篮的进场验收内容与标准

吊篮进场前检查吊篮的安全情况，如安全锁标定记录、安全保护装置是否有效、电气系统是否正常、钢丝绳是否老化等。

3. 施工部署

（1）根据施工对象的安装工况安排吊篮数量（最大、最小伸出量，配重计划）和安装位置。

（2）施工进度计划、材料与设备计划，劳动力计划：专职安全生产管理人员、特种作业人员等。

4. 施工工艺

（1）说明结构安全系数、提升机构、安全保护装置、钢丝绳直径、悬挂机构、配重、电气系统、建筑物（构筑物）的支承等技术参数。明确配重采用的形式、数量及固定的要求等。

（2）描述包括配重、悬挂机构、穿绕钢丝绳等工艺流程、施工方法、检查验收内容要求等。

5. 安装、使用、拆除质量安全保证措施

按照安装工艺确定各个过程的质量安全控制要点、方法和程序，监测监控及使用过程中的注意事项等。

6. 计算书及相关图纸

（1）吊篮使用说明书；

（2）吊篮产品结构验算书、产品鉴定报告或形式鉴定报告、出厂合格证、设备定期验收报告；

（3）架体装配图、架体节点构造与安装节点详图；

（4）吊篮布置平面图；

（5）特殊部位吊篮安装图。

（四）碗扣式（承插式）脚手架施工方案

碗扣式（承插式）脚手架多用于工业与民用建筑、桥梁及其他构筑物的高净空，大面积、大体积混凝土结构的水平支撑系统和外围施工作业平台，它稳定性好、经济适用、施工方便，从而得到广泛采用。

1. 编制依据

相关法规、标准、规范及图纸（国标图集）、施工组织设计、安装使用说明等，以及编制依据的版本、编号等。采用电算软件的，应说明方案计算使用的软件名称、版本。

2. 工程概况

（1）描述建筑物的建筑设计与结构设计情况，包括：平面尺寸、层数、层高、总高度、建筑面积、结构形式、地质情况。

（2）脚手架的使用时间与工作内容，施工难点分析，方案比选与架体选型确定。

3. 架体设计

（1）根据施工对象的荷载组合、平面立面特征和其他施工要求，说明架体构造设计（模数选择）。确定脚手架基本结构尺寸、搭设高度及基础处理方案。

（2）确定脚手架步距，立杆纵、横距，杆件相对位置；确定剪刀撑的搭设位置及要求；确定连墙件连接方式、布置间距。

(3)确定上、下施工作业面通道设置方式及位置,挡脚板的设置,安全杆、安全网的设置。

(4)特殊部位的安装要求,如阳台、阴阳角部、挑檐或核心筒等特殊部位的架体设计及节点的详细做法。

(5)架体基础的要求与处理方法,检验标准与方法。

4. 施工工艺

(1)描述脚手架搭设与拆除工艺流程、施工方法、检查验收(质量标准)等。特别是对脚手架杆配件的质量和允许缺陷的规定;脚手架的结构要求及对控制误差的规定。

(2)连墙点和剪刀撑(需要的话)的设置方式、布点间距,某些部位不能设置时的弥补措施;在工程体形和施工要求变化部位的构架措施。

(3)作业层铺板和防护的设置要求;对脚手架中荷载大、跨度大、高空间部位的加固措施;

(4)脚手架地基或其他支承物的技术要求和处理措施。

(5)混凝土施工工艺、施工顺序、质量安全控制要点及程序。

5. 脚手架质量标准及验收内容、方法、程序的规定

脚手架搭设、使用、拆除的质量控制要点、控制标准和技术要求、允许偏差与检查验收内容与方法。

6. 脚手架安全措施与使用管理

(1)制定有针对性的搭设、使用、拆除的安全措施。包括日常定期检查的内容与标准、特殊情况和停工复工后的检查要求等。

(2)对实际使用荷载(包括架上人员、材料机具以及多层同时作业)的限制;对施工过程中需要临时拆除杆部件和拉结件的限制以及在恢复前的安全弥补措施。

(3)安全防(围)护措施的设置要求。

7. 应急处置措施

根据脚手架搭设、使用、拆除等各阶段危险因素制订有针对性的应急处置方案,包括危险源分析、应急物资设备、人员联络、处置方法、监测监控要求等。

8. 计算书

(1)说明脚手架设计计算依据;确定脚手架设计荷载组合与计算内容,包括立杆稳定性及立杆段轴向力计算,立杆基础承载力计算,连墙件的强度、稳定性和连接强度计算。

(2)脚手架底部如安放在结构上,要论证下部结构的承载能力,否则应采取加固措施。按照规范规定,如有必要,应对架体进行风荷载的验算。局部特殊部位(大阳台、阴阳角、较大跨度处、荷载变化处)亦应进行相应内容的验算。

9. 图表

(1)材料明细表、进度计划表、人员配置表;

(2)脚手架平面、立面图;

(3)剪刀撑、连墙件布置图与详图;

(4)安全通道、上人坡道、卸料平台位置图及详图。

(五)门式脚手架施工方案

门式脚手架构、配件轻便灵活,装拆方便,施工机动性强,用于多层建筑的内、外作业和

建筑物、构筑物的内、外装饰装修施工并兼作施工防护架体，是一种用途较为广泛的工具式施工架体。

1. 编制依据

相关法规、标准规范及图纸(国标图集)、施工组织设计、安装使用说明等，以及编制依据的版本、编号等。

2. 工程概况

(1)描述建筑物的建筑设计与结构设计情况，包括平面尺寸、层数、层高、总高度、建筑面积、结构形式。

(2)脚手架的使用时间与工作内容，施工难点分析，方案比选与架体选型确定。

3. 架体设计

(1)根据施工对象的荷载组合、平面立面特征和其他施工要求，说明架体构造设计(模数选择)。确定脚手架基本结构尺寸、搭设高度及基础处理方案；确定脚手架步距，立杆纵、横距，杆件相对位置。

(2)特殊部位的安装要求，如阳台、挑檐、荷载变化处等特殊部位的架体模数设计及节点的详细做法。

(3)架体基础的要求与处理方法，检验标准与方法。

(4)架体防护设施的搭设与使用要求。

4. 施工工艺

(1)描述脚手架搭设与拆除工艺流程、施工方法、检查验收(质量标准)等。特别是对脚手架杆配件的质量和允许缺陷的规定。

(2)连墙点和剪刀撑的设置方式、布点间距，对支承物的加固要求(需要时)以及某些部位不能设置时的弥补措施；在工程体形和施工要求变化部位的构架措施。

(3)作业层铺板和防护的设置要求；对脚手架中荷载大、跨度大、高空间部位的加固措施(如有的话)。

(4)脚手架地基或其他支承物的技术要求和处理措施。

5. 施工质量标准及验收内容、方法、程序的规定

脚手架搭设、使用、拆除的质量控制要点、控制标准和技术要求、检查验收内容与方法。

6. 安全措施与使用管理

(1)制定有针对性的搭设、使用、拆除安全措施。包括日常定期检查的内容与标准、特殊情况和停工复工后的检查要求等。

(2)对实际使用荷载(包括架上人员、材料机具以及多层同时作业)的限制；对施工过程中需要临时拆除杆部件和拉结件的限制以及在恢复前的安全弥补措施。

(3)安全防(围)护措施的设置要求。

7. 应急处置措施

根据架体搭设、使用、拆除等各阶段危险因素制订有针对性的应急处置方案，包括危险源分析，应急物资设备、人员联络、处置方法、监测监控要求等。

8. 计算书

(1)脚手架设计荷载组合与计算内容，包括纵向、横向水平杆等受弯构件的强度及连接扣件的抗滑承载力计算，立杆稳定性计算，架体基础承载力计算，连墙件的强度、稳定性和连

接强度计算。

(2)脚手架底部如安放在结构上,要论证下部结构的承载能力,否则应采取的加固措施。

(3)按照规范规定,如有必要,应对架体进行风荷载的验算。局部特殊部位(大阳台、阴阳角、较大跨度处、荷载变化处)亦应进行相应内容的验算。

9. 图表

(1)材料明细表、进度计划表、人员配置表;

(2)脚手架平面、立面图;

(3)剪刀撑、连墙件布置图与详图;

(4)安全通道、上人坡道位置图。

(六)自制卸料平台、移动操作平台安装拆除方案

1. 工程概况

描述建筑物的建筑设计与结构设计的有关情况;卸料平台、移动操作平台的使用位置、结构形式、使用时间;卸料平台上主要放置材料的种类,平台安装、拆除使用机械选型。

2. 施工计划

根据使用荷载、安装部位及用途,安排所用材料,包括材料与设备计划,主要指制作、安装主材与辅助材料选型规格,如主、次梁的规格、受力板和钢丝绳与结构连接的方式。使用劳动力计划。

3. 施工工艺

自制卸料平台、移动操作平台的制作、搭设、拆除工艺与质量要求,制作、安装、移动拆除程序,使用的容许荷载值,使用中移动的操作步骤与要点,施工过程中的定期检查验收内容和程序等。

4. 质量安全保证措施

(1)制作、搭设、使用和拆除的质量安全控制要点、方法和程序,重点是制作、安装、移动拆除和承重节点详细构造要求。

(2)施工安全保障措施及有关的防护注意事项。

5. 应急处置措施

施工可能发生的险情与事故类型,应急人员、物资、联络安排,应急启动、处置与恢复的方法及程序。

6. 计算书及相关图纸

(1)自制卸料平台、移动操作平台的设计计算书;

(2)自制卸料平台、移动操作平台的平面布置图、立面图;

(3)自制卸料平台、移动操作平台的安装节点构造详图或剖面图(挑梁锚固点大样、斜拉钢丝绳锚固点大样)。

六、拆除、爆破工程施工方案

(一)人工拆除、机械拆除施工方案

1. 编制依据

相关法律、法规、规范性文件、标准、规范及图纸(国标图集)及编制依据的版本、编号等。

2. 工程概况

工程的结构形式、高度、拆除的面积、施工平面布置和技术保证条件。

3. 施工部署

(1)施工进度计划、材料与设备计划。

(2)劳动力计划:施工人员、专职安全生产管理人员、特种作业人员等。

(3)拆除前的准备工作(如管线、障碍物迁移、封闭施工等)。拆除的顺序、拆除物的堆放场地和外运情况,拆除过程中使用的机械设备情况。

4. 施工工艺

规定拆除的施工顺序,规定分层拆除时人员设备的位置,对上下交叉作业的禁止,对栏杆、楼梯、楼板等构件的拆除顺序要求。对有毒有害、可燃气体管道、容器拆除前的无害处理等。机械设备使用时的地基稳固和承载力要求。对作业人员使用机具(风镐、液压锯、各种钻)时的使用要求。

5. 施工安全、环保及文明保证措施

拆除工程的封闭施工、警戒管理的组织保障和安全、环保及文明技术措施。

6. 应急预案与监控措施

拆除过程中过程控制要点、方法、程序,发生施工险情与事故的人员、物资、警戒、联络的具体安排,发现危险性无法判别、文物价值不明的物体时的应急措施。发生人身伤害时的紧急处理方法及程序。

7. 附图

(1)拆除工程的图纸和相关资料(地上、地下管线,周围建筑物和构筑物);

(2)拆除顺序示意图;

(3)施工平面布置图、施工人员、设备位置图;

(4)人员配备表、材料设备工器具配备表、施工进度计划表。

(二)爆破拆除施工方案

1. 编制依据

相关法律、法规、规范性文件、标准、规范及图纸(国标图集)、施工组织设计等,以及编制依据的版本、编号等。采用电算软件的,应说明方案计算使用的软件名称、版本。

2. 工程概况

工程的结构形式、高度、拆除的面积、施工平面布置、周围环境情况、拆除对象类别、爆破规模等施工要求和技术保证条件。

3. 施工计划

(1)包括施工进度计划、材料与设备计划。

(2)劳动力计划:施工人员,专职安全生产管理人员、特种作业人员等。

(3)拆除前的准备工作(如管线迁移、地上地下障碍物,申领《爆破物品使用许可证》、《爆破物品运输证》等的具体安排)。

4. 施工工艺

(1)爆破设计的药孔位置、装药量、药孔总数、导线连接方式和技术保证条件设计与技术参数;

(2)预拆除、爆破部位的遮盖和围挡工艺流程,疏散周围人群和交通管制的时间范围、具体做法等。

5. 施工安全文明环保等保证措施

从组织管理、技术保障和安全文明等方面作出有针对性的安排。

6. 应急预案与监控措施

拆除过程中发生险情和事故的可能性分析,从人员、物资、联络、处置方式,发现危险性无法判别、文物价值不明的物体时的应急措施,发生人身伤害时的紧急处理方法及程序,爆破不成功时的补救措施等。

7. 附图

(1)拆除工程的图纸和相关资料(地上、地下管线,周围建筑物和构筑物);

(2)施工平面布置图,人员、设备、材料站位图;

(3)药孔布置、导线(导火索)布置图;

(4)消防器材、其他应急物资、器材布置图;

(5)起爆顺序图;

(6)施工封闭、安全警戒范围平面图。

七、安装工程施工方案

安装工程的内容很多,如混凝土、钢结构安装,暖通、空调、消防、电梯等安装,还有各种设备的安装,一般来讲,它们都要制订安装工程施工的方案。这里只对规定的某些施工内容的安装工程施工方案作一介绍。

(一)建筑幕墙安装工程施工方案

1. 编制依据

相关法规、规范性文件、标准、规范及图纸(国标图集)、施工组织设计与专项施工方案、产品使用说明等,编制依据的版本、编号等。

2. 工程概况

工程建筑与设计概况、幕墙部分的工程概况,施工平面立面特点、形状,高度、宽度,施工工况,施工环境和技术保证条件。

3. 施工计划

(1)施工进度安排。根据幕墙安装采用的设备和脚手架等情况,主要是结合总包的要求配合进行自身工序、人员、设备材料的安排。

(2)材料与设备计划。主材、附材、设备、工器具的需求数量与保证计划。

(3)劳动力计划:施工人员、专职安全生产管理人员、特种作业人员等。

4. 施工工艺

(1)描述搬运起重方法、测量方法、安装方法、顺序、检查验收内容程序等。

(2)单元式玻璃幕墙的安装施工方案包括以下内容:吊具的类型和移动方法,单元组件起吊地点,垂直运输与楼层水平运输方法和机具选用;收口单元位置,收口闭合工艺及操作方法;单元组件吊装顺序,吊装、调整、定位固定方法措施。

(3)在施工工艺的安排上,幕墙施工方案应与主体工程施工组织设计相衔接,单元幕墙收口部位应与总施工平面图中施工机具的布置协调,如果采用吊车直接吊装单元组件,应使吊车臂覆盖全部安装位置。

(4)点支承玻璃幕墙的安装施工方案包括以下内容:支承钢结构的运输、现场拼装和吊装规定;拉杆、拉索体系预拉力施加要求和标准,测量、调整方案以及索杆的定位、固定方法;玻璃的运输、就位、调整和固定方法;胶缝的充填及分部(工序)质量保证措施。

5. 与主体结构施工、设备安装、装饰装修的协调配合方案

描述在幕墙施工期间与主体结构施工、设备安装、装饰装修的协调配合,交叉作业的配合等内容。

6. 质量安全控制要点与现场应急处置措施

(1)安全施工的控制要点、程序,安全防护设施的搭设、使用要求,各工序安全操作注意事项。

(2)结合整个施工过程,规定质量控制要点、方法步骤和定期检测的内容与质量标准。

(3)安装过程中可能遇到的紧急情况和应采取的应对措施,包括人员组织、物资器具、通信联络、即时处置等方面的规定。此规定应与施工总包的现场应急预案相协调。

7. 计算书及相关图纸

(1)施工平面布置图;

(2)施工立面或剖面节点详图;

(3)外脚手架设计计算书或吊篮结构验算书(使用外脚手架或外用吊篮需有专项方案);

(4)特殊部位架体、吊篮安装图;

(5)施工防护布置图与详图(有此必要的话)。

(二)钢结构、网架和索膜结构安装工程施工方案

1. 编制依据

相关法律、法规、规范性文件、标准、规范及图纸(国标图集)、施工组织设计等,以及编制依据的版本、编号等。采用电算软件的,应说明方案计算使用的软件名称、版本。

2. 工程概况

(1)主体工程概况。详细描述钢结构、网架和索膜结构工程的概况,如梁板柱墙高度、构件的截面尺寸、材料材质、工程规模、安装特点等。

(2)描述钢结构、网架和索膜结构工程的施工特点与安装工况,施工作业的难点和质量安全控制的重点。

3. 钢结构、网架和索膜结构制作

简单描述钢结构、网架和索膜结构的制作工艺、质量标准。如现场制作,则需详细描述材料品种规格、制作工序、质量标准,对其他辅助材料、设备的要求等。

4. 人员组织、劳动力及施工机具设备安排

组织管理体系图、劳动力配备、特种作业人员配备表和机械工具配备表。

5. 安装方案

详细描述施工场地、技术标准、各种资源准备,测量定位、现场预拼装、吊装工艺方法,质量技术保证要求等。

6. 质量安全控制措施

各工序质量安全控制要点、方法、程序和具体标准,特别是对于预拼装、吊装和结构卸载

的质量控制及施工安全防护措施、现场防火措施作出明确的、有针对性的要求。

7.计算书及相关图纸

(1)起重机的型号选择验算;

(2)构件的吊装吊点位置、强度、裂缝宽度验算;

(3)吊具的验算、校正和临时固定的稳定验算;

(4)承重结构的强度验算;

(5)地基承载力验算;

(6)吊装平面布置图,机具站位图、开行路线图;

(7)胎架设计计算与胎架施工图;

(8)构件卸载顺序图。

注:以上计算书与图纸的具体内容可根据施工的具体情况取舍。

八、人工挖扩孔桩工程施工方案

(一)工程概况

描述桩基工程的数量、承重方式、断面形状、桩下持力层以及所处地理位置的相应地质资料(土质、埋深、地下水位高低,有无淤泥、流砂等特殊土层)等。施工现场周围环境情况,如:所处地段状况、桩孔离周边建(构)筑物的距离、挖桩施工时降低地下水位是否会对建(构)筑物产生不利影响、建议采取什么保障措施等。按合同要求施工中需要采取的措施,如:工期要求、施工程序要求、与其他分部分项工程的交叉作业状况等。

(二)施工准备

描述场地平整,熟悉桩基础工程设计图纸,准备挖孔施工机具、气体检测仪、模板、通风机、水泵、照明及动力电器以及土建钢筋混凝土工程的施工机具等。

(三)施工组织与准备

描述开工前的现场准备、资源准备、技术准备,现场组织管理机构和质量、安全、特种作业人员安排与工作制作要求等。

(四)施工工艺

描述挖孔桩的施工工艺,包括作业流程、人员、材料、设备要求、操作工艺、质量标准及验收等。

(五)安全防护和保护环境措施

针对项目特点、现场环境、施工方法、劳动组织、作业使用的机械设备、变配电设施、架设工具以及各项安全防护设施等制定确保安全施工、保护环境、防止工伤事故和职业病危害的针对性措施,重点是从技术上采取的预防措施。

(六)应急处置措施

针对施工可能发生的险情和事故类型,从人员组织、应急联络、物质准备、应急方式与处置措施等方面作出具体安排。

(七)附图

(1)施工现场平面图;

(2)桩孔口的防护做法图;

(3)提升设备安装图;

(4)护壁做法施工图或详图;

(5)照明用电平面图,通风机安装图。

九、预应力工程施工方案

(一)编制依据

相关标准、规范及图纸(国标图集)、施工组织设计,编制依据的版本、编号等。采用电算软件的,应说明方案计算使用的软件名称、版本。

(二)工程概况

(1)说明工程名称,建筑、结构等概况及设计要求,施工条件和周围环境情况,项目难点和特点等。

(2)说明预应力的应用部位、工程量,先张后张、有无黏结等情况,必要时应配图表达。

(三)施工部署

主要内容包括:根据施工工况和工程环境条件及分项工程控制要求(质量、进度、安全与施工成本)确定项目管理人员、专业施工队伍、施工机械设备、施工顺序、施工段划分等。

(四)施工方法

(1)说明预应力筋的布置、锚固区和特殊部位构造、减少约束影响的措施。

(2)根据工艺流程顺序,提出预应力筋台座准备、孔道安装、张拉、放张、灌浆、锚固等各环节的施工要点和注意事项。

(3)对易发生质量通病的工艺,新技术、新工艺、新材料等应作重点说明。对具有安全隐患的工序,应进行详细计算并绘制详细的施工图加以说明。

(五)劳动力组织与资源安排

(1)根据施工工艺要求,提出不同工种的需求计划,材料、设备等供应计划。

(2)根据设计和施工工艺要求,提出各种原材料、成品、半成品以及施工机具需用计划。

(六)质量安全保证措施

(1)描述各工序质量控制的主控项目与一般项目的标准、方法、程序,如抽检部位、时点、数量、检验方法和合格标准。

(2)针对项目特点、施工现场环境、预应力施工方法、劳动组织形式、作业使用的机械设备、架设工具以及各项安全防护设施等制定确保安全施工、保护环境、防止工伤事故和职业病危害的措施。

(3)质量安全保证应从管理和技术上采取有针对性的预防措施。

(七)应急处置措施

根据施工环境条件和施工工况,找出质量安全控制要点,据此分析施工中可能发生的险情和事故类型,从组织机构、物资准备、应急方式、检测监督等方面作出有针对性的应急安排。

(八)计算书与图表

(1)预应力结构的设计计算书;

(2)先张法台座平面图与施工图(包括防护装置);

(3)先张法设备布置图(张拉、灌浆);

(4)后张法脚手架(或操作平台)施工图;

(5)后张法张拉设备布置图与防护墙(板)设置图。

十、临时用电工程方案

临时用电施工方案应根据现场实际情况和用电设备变化情况,根据基础施工阶段、主体施工阶段和装饰施工阶段设备用电情况编制临时施工用电施工组织设计(简称临电方案)。临时用电方案按有关行业标准、规范的要求,结合现场实际情况编制。采用电算软件的,应说明方案计算使用的软件名称、版本。

(一)现场概况

(1)说明工程地理位置和周围环境情况;电源情况及到现场的供电方式。

(2)工地的平面布置情况及用电设备的性质等基本情况,列出用电设备清单(包括设备名称、型号、容量大小、数量等)。

(3)当地当时的气象和土壤情况(特别是雷暴日数、电阻率等)。

(二)进行配电平面设计

(1)确定电源进线、配电装置、用电设备位置及线路走向。

(2)确定合理的电源进线方案及电源引入点位置;确定现场供电方式,配电箱的分路、各开关箱的大致位置。

(3)确定线路敷设方式、用电保护形式,进行防雷设计(有必要的话)。

(三)进行负荷计算

根据所列的动力、照明灯用电设备清单,进行负荷计算,求出各部分和总的计算负荷。

(四)选择变压器或配电装置

确定变压器或总配电箱、分配电箱、开关箱的型号、规格、容量、台数,拟定变配电需用的一次线路配置及走向,绘制整个工地的供电平面图和系统图。

(五)设计配电与保护系统

(1)根据负荷计算结果和现场勘测、用电设备等实际情况,设计配电线路,选择导线或电缆。

(2)设计配电装置,选择开关、漏电保护器等电器。

(3)设计重复接地装置与防雷装置。

(4)绘出临时用电工程图纸,主要包括用电工程总平面图、配电装置布置图、配电系统接线图、接地装置设计图。

(5)电气平面图以施工平面图为基础,用国家规定的图形符号和文字符号,建筑工地现场电源引入线和变配电所的位置,各配电箱和开关箱的位置,各种接地体位置,低压配电线路的具体走向和电杆的位置等。

(6)绘制配电室的电气立面图,绘制各种配电箱柜、开关箱、用电设备的接线系统图。

(7)绘制接地螺栓、接地线、接地体构成的接地装置图,图中注明尺寸和材料规格。

(8)针对施工现场内的起重机、施工电梯、物料提升机、钢脚手架和正在施工的金属结构设计防雷装置,并绘制施工图。

(六)确定防护措施

(1)制定具有针对性的电气设备安装、使用、移动拆除的安全防护措施,提出各阶段的安全操作规程和注意事项。

(2)制订外电防护措施,形成专项方案(如有的话)。

(3)制定各个阶段的安装、使用、移动拆除的电气防火措施。

(4)描述具有针对性的安全用电技术措施和电气防火的具体规定与安全技术交底要求。

(七)临时用电验收的规定

对各个部位(配电系统、保护装置、线路等)的验收要求与具体标准。

(八)应急处置措施

根据现场情况和资源配置情况,制定险情和事故发生后,从人员机构、物资设备、应急联络、处置方式、现场恢复等方面作出有针对性的安排,以利于突发情况的处置。

(九)计算书与附图

(1)用电负荷计算书;

(2)用电工程总平面图;

(3)配电装置(3级配电)布置图;

(4)配电系统(3级配电)接线图;

(5)接地装置设计详图;

(6)外电防护做法图(此图应为防护方案的内容)。

本章小结

本章主要介绍了安全专项施工方案的主要内容和安全专项方案的编制、审核、审批和论证要求,以及常见的基坑支护、降水、土方开挖、模板工程、起重吊装、脚手架和临时用电等专项施工方案的编制。

思考练习题

1. 安全专项施工方案的主要内容是什么?
2. 专项施工方案的编制人和审核人有那些要求?
3. 安全专项方案的专家论证要求?
4. 常见的安全专项施工方案有哪些?
5. 简述基坑支护与降水工程安全施工方案的主要施工方法与技术措施。
6. 简述基坑支护与降水工程安全施工方案的安全保证措施。
7. 简述土方开挖工程施工方案的计算书与相关图纸。
8. 简述模板工程安全专项施工方案计算书与相关图纸。
9. 简述塔吊安装、拆除方案的基本内容。
10. 简述施工升降机的安装拆除方案的基本内容。
11. 简述落地式钢管扣件脚手架专项施工方案的基本内容。
12. 简述自制卸料平台安装拆除方案的基本内容。
13. 简述临时用电专项施工方案的基本内容。

第六章　施工现场安全事故的防范

【学习目标】

掌握施工现场安全事故的防范知识，通过施工现场安全事故的防范知识的学习，能够识别施工现场危险源，并对安全隐患和违章作业提出处置建议。

第一节　施工现场安全事故的主要类型

一、建筑施工特点

建筑施工是一个技术复杂、隐患众多、事故多发的行业，它有与其他行业明显的不同特点：

(1)产品(建筑物、构筑物)形式多样，很难实现标准化。结构、外形多变，施工方法必将随之改变。

(2)产品位置固定，生产活动都是围绕着建筑物、构筑物来进行的，这就形成了在有限的场地上集中了大量的工人、建筑材料、设备和施工机具进行作业，而且各种机械设备、施工人员都要随着施工的进展而不停地流动，作业条件随之变换，不安全因素随时可能出现。

(3)产品点多、面广，施工流动性大，这给施工管理增加了困难。

(4)产品高、大、深，露天高空作业多，施工周期长；施工人员在室外露天作业，工作条件差，危险因素多。

(5)建筑结构复杂，工艺变化大，规则性差。每栋建筑物从基础、主体到装修，每道工序不同，不安全因素也不同，即使同一道工序由于工艺和施工方法不同，生产过程也不同。而随着工程进度的发展，施工现场的状况和不安全因素也随着变化。

(6)手工操作为主，机械化程度低。

可见，建筑施工是一个特殊的、复杂的生产过程，是一个各种因素多变的生产过程，存在的危险因素甚多。因此，建筑业是一个事故多发的行业。据全国伤亡事故统计，建筑业伤亡事故率仅次于矿山行业。

二、建筑施工事故类型

安全事故是指生产经营单位在生产经营活动(包括与生产经营有关的活动)中突然发生的，伤害人身安全和健康，或者损坏设备设施，或者造成经济损失的，导致原生产经营活动(包括与生产经营活动有关的活动)暂时中止或永远终止的意外事件。

通过对事故的类别、原因、发生的部位等进行的统计分析得知，高处坠落、触电事故、物体打击、机械伤害、坍塌事故等五种是建筑业最常发生的事故，占事故总数的85%以上，因此这五种事故称为“五大伤害”。此外，中毒和火灾也是多发性事故。所以，我们在日常生产活动中要加强对以上多发性事故隐患的整治工作，采取有效措施，防止发生事故。

(一)常见安全事故

施工现场常见的安全事故包括高处坠落、机械伤害、突然坍塌、触电、烧伤等,究其原因主要可以归纳为两个方面:一是从业人员没有完全掌握安全技术,二是施工现场管理不严。"五大伤害"安全事故如下:

(1)高处坠落。主要是人员从临边、洞口,包括屋面边、楼板边、阳台边、预留洞口、电梯井口、楼梯口等处坠落;从脚手架上坠落;龙门架(井字架)物料提升机和塔吊在安装、拆除过程中坠落;安装、拆除模板时坠落;结构和设备吊装时坠落。这类事故占全部事故的35% ~40%。

(2)触电。对经过或靠近施工现场的外电线路没有或缺少防护,在搭设钢管架、绑扎钢筋或起重吊装过程中,碰触这些线路造成触电;使用各类电器设备触电;因电线破皮、老化,又无开关箱等触电。这类事故占全部事故的15% ~20%。

(3)物体打击。人员受到同一垂直作业面的交叉作业中和通道口处坠落物体的打击。此类事故占全部事故的10% ~15%。

(4)机械伤害。主要是垂直运输机械设备、吊装设备、各类桩机等对人的伤害。此类事故约占全部事故的10%。

(5)坍塌。施工中发生的坍塌事故主要是:现浇混凝土梁、板的模板支撑失稳倒塌,基坑边坡失稳引起土石方坍塌,拆除工程中的坍塌,施工现场的围墙及在建工程屋面板质量低劣坍落等。此类事故约占全部事故的20%。

(二)安全事故的分级

根据《生产安全事故报告和调查处理条例》,按工程建设过程中事故伤亡和损失程度的不同,把事故分为四个等级:

(1)特别重大事故,是指造成30人以上(含30人)死亡,或者100人以上重伤(包括急性工业中毒,下同),或者1亿元以上直接经济损失的事故;

(2)重大事故,是指造成10人以上30人以下死亡,或者50人以上100人以下重伤,或者5 000万元以上1亿元以下直接经济损失的事故;

(3)较大事故,是指造成3人以上10人以下死亡,或者10人以上50人以下重伤,或者1 000万元以上5 000万元以下直接经济损失的事故;

(4)一般事故,是指造成3人以下死亡,或者10人以下重伤,或者1 000万元以下直接经济损失的事故。(以上均含本数字)

第二节　施工现场安全生产重大隐患及多发性事故

建筑业属于流动人员从事流动性作业、工序复杂、危险因素较多的行业,为防止安全事故的发生,针对建筑行业特性,结合所承担的建筑工程施工项目的建筑结构、类型、规模、高度、施工环境、施工季节等特点,从人、机、料、法、环等因素综合分析,根据本项目识别的29项重大危险源,归纳为7类可能造成人员伤害、财产损失的重大隐患:①触电;②高处坠落;③物体打击;④机械伤害;⑤坍塌;⑥中毒;⑦火灾。

一、触电事故

施工现场可能发生触电伤害事故的环节：在建工程与外电高压线之间不达安全操作距离或防护不符合安全要求；临时用电架设未采用 TN－S 系统，不达“三级配电两级保护”要求；雨天露天电焊作业；不遵守手持电动工具安全操作规程；照明灯具金属外壳未作接零保护，潮湿作业未采用安全电压；高大机械设备未设防雷接地；非专职电工操作临时用电等。

二、高处坠落及物体打击事故

施工现场可能发生高处坠落和物体打击事故的环节：临边、洞口防护不严；高处作业物料堆放不平稳；架上嬉戏、打闹、向下抛掷物料；不使用劳保用品，酒后上岗，不遵守劳动纪律；起重、吊装工未按安全操作规程操作，龙门、井架吊篮乘人。

三、机械伤害事故

施工现场可能发生机械伤害的环节：机械设备未按说明书安装、未按技术性能使用；机械设备缺少安全装置或安全装置失效；对运行中的机械进行维修、保养、调整，未按操作规程操作；机械设备带病运作。

四、中毒事故

施工现场可能发生中毒的环节：人工挖孔桩中，地下存在的各种毒气；现场焚烧的有毒物质；食堂采购的食物中含有毒物质或工人食用腐烂、变质食品；工人冬季取暖时发生煤气中毒。

五、火灾、化学物品爆燃或爆炸

（一）施工现场发生火灾的主要环节

电气线路超过负荷或线路短路引起火灾；电热设备、照明灯具使用不当引起火灾，大功率照明灯具与易燃物距离过近引起火灾，电弧、电火花等引起火灾；电焊机、点焊机使用时电气弧光、火花等会引燃周围物体，引起火灾；民工生活、住宿临时用电拉设不规范，有乱拉乱接现象；民工在宿舍内生火煮饭、取暖引燃易燃物质等。

（二）易燃、易爆危险品引起火灾、爆炸事故

施工现场由于易燃、易爆物品使用引起火灾、爆炸的主要环节：施工现场使用油漆、松节油、汽油等涂料或溶剂；使用挥发性、易燃性溶剂稀释的涂料时使用明火或吸烟；焊、割作业点与氧气瓶电石桶和乙炔发生器等危险品的距离过小。

六、其他事故

（一）土方坍塌

施工现场可能发生坍塌事故的环节：土方施工采用挖空底脚的方法挖土；积土、料具、机械设备堆放离坑、槽小于设计规定；坑槽开挖设置安全边坡不符合安全要求；深基坑未设专项支护设施、不设上下通道，人员上下坑槽踩踏边坡；料具堆放过于集中，荷载过大；模板支撑系统未经设计计算；基坑施工未设置有效排水等。

（二）暴风雨预防

施工现场由暴风雨引起伤亡事故的主要环节：强风高处作业（阵风六级、风速10.8 m/s）；基础土方施工由于无排（降）水措施导致土方边坡失稳。

（三）地震

施工现场可能发生的地震、水灾灾害，由于地震导致建筑物损毁、人员伤害。

（四）水灾

施工现场可能发生的地震、水灾灾害，由于水灾导致建筑物损毁、人员伤害。

第三节　施工现场安全事故的主要防范措施

一、触电事故

（一）概述

这里主要讲的是由于电线、电器设备等漏电引起人员触电，工人在电气作业工程中引起的触电伤害，其他施工人员不慎引起的触电事故。触电事故在施工现场可分为低压触电事故和高压触电事故。从危害性分析，触电事故轻则造成人员受伤，设备损坏，重则可致人员死亡，甚至群死群伤的安全事故，加上施工现场从工程开始到工程结束，都有可能发生触电事故。因此，触电事故是施工现场安全管理的重中之重。从触电事故发生的部位来讲，施工现场的各种电动机械设备、电线、电缆、配电箱、配电室等因漏电引起或作业过程中发生的触电，塔吊作业和其他作业过程中触碰到高压线引起的高压触电事故，生活区的照明用电和家用电器设备等发生触电。触电原因是接线不正确、线路设备老化漏电、电器设备使用不安全、雨水淋湿漏电、没有用电安全保护措施、没有及时进行用电安全检查等。

（二）预防触电事故的基本措施

绝缘、屏护、安全间距是安全用电的三大措施。

首先，施工现场的临时用电须由技术编制专项临时用电方案，现场的用电布局，全部用电都以方案为标准。其次，遵守临时用电安全技术标准，现场布线必须遵守安全三级配电、两级漏电保护、一机一闸一箱一漏电保护的基本安全规定，从硬件设施上实现用电的“本质安全”。再次，从用电安全教育上进行预防，电工作业人员必须经国家专门机构培训合格，持证上岗，在入场前还要经过安全教育才准上岗，还要教育其他人员遵守安全用电的制度，不乱拉乱接电线设备。最后，定期进行用电安全检查，项目部电气主管和安全员将对现场施工班组安全用电情况进行指导和检查，发现安全隐患及时整改。施工班组安全管理人员和电工也必须进行定期的安全检查。

二、高处坠落事故

（一）概述

该事故是建筑施工过程中发生频率最高的，也是施工现场安全管理的重点之一。施工现场发生高处坠落的部位有：满堂架脚手架和外脚手架的搭设与撤除作业过程中的坠落；以脚手架为站立面的其他工种作业时引起的高处坠落；临边、洞口处作业过程中发生的坠落；梯子、马凳上作业的坠落；外墙面作业活动中引起的坠落；脚手架和卸料平台搭设质量问题引起的坠落;塔机安装、运行、拆卸、维修过程中引起的坠落;其他施工质量问题引起的坠落事故。高处坠落事故的危险性很大,一旦发生,轻则受伤,重则死亡,如因脚手架搭设质量或施工质量引起的高处坠落事故,会导致重特大事故。

(二)预防高处坠落事故的基本措施

脚手架搭设前必须编制专项方案,现场洞口、临边及深基础边采取栏杆防护和安全网结合的防护措施。登高作业人员必须进行作业前的安全教育,遵守登高作业安全规定,拴好安全带。有心脏病、高血压、癫痫病、贫血等高空作业禁忌人员,严禁从事高空作业。加强安全检查,发现安全隐患及时整改。

三、坍塌事故

(一)概述

施工现场坍塌事故主要发生于基础作业阶段的土方边坡,脚手架搭设因质量问题引起的坍塌,以及其他因施工质量引起的坍塌事故,挖机土方作业时压垮边坡引起的坍塌等。边坡土方坍塌的原因是放坡度不够、没有降水使土质含水量大、雨水量过大引起土体重量加重、堆土距离边坡近及堆土量大、机械设备距离边坡近或产生振动等。脚手架坍塌主要是搭设质量原因引起或搭设方案不正确。坍塌事故可致人员大量伤亡,机械设备损坏,给施工造成很大的影响,是施工安全管理的重点之一。

(二)预防坍塌事故的基本措施

施工前编制专项施工方案,按方案施工。边坡放坡度要足够,达到安全要求。加强现场降水和排水。机械设备距离边坡要有安全距离。堆土距离边坡要有安全距离。挖机边坡土方作业时,工人在坑底清槽要距离挖机作业点有安全距离。经常检查边坡稳定情况,发现安全隐患及时整改。脚手架搭设编制专项方案。加强脚手架搭设的过程监控,按脚手架技术规范要求搭设。

四、起重伤害事故

(一)概述

施工现场有固定式塔机和移动式吊车两种起重作业方式,移动式吊车主要是前期的基础施工中用于吊桩头、卸钢筋等材料。固定式塔机主要是基础施工完成以后承担主体部分的大部分物质运输任务,在起重作业活动过程中使用的时间最长,危险性较大的作业。因此,固定式塔机的管理是施工现场安全的重点之一,并配备专业机械设备员管理。塔机伤害事故发生的原因大致有:塔机制造时本身存在的安全隐患,塔机的安装不符合质量安全要求,使用过程中作业人员违反操作规程,运行过程中维护不及时造成机械事故或触电事故,在安装、升降、维修过程中引起的事故。

(二)预防起重伤害事故的基本措施

移动式吊车作业在作业前根据作业内容和作业环境选择合适的吊车,并要求起重工司机持证上岗。固定式塔机的安装、维修、运行、升降、拆卸等作业活动必须由相应资质的单位作业,作业人员持证上岗。编制塔机专项安全方案,从基础施工,塔机安装、升降、拆卸等作业活动都必须按方案执行。加强塔机运行和维护,教育司机遵守安全操作规程。选择符合国家特种设备安全生产合格的产品。加强司机和信号工的安全管理与安全教育,做好作业前的安全教育。4 级以上大风禁止安装和起升塔机,6 级以上大风禁止起重吊装作业。每月进行一次定期安全检查和维护。对塔机进行经常安全巡查,发现安全隐患及时整改。

五、机械伤害事故

(一)概述

机械伤害事故也是施工现场经常发生的安全事故,如对机械使用不当或设备本身存在安全隐患,会给人带来伤害。现场常用的机械设备除塔机和移动式起重机是特种起重设备外,主要有各种钢筋机械、木工机械、土方机械、打桩机械、电焊机、空压机、搅拌机、水泵、磨光机、振动棒、切割机、电转、砂轮机等。

(二)预防机械伤害事故的基本措施

项目部机械设备员对机械设备进行专业管理。机械设备使用前必须进行安全检查,验收合格后方可使用。从机械设备自身考虑,必须达到本质安全的功能,如旋转轮必须有防护罩,用电必须接漏电保护器,各种限位器、保险齐备,安全地点稳固等。带火花的机械设备使用前还要清除现场可燃物,特别是电焊工作业的环境。对设备操作员进行安全培训,使其掌握机械方面的安全知识。加强安全检查,发现安全隐患及时整改。

六、物体打击事故

(一)概述

施工现场物体打击事故发生的概率仅次于高处坠落事故,该事故发生会造成人员伤亡,大面积的物体打击事故,可致重大伤亡事故发生。物体打击时常又和高处坠落事故联系在一起。施工现场发生物体打击的地方很多,凡是有工人交叉作业的地方都可能发生,常发生于临边、洞口处的物资掉落,脚手架的搭设过程中,其他工种人员在外脚手架上作业过程中,塔机设备安装、维修、运行过程中等。

(二)预防物体打击事故的基本措施

现场临边、洞口搭设栏杆防护,近地面搭一道高 150 mm 的挡板,防止物体掉下。通道口、钢筋房、木工房布局合理,尽量设置在距离高空落物较远的地方,并用 5 cm 厚的木板搭两层防护。墙面等地方作业时禁止交叉作业。必须佩戴好安全帽。用安全网平行布设,兜住掉落物。对撤除脚手架的作业项目,采用拉警戒线等措施,并有专人看护。加强安全检查,及时排查安全隐患。

七、火灾和爆炸事故

(一)概述

火灾事故不但政治影响大,而且会造成重大的人员伤亡和财产损失,给企业、社会、家庭带来巨大的灾难。发生火灾的部位主要是生活区、办公区、库房、木工房、易燃材料堆场、脚手架上的安全网、电焊工作业过程引起的燃烧、配电箱、电线等地方。

(二)预防火灾爆炸事故的基本措施

施工用电和生活用电要编制临时用电方案,电器线路要有防止过电流措施和漏电保护措施。严格实行动火证管理制度,根据火灾危险性大小及区域划分,实行三级动火手续制度。加强易燃易爆物质的管理和使用。生活区的宿舍布局符合防火规范的安全要求,留出防火通道,宿舍之间有防火间距。配备消防设施器材,做好灭火抢救工作。加强员工防火安全教育,自觉遵守防火规章制度。加强安全检查,发现火灾安全隐患及时整改。

八、车辆伤害事故

施工现场的车辆主要是协作单位的车辆,如混凝土罐车、钢筋材料车及其他一些车辆。发生的安全事故主要是在施工现场行驶时压垮边坡翻车、撞到施工现场作业人员等。

预防措施是:把施工道路修好,禁止无关车辆进入施工现场,外来协作车辆由现场施工员带路等。

九、中暑事故

该事故主要发生于夏天,施工作业现场因为天气过热、劳动强度大、身体较差等因素,易发生中暑事故,中暑人员如不及时抢救,也会造成人员死亡。

预防措施:合理安排工作时间,提供清凉饮料、预防中暑的药物,安排身体差的员工从事劳动强度不大的作业活动,发生中暑症状者及时送医就治。

十、尘肺病伤害事故

施工现场作业活动中产生的灰尘、电焊工作业时产生的灰尘,对人体肺部会造成慢性的伤害,引起尘肺病的发生。

预防措施:为员工配备劳动保护用品,施工现场的道路及时清扫和洒水,加强作业场所的通风。

第四节　施工现场危险源的识别和处置

我国的建筑业持续快速发展,已成为国民经济的支柱产业,但其生产劳动密集型特点形成的安全生产条件使其成为高危行业。“安全第一、预防为主”,为控制和减少施工现场的施工安全风险,实现安全目标,做好安全事故预防,需要找到导致事故的根源——施工现场危险源,对其进行全面、正确认识,并及时采取最佳方案进行有效控制,以求降低事故率,减少人们生命财产损失,保持建筑业持续健康发展。

一、危险源的分类

危险源是可能导致伤害或疾病、财产损失、工作环境破坏或这些情况组合的根源或状态。根据 1961 年由美国人吉布森提出,1966 年哈登完善成形的,人类在生产、生活中不可缺少的各种能量,如因某种原因失去控制,就会发生能量违背人的意愿而意外释放或逸出,使进行中的活动中止而发生事故,导致人员伤害或财产损失。

根据能量意外释放理论,危险源产生原因分为两大类,即第一类危险源和第二类危险源。

(一)第一类危险源

根据能量意外释放理论,能量或危险物质的意外释放是伤亡事故发生的物理本质。在生产过程中存在的,可能发生意外释放的能量(能源或能量载体)或危险物质称作第一类危险源。

第一类危险源产生的根源是能量与有害物质。当系统具有的能量越大，存在的有害物质数量越多，系统的潜在危险性和危害性也越大。

施工现场生产的危险源是客观存在的，这是因为在施工过程中需要相应的能量和物质。施工现场中所有能产生、供给能量的能源和载体在一定条件下都可能释放能量而造成危险，这是最根本的危险源；施工现场中有害物质在一定条件下能损伤人体的生理机能和正常代谢功能，破坏设备和物品的效能，它也是最根本的危险源。为了防止第一类危险源导致事故，必须采取措施约束、限制能量或危险物质，控制危险源。

（二）第二类危险源

正常情况下，生产过程中的能量或危险物质受到约束或限制，不会发生意外释放，即不会发生事故。但是，一旦这些约束或限制能量或危险物质的措施受到破坏或失效（故障），就将发生事故。导致能量或危险物质约束或限制措施破坏或失效的各种因素称为第二类危险源。第二类危险源主要包括以下几项。

1.物的不安全状态

生产系统、安全装置、辅助设施及其元器件由于性能低下不能实现预定功能，如电气绝缘损坏造成漏伤害，起重机限位装置失效造成重物坠落等。

2.人的不安全行为

人的不安全行为如不采取安全措施，对运转着的设备、装置等清擦、加油、修理，使安全装置失效，制造危险状态，不安全放置和接近危险场所等。

3.管理缺陷

管理缺陷如人员安排不当，教育培训不够，规章制度缺陷等。

4.作业环境缺陷

作业环境缺陷如照明不当，通风换气差，工作场所堵塞，过量的噪声和自然危险等。

二、危险源的识别

危险源的识别是指识别危险源的存在并确定其特性的过程。常见危险源识别方法如下。

（一）按《生产过程危险和有害因素分类与代码》（GB/T 13861—2009）进行辨识

（1）物理性危险、危害因素；

（2）化学性危险、危害因素；

（3）生物性危险、危害因素；

（4）生理性危险、危害因素；

（5）心理性危险、危害因素；

（6）人的行为性危险、危害因素；

（7）其他危险、危害因素。

（二）按照《企业职工伤亡分类》（GB 6441—1986）进行辨识

（1）物体打击；

(2)车辆伤害；
(3)机械伤害；
(4)起重伤害；
(5)触电；
(6)淹溺；
(7)灼烫；
(8)火灾；
(9)高处坠落；
(10)坍塌；
(11)放炮(爆破)；
(12)化学性爆炸(瓦斯爆炸、火药爆炸)；
(13)物理性爆炸(锅炉爆炸、容器爆炸)；
(14)其他爆炸；
(15)中毒和窒息；
(16)其他伤害。

(三)根据国内外同行事故资料及有关工作人员的经验进行辨识

(四)根据引发事故的四个基本要素进行辨识

(1)人的不安全行为；
(2)物的不安全状态；
(3)环境的不安全条件；
(4)管理缺陷。

对危险源经过风险评价，判断出重大危险源和一般风险。并对建筑工地重大危险源予以公示。一般情况下建筑企业的重大危险源主要有：高处坠落，物体打击，坍塌，触电，火灾，起重伤害，脚手架工程，深基础土方工程，塔式起重机，深基础土方工程，外用施工电梯，起重作业，装饰工程消防安全等。

三、危险源的控制

(一)人的不安全行为控制

1. 重视教育培训，做到人的安全化

危险源控制的各项措施能否得到贯彻执行，执行效果如何，很大程度上取决于各阶层人员的安全意识、对危险点控制的认识程度、有关的安全知识以及操作技能的掌控程度。因此，必须对涉及危险源控制的有关领导和人员进行专门的安全教育和培训，考核通过才准上岗。从事危险源岗位工作的人员要专门培训，加强技能训练以及提高文化素质，加强法制教育和职业道德教育等。

培训内容应包括：危险源控制管理的意义，本单位(岗位)的主要危险类型，产生危险的主要原因，控制事故发生的主要方法，日常的安全操作要求，应急措施等。

2. 操作安全化

深入研究作业性质和操作规律，合理设计操作内容、方法、形式及频次等，以减少疲劳，提高操作的准确性及可靠性。

通过危险源辨识分析,可以尽可能避开认为危险性较大的操作步骤,提出更为合理安全的操作步骤,并以标准操作规程的形式固定下来,使作业人员有章可循,按程序操作。操作规程中应写明各步骤的主要危险及其对应的控制方法,最好指出操作不当可能带来的后果。

(二)物的不安全状态控制

1. 加强安全管理,推行职业健康安全管理体系

安全管理可分为两个范畴:①对人的管理;②对组织与技术的管理。安全管理注重人的因素,强调对人的正确管理,这就要求领导必须懂安全、重安全,只有这样才能有重视安全工作的员工,必须要求领导对企业劳动者在生产过程中的行为规范与行为模式等问题进行必要的分析和深入研究。企业应贯彻安全第一,预防为主的方针,建立完善的安全保证体系,责任到人,杜绝人浮于事,健全各种规章制度,用制度来制约人的行为,体现有情的领导,无情的制度,设置健全的安全机构,配备一定有知识、有经验、有热情的安全管理人员,对企业安全生产进行有效管理。

2. 加大安全投入,对机械设备进行综合管理

机械设备的综合管理是一个广义的定义,包括合理装备、择优选购、正确使用、静心维护、科学检修。对施工企业来说,它包括机械的前期管理(选型、采购)、过程管理(验收、使用、安装、维修、保养、改造)、后期管理(报废、转让),认真把握管理中的每一个环节才能把机械伤害降到最低限度。机械购置前必须对生产厂家进行综合考察,要生产上适用、技术上先进、经济上合理,还必须充分考虑机械的安全性能,最大程度地购置安全系数较高的机械,合理使用资金,为预防因设备质量方面造成机械伤害打下坚实的基础。

进入施工现场的机械设备必须经过施工企业的严格验收,按规范进行安装,安装完毕经检测、验收合格后方可使用。对于塔机等特种设备的安装必须由有安、拆资质的队伍进行,现场机械的安装必须充分考虑工作空间、环境安全,保证操作者能够安全而有效地工作,机械在使用过程中定期检查、按需修理,做好维护保养,及时修复存在隐患的部位,杜绝机械带病作业。

对于改造的机械设备必须经过严格的检查、验收,经检测,技术性能和安全性能必须都达到设计的要求才能使用,对于机械现状已达到报废条件的必须做报废处理,不得转让,对于被列为淘汰产品的机械要监护使用,该报废的及时报废。

机械设备只有通过人的操作才能发挥作用,操作工人是机械的直接使用者,对于机械情况最为熟悉,管好、用好、避免机械伤害的目标是通过他们来实现的。因此,管好、用好、维修好机械,防止造成机械伤害不是机械管理部门少数专业人员所能解决的,还必须发挥使用者的管理作用,使专业管理建立在群众管理的基础上,才能收到良好的效果,为了达到使用与管理的完美结合应注意以下几点:

(1)人机固定的原则。大型机械应交给由机长负责的机组人员,中小型机械应交给由班组长负责的全组人员。人机固定应贯穿在机械设备的使用过程中,由使用、负责者负责保管、操作使用、安全生产。当然,这里指的机械还包括机械的附属装置。

(2)操作证制度。导致机械伤害的原因很多,而操作错误往往是主要原因之一,所以操

作者必须经过严格的专业技术培训，提高作业人员的安全技能，杜绝违章操作。大型机械设备的操作人员由国家主管部门组织培训，经考试合格持证上岗，对于中小型机械的操作人员由本单位的机械设备安全管理人员对其进行安全常识、安全操作规程的专业技术培训，考试合格，持证上岗。

(3)建立岗位责任制。建立健全操作人员的岗位责任制，是管好、用好机械设备的必要条件，也是避免机械伤害的前提。

3. 做好安全教育

提高安全意识，安全教育是安全管理的核心。实践证明，如果一个企业重视安全宣传教育工作，增强企业领导的安全责任感，提高领导的安全知识水平和管理干部的管理水平，加强对工人的安全知识、技能和态度教育，就一定能大幅度减少伤害事故，安全意识与人们行为的高度融合也就大大降低了伤害事故发生的频率。另外，人机系统的可靠性很大程度受人的影响，人由于生理、心理影响及安全素质的差异，需采取针对性激励方法和进行经常的安全教育及安全技术培训，并开展群众性遵章守纪宣传活动，提高安全意识、安技知识和自我保护能力。此外，反复深入地对建筑施工的机械操作人员和现场人员进行安全生产教育和思想教育，养成工作认真仔细的工作作风，克服冒险蛮干、急于求成、不讲究方式方法的错误思想，是搞好安全生产的一项重要工作，也是避免机械伤害的一项重要措施。

4. 做好防范措施，使多发期的机械伤害降到最低

建筑机械安全事故多发往往因人员多、任务量大、工期紧所致。在事故高发的前期进行针对性的建筑机械安全检查，并从思想上、防护设施上和安全管理上早作准备，这样可以遏制事故苗头，保证安全生产。企业领导、项目管理人员还应与机械操作人员多接触、多交流，随时掌握他们的心理状况、情绪及体力方面的情况，发现问题及时处理。

5. 提高整体素质，积极探索安全管理的方向

随着科学技术的发展，机械设备更换相当迅速，操作技术应随着机械技术的变革而更新。所以，在管理方面必须开展有针对性的建筑机械设备的安全管理方法和安全操作技术的探索和研究。在维修方面应改变过去只注重机械功能的修理，而不考虑机械安全性能恢复的恶习；在对机械操作人员的培训中，应把新旧技术的不同要求、条件和训练的方式等进行仔细地辨别和对比，使作业人员领悟操作的精髓所在；操作人员应针对每种机械，认真领会要点，把学到的理论知识融入到实际的操作中，达到理论与实践的有机结合，绝不违章。机械伤害固然可怕，但只要做好预防工作，机械伤害的频次就能大大降低。

(三)环境的不安全条件控制

施工生产作业环境中的温度、湿度、噪声、振动、照明或通风换气等方面的问题，会促使人的失误或物的故障发生。在组织的管理权限内能够实施管理的环境因素，做好“能够控制的环境因素”控制；同时对生活、产品或服务中的环境因素不能直接进行管理，但能够对其施加影响的“能够施加影响的环境因素”做好控制。

(四)管理缺陷的控制

(1)建立健全危险源控制管理规章制度，即在对危险源识别和评价基础上有针对性地建立各项危险源管理规章制度，比如安全生产责任制、交接班制、危险作业审批制等。

(2)明确安全责任,定期安全检查,包括施工人员每天自查、职能部门定期检查、企业领导不定期督查等。

(3)加强对危险源的日常管理控制,搞好安全值班工作、日常安全检查和按操作规程进行正确作业指导等,使危险源控制工作时刻在有序进行中。

(4)建立安全信息反馈制度,及时处理所发现的问题,并做好整改记录。

(5)搞好危险源控制管理的考核评价和奖惩工作,促使企业和各项目部在危险源管理水平上能不断地得到提高,达到最终消灭重、特大安全事故的总目标。

四、案例

施工现场常见危险源如表6-1。

表6-1　危险源辨识

分部名称		危险源/危险因素	可能导致的事故	备注
土方开挖作业	1	临边及其他防护不符合要求	坍塌/物体打击	
	2	设置的通道不符合要求	坍塌/物体打击	
	3	基坑作业人员无安全立足点	坍塌/物体打击	
	3	垂直作业上下无隔离防护措施	坍塌/物体打击	
	4	光线不足时未设置足够照明	坍塌/物体打击等多种伤害	
	5	土质中含有有毒有害物质时,未能提供相应的防毒措施	中毒	
	6	挖土工人操作间距小于2.5 m	物体打击	
	7	挖土机械间距小于10m	机械伤害	
	8	雨期开挖土方,工作面过大,未分段分层开挖	坍塌	
	9	汛期无防洪措施	坍塌等伤害	
	10	运土道路的坡度、转弯半径不符合有关安全规定	坍塌/机械伤害	
	11	材料和设备堆码在深坑边,未及时清运或转移	坍塌/物体打击	
	12	土方施工放坡不符合规定	坍塌	
脚手架施工作业	1	作业人员未采取个人防护措施;未系安全带或安全带悬挂不符合规定要求	高处坠落	
	2	任意拆除脚手架部件和连接杆件	坍塌	
	3	遇恶略天气仍进行施工	高处坠落	
	4	脚手架钢管、扣件、脚手板、密布网材质不符合要求,无相关证件	坍塌	
	5	钢管弯曲锈蚀严重,局部开焊或未刷防锈漆	坍塌	

续表 6-1

分部名称	危险源 /危险因素		可能导致的事故	备注
脚手架施工作业	6	架体基础不平	坍塌	
	7	脚手架外侧未设置密目式安全网或网间不严密未设置挡脚板	高处坠落	
	8	施工层未设 1.2 m 高防护栏杆,作业层下无水平网或其它防护措施	高处坠落	
	9	脚手板未满铺或有探头板或脚手板不稳固	高处坠落	
	10	不按顺序拆除/拆除时上下处同一垂直面内作业	物体打击	
	11	高空乱扔钢管扣件	物体打击	
	12	架体未与建筑结构拉结或拉结不牢固	坍塌	
	13	立杆、大小横杆间距超过规定	坍塌	
	14	未按规定设置剪刀撑	坍塌	
	15	剪刀撑未沿脚手架高度连续设置或角度不符合要求	坍塌	
	16	立杆与大横杆交点处未设置小横杆	坍塌	
	17	小横杆只固定一端	坍塌	
模板施工	1	木工作业区吸烟	火灾	
	2	模板上施工荷载超过规定或堆料不均匀	高处坠落	
	3	模板支撑固定在非承重架上	坍塌	
	4	模板拆除前无砼强度报告或强度未达到规定提前拆模	高处坠落	
	5	圆盘锯皮带传动无防护罩或防护罩脱落	物体打击、机械伤害	
	6	圆盘锯刀片破损两处以上或有裂缝	物体打击	
	7	圆盘锯没有设置防护挡板	物体打击、机械伤害	
	8	圆盘锯无保护接零,电缆拖地	触电	
	9	木工手电锯未设置漏电保护器	触电	
	10	未按照模板施工方案搭设模板支撑系统	倒塌、物体打击	
	11	未及时将模板铁钉拔掉	扎伤	
	12	夜间作业照明不足	多种伤害	
	13	场地狭小,材料堆放超高、零乱、无消防设施	物体打击、火灾等	
	14	拆模时,建筑物周边未设置警戒标志及专人看管	物体打击	

续表 6-1

分部名称		危险源/危险因素	可能导致的事故	备注
施工用电	1	未采用 TN－S 接零保护系统，做到三级配电、两级保护	触电	
	2	脚手架外侧边缘与外电架空线路的边线未达到安全距离并未采取防护措施	触电	
	3	保护接地、保护接零混乱或共存	触电	
	4	开关箱无漏电保护器或漏电保护器失灵	触电	
	5	固定式设备未使用专用开关箱，未执行“一机一闸一漏一箱”的规定	触电	
	6	用铝导体、螺纹钢做接地体或垂直接地体	触电	
	7	配电箱的箱门内无系统图和开关器未标明用途，未设专人负责	触电	
	8	电箱安装位置不当，周围杂物多，没有明显的安全标志	触电	
	9	配电线路的电线老化，破皮未包扎	触电	
	10	电缆过路无保护措施	触电	
	11	电缆架设或埋地不符合要求	触电	
	12	在潮湿场所不使用安全电压	触电	
	13	照明专用回路无漏电保护	触电	
焊接作业	1	焊渣阻燃引起明火	火灾	
	2	电焊机无防触电装置	触电	
	3	电焊机未单独设开关和漏电保护装置，外壳未做接零保护	触电	
	4	电焊机一次线长度大于 5 米，二次线长大于 30 米，两侧接线未压牢	触电	
	5	电焊机未安装防护罩	触电	
	6	电焊机周围堆放易燃易爆物品和其他杂物	火灾	
	7	电焊机的焊钳与焊把线有破损或绝缘不好	触电	
	8	氧气瓶、乙炔瓶和焊点间的距离超标准	爆炸	
	9	焊割时未配备灭火器材	灼烫、火灾	
	10	电气焊明火作业违章操作或作业垂直下方未设置接火盆、防火布	火灾	
	11	焊接作业和木工、油漆、防水交叉作业	火灾	

续表 6-1

分部名称	危险源/危险因素		可能导致的事故	备注
起重吊装作业	1	限位保险装置失灵	起重伤害/倒塌	
	2	吊钩无保险装置	起重伤害	
	3	起重机司机无操作证	起重伤害	
	4	起重机作业人员酒后作业	起重伤害	
	5	使用不合格吊索具	起重伤害	
	6	不正确使用(选用)吊索具	起重伤害	
	7	信号工未持证上岗	起重伤害	
	8	违章指挥	起重伤害	
	9	钢丝绳断股	起重伤害	
	10	吊装臂下站人	起重伤害	
	11	绑扎不牢固及吊运材料不符合规范要求	物体打击	
	12	作业场所地面不平整、支撑不稳定、配重不平衡、重物超过额定起重量	物体打击、起重伤害	
	13	人站在吊钩或站在起重物上	坠落	
	14	吊运时无人指挥作业区内有人逗留,运行中的起重机的吊具及重物摆动	起重伤害	
	15	司机与信号工联络不畅	物体打击或起重伤害	
	16	使用的钢丝绳超过安全系数	物体打击	
	17	钢丝绳从滑轮中跳出轮槽	起重伤害	
机械操作	1	中小型机械无防护装置或防护装置有缺陷	机械伤害	
	2	机械设备未做保护接零、无漏电保护器	触电	
	3	设备无人操作时未切断电源	触电	
	4	设备未按时进行保养	机械伤害	
	5	当发现设备无漏保、漏保失灵或超载带病运转时,未按规定停止使用	机械伤害	
	6	圆盘锯未按规定设置锯盘护罩、分料器、防护挡板的安全装置	机械伤害	
	7	钢筋机械的冷拉和对焊作业区无防护措施	机械伤害	
	8	搅拌机的离合器、制动器、钢丝绳达不到要求	机械伤害	
	9	搅拌机的料斗无保险挂钩或挂钩不使用	机械伤害	

续表 6-1

分部名称	危险源 /危险因素		可能导致的事故	备注
机械操作	10	搅拌机无防雨棚和作业台不安全	机械伤害	
	11	潜水泵保护装置不灵敏、使用不合理	机械伤害	
	12	使用手持电动工具随意接长电源线或更换插头	触电	
	13	使用Ⅰ类手持电动工具未按规定穿戴绝缘用品	触电	

本章小结

本章主要讲解了施工现场安全事故的主要类型,安全生产重大隐患及多发性事故和主要防范措施,施工现场管理缺失有关危险源的识别及处理,施工现场人的行为不当有关危险源的识别及处理,施工现场机械设备不安全状态有关危险源的识别及处理,施工现场防护、环境管理不当有关危险源的识别及处理。通过本章学习可以掌握施工现场安全事故的防范知识,通过施工现场安全事故的防范知识的学习,能够识别施工现场危险源,并对安全隐患和违章作业提出处置建议。

思考练习题

1. 阐述建筑施工的特点。
2. 常见的安全事故有哪些?
3. 安全事故分哪几级?
4. 施工现场常见的多发性事故有哪些?
5. 触电事故如何防范?
6. 高处坠落事故如何防范?
7. 坍塌事故如何防范?
8. 起重伤害事故如何防范?
9. 机械伤害事故的基本安全措施有哪些?
10. 什么是物体打击事故?
11. 施工现场管理缺失造成的危险源如何识别?
12. 如何处理人的行为不当造成的危险源?
13. 如何识别机械设备不安全状态造成的危险源?
14. 环境管理不当包括哪些方面?

第七章　安全事故救援处理

【学习目标】

掌握安全事故救援处理知识,通过对安全事故救援处理知识的学习,能够参与编写安全事故应急救援预案,能够参与安全事故的救援处理、调查分析。

第一节　安全事故的主要救援方法

为做好建设工程重大质量安全事故应急处置工作,确保科学、及时、有效地组织应对事故,最大限度地减少人员伤亡、财产损失以及不良社会影响,维护经济社会正常秩序,制订安全事故应急救援方案,建立应急救援体系是《安全生产法》的一项重要要求。安全事故应急救援方案能在安全事故发生时,有效防止事故的继续扩大,最大限度地减少人员伤亡、财产损失和对环境的危害,是控制事故和消灭事故的有效手段。

根据事故的性质,紧急救护法是最有效的救护方法,紧急救护的基本原则是在现场采取积极措施保护伤员生命,减轻伤情,减少痛苦,并根据伤情需要,迅速联系医疗部门救治。急救的成功条件是动作快,操作正确。任何拖延和操作错误都会导致伤员伤情加重或死亡,可以分类如下:

(1)触电急救。触电急救必须分秒必争,立即就地迅速用心肺复苏法进行抢救,并坚持不断地进行,同时及早与医疗部门联系,争取医务人员接替救治。在医务人员未接替救治前,不应放弃现场抢救,更不能只根据没有呼吸或脉搏擅自判定伤员死亡,放弃抢救。

(2)创伤急救。创伤急救原则上是先抢救,后固定,再搬运,并注意采取措施,防止伤情加重或污染。需要送医院救治的,应立即做好保护伤员措施后送医院救治。

(3)骨折急救。肢体骨折可用夹板或木棍、竿等将断骨上、下方两个关节固定,也可利用伤员身体进行固定,避免骨折部位移动,以减少疼痛,防止伤势恶化。开放性骨折,伴有大出血者,先止血,再固定,并用干净布片覆盖伤口,然后速送医院救治。切勿将外露的断骨推回伤口内。

(4)烧伤急救。电灼伤、火焰烧伤或高温气、水烫伤均应保持伤口清洁。伤员的衣服鞋袜用剪刀剪开后除去。伤口全部用消毒医用清洁纱布覆盖,防止污染。四肢烧伤时,先用清洁冷水冲洗,然后用消毒医用纱布覆盖送医院。

(5)冻伤急救。冻伤使肌肉僵直,严重者深及骨骼,在救护搬运过程中动作要轻柔,不要强使其肢体弯曲活动,以免加重损伤,应使用担架,将伤员平卧并抬至温暖室内救治,将伤员身上潮湿的衣服剪去后用干燥柔软的衣服覆盖,不得烤火或搓雪。

(6)动物咬伤急救。毒蛇咬伤后,不要惊慌、奔跑、饮酒,以免加速蛇毒在人体内扩散。犬咬伤后应立即用浓肥皂水冲洗伤口,同时用挤压法自上而下将残留伤口内唾液挤出,然后再用碘酒涂搽伤口;少量出血时,不要急于止血,也不要包扎或缝合伤口;尽量设法查明该犬是否为"疯狗",对医院制订治疗计划有较大帮助。

(7)溺水急救。发现有人溺水应设法迅速将其从水中救出,呼吸心跳停止者用心肺复苏法坚持抢救。曾受过水中抢救训练的人员在水中即可抢救。溺水死亡的主要原因是窒息缺氧。由于淡水在人体内能很快经循环吸收,而气管能容纳的水量很少,因此在抢救溺水者时不应“倒水”而延误抢救时间,更不应仅“倒水”而不用心肺复苏法进行抢救。

(8)高温中暑急救。烈日直射头部,环境温度过高,饮水过少或出汗过多等可以引起中暑现象,其症状一般为恶心、呕吐、胸闷、眩晕、嗜睡、虚脱,严重时抽搐、惊厥甚至昏迷。应立即将病员从高温或日晒环境转移到阴凉通风处休息。用冷水擦浴,湿毛巾覆盖身体,电扇吹风,或在头部置冰袋等方法降温,并及时给病人口服盐水。严重者送医院治疗。

(9)有害气体中毒急救。气体中毒开始时有流泪、眼痛、呛咳、咽部干燥等症状,应引起警惕,稍重时头痛、气促、胸闷、眩晕,严重时会引起惊厥昏迷。应迅速查明有害气体的名称,供医院及早对症治疗。

第二节 安全事故的处理程序及要求

中华人民共和国国务院令第 493 号《生产安全事故报告和调查处理条例》规定:重大事故、较大事故、一般事故,负责事故调查的人民政府应当自收到事故调查报告之日起 15 日内作出批复;特别重大事故,30 日内作出批复,特殊情况下,批复时间可以适当延长,但延长的时间最长不超过 30 日。

有关机关应当按照人民政府的批复,依照法律、行政法规规定的权限和程序,对事故发生单位和有关人员进行行政处罚,对负有事故责任的国家工作人员进行处分。

事故发生单位应当按照负责事故调查的人民政府的批复,对本单位负有事故责任的人员进行处理。负有事故责任的人员涉嫌犯罪的,依法追究刑事责任。

一、安全事故等级

根据生产安全事故(以下简称事故)造成的人员伤亡或者直接经济损失,事故一般分为以下等级:

(1)特别重大事故,是指造成 30 人以上死亡,或者 100 人以上重伤(包括急性工业中毒,下同),或者 1 亿元以上直接经济损失的事故;

(2)重大事故,是指造成 10 人以上 30 人以下死亡,或者 50 人以上 100 人以下重伤,或者 5 000 万元以上 1 亿元以下直接经济损失的事故;

(3)较大事故,是指造成 3 人以上 10 人以下死亡,或者 10 人以上 50 人以下重伤,或者 1 000 万元以上 5 000 万元以下直接经济损失的事故;

(4)一般事故,是指造成 3 人以下死亡,或者 10 人以下重伤,或者 1 000 万元以下直接经济损失的事故。

国务院安全生产监督管理部门可以会同国务院有关部门,制定事故等级划分的补充性规定。

二、安全事故的处理程序和要求

安全事故的处理包括事故报告、事故调查、事故处理、法律责任。

(一)事故报告

事故发生后,事故现场有关人员应当立即向本单位负责人报告;单位负责人接到报告后,应当于 1 h 内向事故发生地县级以上人民政府安全生产监督管理部门和负有安全生产监督管理职责的有关部门报告。

情况紧急时,事故现场有关人员可以直接向事故发生地县级以上人民政府安全生产监督管理部门和负有安全生产监督管理职责的有关部门报告。安全生产监督管理部门和负有安全生产监督管理职责的有关部门逐级上报事故情况,每级上报的时间不得超过 2 h。

1. 事故报告的要求

(1)报告事故应当包括下列内容:

①事故发生单位概况;

②事故发生的时间、地点以及事故现场情况;

③事故的简要经过;

④事故已经造成或者可能造成的伤亡人数(包括下落不明的人数)和初步估计的直接经济损失;

⑤已经采取的措施;

⑥其他应当报告的情况。

(2)事故报告后出现新情况的,应当及时补报。

自事故发生之日起 30 日内,事故造成的伤亡人数发生变化的,应当及时补报。道路交通事故、火灾事故自发生之日起 7 日内,事故造成的伤亡人数发生变化的,应当及时补报。

(3)事故发生后,有关单位和人员应当妥善保护事故现场以及相关证据,任何单位和个人不得破坏事故现场、毁灭相关证据。因抢救人员、防止事故扩大以及疏通交通等,需要移动事故现场物件的,应当做出标志,绘制现场简图并作出书面记录,妥善保存现场重要痕迹、物证。

(二)事故调查

1. 事故调查的分级

特别重大事故由国务院或者国务院授权有关部门组织事故调查组进行调查。

重大事故、较大事故、一般事故分别由事故发生地省级人民政府、设区的市级人民政府、县级人民政府负责调查。省级人民政府、设区的市级人民政府、县级人民政府可以直接组织事故调查组进行调查,也可以授权或者委托有关部门组织事故调查组进行调查。

未造成人员伤亡的一般事故,县级人民政府也可以委托事故发生单位组织事故调查组进行调查。

2. 事故调查组要求

事故调查组的组成应当遵循精简、效能的原则。

根据事故的具体情况,事故调查组由有关人民政府、安全生产监督管理部门、负有安全生产监督管理职责的有关部门、监察机关、公安机关以及工会派人组成,并应当邀请人民检察院派人参加。事故调查组可以聘请有关专家参与调查。

3. 事故调查组应履行的职责

(1)查明事故发生的经过、原因、人员伤亡情况及直接经济损失;

(2)认定事故的性质和事故责任;

(3)提出对事故责任者的处理建议;

(4)总结事故教训,提出防范和整改措施;

(5)提交事故调查报告。

事故调查组应当自事故发生之日起60日内提交事故调查报告;特殊情况下,经负责事故调查的人民政府批准,提交事故调查报告的期限可以适当延长,但延长的期限最长不超过60日。

事故调查报告应当包括下列内容:

①事故发生单位概况;

②事故发生经过和事故救援情况;

③事故造成的人员伤亡和直接经济损失;

④事故发生的原因和事故性质;

⑤事故责任的认定以及对事故责任者的处理建议;

⑥事故防范和整改措施。

事故调查报告应当附具有关证据材料。事故调查组成员应当在事故调查报告上签名。

(三)事故处理

1. 事故处理的原则

严格贯彻落实“四不放过”原则。“四不放过”,即事故原因未查明不放过,责任人未处理不放过,整改措施未落实不放过,有关人员未受到教育不放过。

2. 事故处理的时限

重大事故、较大事故、一般事故,负责事故调查的人民政府应当自收到事故调查报告之日起15日内作出批复;特别重大事故,30日内作出批复,特殊情况下,批复时间可以适当延长,但延长的时间最长不超过30日。

3. 事故处理的要求

有关机关应当按照人民政府的批复,依照法律、行政法规规定的权限和程序,对事故发生单位和有关人员进行行政处罚,对负有事故责任的国家工作人员进行处分。事故处理的情况由负责事故调查的人民政府或者其授权的有关部门、机构向社会公布,依法应当保密的除外。

(四)法律责任

有关地方人民政府、安全生产监督管理部门和负有安全生产监督管理职责的有关部门有下列行为之一的,对直接负责的主管人员和其他直接责任人员依法给予处分;构成犯罪的,依法追究刑事责任:

(1)不立即组织事故抢救的;

(2)迟报、漏报、谎报或者瞒报事故的;

(3)阻碍、干涉事故调查工作的;

(4)在事故调查中作伪证或者指使他人作伪证的。

第三节　安全事故应急预案的编制

一、安全事故应急预案的编制

应急预案的管理遵循综合协调、分类管理、分级负责、属地为主的原则。事故应急救援预案又称应急预案、应急计划(方案),是根据预测危险源、危险目标可能发生事故的类别、危害程度,为使一旦发生事故时应当采取的应急救援行动及时、有效、有序,而事先编制的指导性文件。它是事故救援系统的重要组成部分。

《安全生产法》、国务院《关于进一步加强安全生产工作的决定》、《国务院关于特大安全事故行政责任追究的规定》(国务院令第302号)、《安全生产许可证条例》《生产安全事故应急预案管理办法》(国家安全生产监督管理总局令2016第88号)等法律、法规都对建立事故应急预案作出了相应的规定。

(一)应急救援预案编制的宗旨

(1)采取预防措施使事故控制在局部,消除蔓延条件,防止突发性重大或连锁事故的发生。

(2)能在事故发生后迅速有效地控制和处理事故,尽力减轻事故对人、财产和环境造成的影响。

(二)应急救援预案编制的原则

(1)目的性原则。

(2)科学性原则。

(3)实用性原则。

(4)权威性原则。

(5)从重、从大原则。

(6)分级原则。

(三)应急预案的分类

1. 我国事故应急救援体系将事故应急预案分成5个级别:

(1)Ⅰ级(企业级);

(2)Ⅱ级(县、市级);

(3)Ⅲ级(市、地级);

(4)Ⅳ级(省级);

(5)Ⅴ级(国家级)。

2. 针对公司可能发生的事故和所有危险源,按照级别和类别的不同,公司应急预案体系包括综合应急预案、专项应急预案、现场处置方案层别的内容。

(1)综合应急预案,是指生产经营单位为应对各种生产安全事故而制定的综合性工作方案,是本单位应对生产安全事故的总体工作程序、措施和应急预案体系的总纲。

(2)专项应急预案,是指生产经营单位为应对某一种或者多种类型生产安全事故,或者针对重要生产设施、重大危险源、重大活动防止生产安全事故而制定的专项性工作方案。

(3)现场处置方案,是指生产经营单位根据不同生产安全事故类型,针对具体场所、装置或者设施所制定的应急处置措施。

(四)应急预案的编制基本要求:

(1)有关法律、法规、规章和标准的规定;

(2)本地区、本部门、本单位的安全生产实际情况;

(3)本地区、本部门、本单位的危险性分析情况;

(4)应急组织和人员的职责分工明确,并有具体的落实措施;

(5)有明确、具体的应急程序和处置措施,并与其应急能力相适应;

(6)有明确的应急保障措施,满足本地区、本部门、本单位的应急工作需要;

(7)应急预案基本要素齐全、完整,应急预案附件提供的信息准确;

(8)应急预案内容与相关应急预案相互衔接。

(五)应急救援预案编制的内容

1.应急救援预案编制内容的相关规定

(1)编制应急预案应当成立编制工作小组,由本单位有关负责人任组长,吸收与应急预案有关的职能部门和单位的人员,以及有现场处置经验的人员参加。编制应急预案前,编制单位应当进行事故风险评估和应急资源调查。事故风险评估,是指针对不同事故种类及特点,识别存在的危险危害因素,分析事故可能产生的直接后果以及次生、衍生后果,评估各种后果的危害程度和影响范围,提出防范和控制事故风险措施的过程。应急资源调查,是指全面调查本地区、本单位第一时间可以调用的应急资源状况和合作区域内可以请求援助的应急资源状况,并结合事故风险评估结论制定应急措施的过程。

(2)生产经营单位应当根据有关法律、法规、规章和相关标准,结合本单位组织管理体系、生产规模和可能发生的事故特点,确立本单位的应急预案体系,编制相应的应急预案,并体现自救互救和先期处置等特点。生产经营单位风险种类多、可能发生多种类型事故的,应当组织编制综合应急预案。综合应急预案应当规定应急组织机构及其职责、应急预案体系、事故风险描述、预警及信息报告、应急响应、保障措施、应急预案管理等内容。

(3)对于某一种或者多种类型的事故风险,生产经营单位可以编制相应的专项应急预案,或将专项应急预案并入综合应急预案。专项应急预案应当规定应急指挥机构与职责、处置程序和措施等内容。

(4)对于危险性较大的场所、装置或者设施,生产经营单位应当编制现场处置方案。现场处置方案应当规定应急工作职责、应急处置措施和注意事项等内容。事故风险单一、危险性小的生产经营单位,可以只编制现场处置方案。

(5)生产经营单位应急预案应当包括向上级应急管理机构报告的内容、应急组织机构和人员的联系方式、应急物资储备清单等附件信息。附件信息发生变化时,应当及时更新,确保准确有效。

(6)生产经营单位组织应急预案编制过程中,应当根据法律、法规、规章的规定或者实际需要,征求相关应急救援队伍、公民、法人或其他组织的意见。

(7)生产经营单位编制的各类应急预案之间应当相互衔接,并与相关人民政府及其部门、应急救援队伍和涉及的其他单位的应急预案相衔接。

(8)生产经营单位应当在编制应急预案的基础上,针对工作场所、岗位的特点,编制简明、实用、有效的应急处置卡。应急处置卡应当规定重点岗位、人员的应急处置程序和措施,以及相关联络人员和联系方式,便于从业人员携带。

2.应急救援预案编制基本内容

1.应急防范重点区域和单位。

2.应急救援准备和快速反应详细方案。

3.应急救援现场处置和善后工作安排计划。

4.应急救援物资保障计划。

5. 应急救援请示报告制度。

3. 应急预案的修订并归档：当遇到下列情况时，应急救援预案应当进行修订

(1)依据的法律、法规、规章、标准及上位预案中的有关规定发生重大变化的；

(2)应急指挥机构及其职责发生调整的；

(3)面临的事故风险发生重大变化的；

(4)重要应急资源发生重大变化的；

(5)预案中的其他重要信息发生变化的；

(6)在应急演练和事故应急救援中发现问题需要修订的；

(7)编制单位认为应当修订的其他情况。

应急预案修订涉及组织指挥体系与职责、应急处置程序、主要处置措施、应急响应分级等内容变更的，修订工作应当参照《生产安全事故应急预案管理办法》(国家安全生产监督管理总局令2016第88号)规定的应急预案编制程序进行，并按照有关应急预案报备程序重新备案。

(六)应急救援预案的实施

生产经营单位应当按照应急预案的规定，落实应急指挥体系、应急救援队伍、应急物资及装备，建立应急物资、装备配备及其使用档案，并对应急物资、装备进行定期检测和维护，使其处于适用状态。

生产经营单位发生事故时，应当第一时间启动应急响应，组织有关力量进行救援，并按照规定将事故信息及应急响应启动情况报告安全生产监督管理部门和其他负有安全生产监督管理职责的部门。

生产安全事故应急处置和应急救援结束后，事故发生单位应当对应急预案实施情况进行总结评估。

(七)法律责任

1. 生产经营单位有下列情形之一的，由县级以上安全生产监督管理部门依照《中华人民共和国安全生产法》第九十四条的规定，责令限期改正，可以处5万元以下罚款；逾期未改正的，责令停产停业整顿，并处5万元以上10万元以下罚款，对直接负责的主管人员和其他直接责任人员处1万元以上2万元以下的罚款：

(1)未按照规定编制应急预案的；

(2)未按照规定定期组织应急预案演练的。

2. 生产经营单位有下列情形之一的，由县级以上安全生产监督管理部门责令限期改正，可以处1万元以上3万元以下罚款：

(1)在应急预案编制前未按照规定开展风险评估和应急资源调查的；

(2)未按照规定开展应急预案评审或者论证的；

(3)未按照规定进行应急预案备案的；

(4)事故风险可能影响周边单位、人员的，未将事故风险的性质、影响范围和应急防范措施告知周边单位和人员的；

(5)未按照规定开展应急预案评估的；

(6)未按照规定进行应急预案修订并重新备案的；

(7)未落实应急预案规定的应急物资及装备的。

【案例】

某厂工人在新建的库房内安装消防设施,安装过程中,不慎造成电线短路,引起库内棉堆突然冒烟起火。由于现场工人不会使用灭火器,火势迅速蔓延。辖区消防中队接到报警后迅速出动,然而厂区无消防栓,消防车要到几千米以外取水,加上风大,火势迅速猛烈蔓延至楼上各层。当地政府紧急调集多个消防中队增援,经过近10个小时的奋勇扑救,大火基本扑灭。其后留下一个消防中队继续扑灭余火,其他消防队相继撤离。由于棉包仍在阴燃,为彻底消灭火种,火场指挥部先后调来多部挖掘机和推土机进入厂房,将阴燃的棉包铲出,并让该厂派出几十名工人协助消防人员清理火种。随后,厂方又组织数百名工人进入火场清理火种,搬运残存棉包。不久,厂房突然发生倒塌,造成大量人员伤亡。

事后,厂长为加强应急管理工作,将企业重大事故应急预案编制纳入了工作计划,并将该任务指派给安全科。安全科科长受命后,立刻召集本部门人员成立了预案编制小组,进行了分工,并特意派出小组成员参加了预案编制培训班。编制小组在编制预案过程中,在档案室找到了5年前的企业预案,发现该预案中的厂区平面图及人员变化等与现在的实际情况有一些差异,内容略显单薄,但基本结构尚可。编制小组便在原预案的基础上进行修改,系统分析了该厂潜在的重大事故隐患和应急能力,并参考有关书目及其他企业的预案等,进行了大量的完善和补充,按期向厂长提交了预案初稿。此后编制小组根据厂长的审阅意见,再次修订完善,形成了预案的最终版本。预案经厂长批准签字后发至全厂有关部门。

二、多发性安全事故应急救援措施

施工现场多发性安全事故的急救主要包括触电急救、创伤救护、火灾急救、中毒或中暑及传染病应急救援等。

(一)触电急救

1. 急救步骤

(1)迅速脱离电源。

(2)现场对伤情进行简单诊断:

①观察伤员是否还有呼吸。

②检查伤员是否还有心跳。

③看瞳孔是否扩大。

2. 急救方法

(1)人工呼吸法。

(2)体外心脏挤压法。

(二)创伤救护

1. 开放性创伤的处理

(1)对伤口进行清洗消毒。

(2)止血。

2. 闭合性创伤的处理

(1)较轻的闭合性创伤,可在受伤部位冷敷,防止继续肿胀,减少皮下出血。

(2)对高处坠落或意外摔伤,不能对患者随意搬动,否则可能造成患者神经、血管损伤,加重病情。

(3)常用的搬运方法:担架搬运法和单人徒手搬运法。

(4)若有内伤,运送时采用卧位,注意保持呼吸通畅。

(5)若突然出现呼吸、心跳骤停,应立即进行人工呼吸或体外心脏挤压法急救。

(三)火灾急救

(1)先控制,后消灭。

(2)救人重于救火。

(3)先重点,后一般。

(4)正确使用灭火器材。各种灭火器的用途和使用方法如下:

①酸碱灭火器:倒过来稍加摇动或打开开关,药剂喷出。适用于扑救油类的火灾。

②泡沫灭火器:把灭火器筒身倒过来。适用于扑救木材、棉花、纸张等的火灾,不能扑救电气、油类的火灾。

③二氧化碳灭火器:一手拿好喇叭筒对准火源,另一手打开开关即可。

④卤代烷灭火器:先拔掉插销,然后握紧压把开关,压杆使密封阀开启,药剂即在氮气压力下由喷嘴射出。

⑤干粉灭火器:打开保险销,把喷管口对准火源,拉出拉环,即可喷出。适用于扑救石油产品、油漆、有机溶剂和电气设备等的火灾。

(四)中毒或中暑急救

1.食物中毒的救护

(1)发现饭后多人有呕吐、腹泻等不正常症状时,尽量让病人大量饮水,刺激喉部使其呕吐。

(2)立即将病人送往就近医院或拨打急救电话120。

(3)及时报告工地负责人和当地卫生防疫部门,并保留剩余食品以备检验。

2.燃气中毒的救护

(1)发现有人煤气中毒时,要迅速打开门窗,使空气流通。

(2)将中毒者转移到室外实行现场急救。

(3)将中毒者送往就近医院或立即拨打急救电话120。

(4)及时报告有关负责人。

3.毒气中毒的救护

(1)在井(地)下施工中有人发生毒气中毒时,井(地)上人员绝对不要盲目下去救助;必须先向出事点送风,救助人员装备齐全安全保护用具后,才能下去救人。

(2)立即报告工地负责人及有关部门,现场不具备抢救条件时,应及时拨打110或120电话求助。

4.中暑的救护

(1)迅速转移。

(2)降温。用凉水或50%酒精擦其全身,直到皮肤发红、血管扩张以促进散热。

(3)补充水分和无机盐类。

(4)及时处理呼吸、循环衰竭。

(5)转院。医疗条件不完善时,应对患者严密观察,精心护理,送往就近医院进行抢救。

（五）传染病应急救援

（1）若发现员工有集体发烧、咳嗽等不良症状，应立即报告现场负责人和有关主管部门，对患者进行隔离、加以控制，同时启动应急救援方案。

（2）立即把患者送往医院进行诊治，陪同人员必须做好防护隔离措施。

（3）对可能出现病因的场所进行隔离、消毒，严格控制疾病的再次传播。

（4）加强对现场员工的教育和管理，落实各级责任制，严格履行员工进出现场登记手续，做好病情的监测工作。

第四节　安全事故的救援及处理

一、应急救援预案的应急措施

生产安全应急救援工作，要坚持以“预防为主、防救结合、统一指挥，分级负责”的原则，更好地适应法律和经济活动的要求，给企业员工的工作和施工场区周围居民提供更好、更安全的环境；保证各种应急反应资源处于良好的备战状态；指导应急反应行动按计划有序地进行，防止因应急反应行动组织不力或现场救援工作的无序和混乱而延误事故的应急救援；有效地避免或降低人员伤亡和财产损失；帮助实现应急反应行动的快速、有序、高效；充分体现应急救援的“应急精神”。主要包括以下内容：

（1）事故应急处置程序。根据可能发生的事故类别及现场情况，明确事故报警、各项应急措施启动、应急救护人员的引导、事故扩大及同企业应急预案的衔接的程序。

（2）现场应急处置措施。针对可能发生的火灾、爆炸、危险化学品泄漏、坍塌、水患、机动车辆伤害等，从操作措施、工艺流程、现场处置、事故控制、人员救护、消防、现场恢复等方面制定明确的应急处置措施。

（3）报警电话及上级管理部门、相关应急救援单位联络方式和联系人员，事故报告基本要求和内容。

（4）注意事项主要包括如下内容：

①佩戴个人防护器具方面的注意事项；

②使用抢险救援器材方面的注意事项；

③采取救援对策或措施方面的注意事项；

④现场自救和互救注意事项；

⑤现场应急处置能力确认和人员安全防护等事项；

⑥应急救援结束后的注意事项；

⑦其他需要特别警示的事项。

二、事故报告的编制

安全生产事故报告的编制应遵循以下原则：

（1）安全生产事故的报告、统计、调查和处理工作必须坚持实事求是、尊重科学的原则。

（2）安全生产事故发生后，负伤者或者事故现场有关人员应当立即直接向部门领导报告，部门领导应在第一时间内报告公司主管领导。

(3)公司主管领导接到重伤、死亡、重大死亡事故报告后,应当立即赶赴事故现场,领导研究采取进一步措施。

(4)对于死亡、重大死亡事故,公司主管部门应当立即按系统逐级上报。事故报告应当包括以下内容:

①事故发生的时间、地点、单位;

②事故的简要经过、伤亡人数,直接经济损失的初步估计;

③事故发生原因的初步判断;

④事故发生后采取的措施及事故控制情况;

⑤事故报告单位。

(5)因违章指挥、违章作业、玩忽职守或者发生事故隐患、危害情况而不采取有效措施以致造成安全生产事故的,或者事故发生后隐瞒不报、谎报、故意延迟不报、故意破坏事故现场,或者无正当理由,拒绝接受调查以及拒绝提供有关情况和资料的,由公司主管部门或者公司按照国家有关规定,对相应部门负责人和直接责任人员给予经济处罚或开除;构成犯罪的,由司法机关依法追究刑事责任。

【案例】

在演播大厅舞台支撑系统支架搭设前,项目部在没有施工方案的情况下,按搭设顶部模板支撑系统的施工方法,先后完成了3个演播厅、门厅和观众厅的搭设模板与浇筑混凝土施工。1月,该建筑公司工程师茅某编制了"上部机构施工组织设计",并于当月30日经项目副经理成某和分公司副主任工程师赵某批准实施。

7月22日开始搭设施工后时断时续。搭设时没有施工方案,没有样图,没有进行技术交底。由项目副经理成某决定支架立杆,纵横向水平杆的搭设尺寸按常规(即前五个厅的支架尺寸)进行搭设,由项目部施工员丁某在现场指挥搭设。搭设开始约15天后,分公司副主任工程师赵某将"模板工程施工方案"交给丁某。丁某看到施工方案后,向项目副经理成某作了汇报,成答复还按以前的规格搭架子,到最后再加固。模板支撑系统支架由该建筑公司的劳务公司组织进场的朱某工程队进行搭设(朱某是市标牌厂职工,以个人名义挂靠在该建筑公司劳务公司,6月进入施工工地从事脚手架搭设,事故发生时朱某工程队共17名民工,其中5人无特种作业操作证),地上25~29 m最上边一段由木工工长孙某负责指挥搭设。10月15日完成搭设支架总面积约624 m^2,高度38 m。搭设支架的全过程中,没有办理自检、互检、交接检、专职检的手续,搭设完毕后未按规定进行整体验收。

10月17日开始模板安装,10月24日完成。23日木工工长孙某向项目副经理成某反映水平杆加固没有到位,成某即安排架子工加固支架。25日浇筑混凝土时仍有6名架子工在继续加固支架。

10月25日6:55开始浇筑混凝土,8点多,项目部资料质量员姜某才补填混凝土浇捣令,并送监理公司总监韩某签字,韩某将日期签为24日。浇筑现场由项目部混凝土工长邢某负责指挥。该建筑公司的混凝土分公司负责为本工程供应混凝土,并为B区屋面浇筑C40混凝土。屋面坍塌度16~18 cm,用2台混凝土泵同时向上输送混凝土,输送高度约40 cm,泵管长度约60 m×2。浇筑时,现场有混凝土工长1人,木工8人,架子工8人,钢筋工2

人，混凝土工20人，以及电视台3名工作人员（为拍摄现场资料）等。自10月25日6:55开始至10:10，输送机械设备一直运行正常。到事故发生时，输送至屋面的混凝土约139 m^2，重约342 t，占原计划输送屋面混凝土总量的51%。10:10，当浇筑混凝土由北向南推进，浇至主次梁交叉点区域时，模板支架立杆失稳，引起支撑系统整体倒塌。屋顶模板上正在浇筑混凝土的工人纷纷随塌落的支架和模板坠落，部分工人被塌落的支架、模板和混凝土浆掩埋。

事故发生后，该建筑项目经理部向有关部门紧急报告事故情况。闻讯赶到的领导、公安民警、武警战士和现场工人实施了紧急抢险工作，将伤者立即送往医院进行救治。事故造成正在现场施工的民工和电视台工作人员6名死亡，35人受伤，其中重伤11人，直接经济损失707 815元。

事故责任划分及处理：①该建筑公司项目部副经理成某，具体负责大演播厅舞台工程，在未见到施工方案的情况下，决定按常规搭设顶部模板支架；在知道支撑系统的立杆、纵横向水平杆的尺寸与施工方案不符时，不与工程技术人员商量，擅自决定继续按原尺寸施工，盲目自信。他对事故的发生应负主要责任，移送司法机关追究刑事责任。②监理公司驻工地总监韩某，违反"市项目监理实施程序"中的规定，没有对施工方案进行审查认可，没有监督对模板支撑系统的验收，对施工方的违规行为没有下达停工令，无监理工程师资格证书上岗，对事故的发生应负主要责任，移送司法机关追究刑事责任。③该建筑公司项目部施工员丁某，在未见到施工方案的情况下，违章指挥民工搭设支架，对事故的发生应负重要责任，移送司法机关追究刑事责任。④朱某，违反国家关于特种作业人员必须持证上岗的规定，私招乱雇部分无上岗证的民工搭设支架，对事故的发生应负直接责任，移送司法机关追究刑事责任。⑤该建筑公司分公司兼项目部经理史某，负责电视台演播中心工程的全面工作，对该工程的安全生产负总责，但他对工程的模板支撑系统重视不够，未组织有关工程技术人员对施工方案进行认真的审查，对施工现场用工混乱等管理不力，对事故的发生应负直接领导责任，给予史某行政撤职处分。⑥监理公司总经理张某，违反建设部《监理工程师资格考试和注册试行办法》（建设部第18号令）的规定，严重不负责任，委任没有监理工程师资格证书的韩某担任电视台演播中心工程的总监理工程师；对驻工地监理组监管不力，工作严重失职，应负有监理方的领导责任。有关部门按行业管理规定对该监理公司给予在某市停止承接任务一年的处罚和相应的经济处罚。⑦该建筑公司总工程师郎某，负责公司的技术质量全面工作，并在公司领导内部分工中负责电视台演播中心工程，但他深入工地解决具体的施工和技术问题不够，对大型或复杂重要的混凝土工程施工缺乏技术管理，监督管理不力，对事故的发生应负主要领导责任，给予行政记大过处分。⑧该建筑公司安技处处长李某，负责公司的安全生产具体工作，但他对施工现场安全监督检查不力，安全管理不到位，对事故的发生应负安全管理上的直接责任，给予行政记大过处分。⑨该建筑公司分公司副总工程师赵某，负责分公司技术和质量工作，但他对模板支撑系统的施工方案审查不严，而方案中缺少计算说明书、构造示意图和具体操作步骤，未按正常手续对施工方案进行交接，对事故的发生应负技术上的直接领导责任，给予行政记过处分。⑩项目经理部项目工程师茅某，负责工程项目的具体技术工作，但他未按规定认真编制模板工程施工方案，施工方案中未对"施工组织设计"进行细化，未按规定组织模板支架的验收工作，对事故的发生应负技术上的重要责任，给予行政记过处分。⑪该建筑公司副总经理万某，负责该建筑公司的施工生产和安全工作，但他深入基层工作不够，对现场施工混乱的状况缺乏管理，对事故的发生应负领导责任，给予行政记过处分。⑫该建筑公司总经理刘某，负责公司的全面工作，对公司安全生产负总责，但他对施工管理和技术管理力度不够，对事故的发生应负领导责任，给予行政警告处分。

本章小结

本章主要讲解了施工现场安全事故的主要救援方法，安全事故的处理程序及要求，以及安全事故应急预案的编制内容和方法，并对安全事故报告的编制进行了介绍。通过本章学习可以掌握安全事故救援处理知识，参与编写安全事故应急救援预案，并对安全事故进行救援处理、调查分析。

思考练习题

1. 简述触电急救的救援方法。
2. 简述创伤急救的救援方法。
3. 简述骨折急救的救援方法。
4. 简述高温中暑急救的救援方法。
5. 安全事故的等级划分为哪几类及划分标准？
6. 安全事故的处理程序有哪些？
7. 事故调查如何分级？
8. 安全事故报告如何编制？主要内容包括什么？
9. 事故处理的原则有哪些？
10. 事故处理的时限要求是什么？
11. 应急救援预案编制的宗旨有哪些？
12. 应急救援预案编制的原则是什么？
13. 应急预案如何分类？
14. 应急救援预案编制内容的相关规定有哪些？
15. 遇到什么情况时，应急救援预案应当进行修订？
16. 应急救援预案的实施要求有哪些？

第八章　项目文明施工和绿色施工管理

【学习目标】

掌握绿色施工、文明施工的基本知识，能够参与项目文明施工、绿色施工的管理。

第一节　文明施工和绿色施工的管理

一、施工现场安全色标管理

安全色是表达信息含义的颜色，用来表示禁止、警告、指令、指示等，其作用在于使人们能迅速发现或分辨安全标志，提醒人们注意，预防事故发生。施工现场应放置安全色标志的数量及位置详见表8-1。

表8-1　施工现场应放置安全色标志的数量及位置

类别	数量	应放置位置
禁止类(红色)		
禁止吸烟	8个	材料库房、成品库、油料堆放处、易燃易爆场所、材料场地、木工棚、施工现场、打字复印室
禁止通行	7个	外架拆除、坑、沟、洞、槽、吊钩下方、危险部位
禁止攀登	6个	外用电梯出口、通道口、马道出入口、首层外架四面、栏杆、未验收的外架
禁止跨越	6个	外用电梯出口、通道口、马道出入口、首层外架四面、栏杆、未验收的外架
指令类(蓝色)		
必须戴安全帽	7个	现场大门口、外用电梯出入口、吊钩下方、危险部位、通道口、马道出入口、上下交叉作业
必须系安全带	5个	现场大门口、马道出入口、外用电梯出入口、高处作业场所、特种作业场所
必须穿防护服	5个	通道口、马道出入口、外用电梯出入口、电焊工操作场所、油漆防水施工场所
必须戴防护镜	12个	通道口、马道出入口、外用电梯出入口、通道出入口、马道出入口、车工操作间、焊工操作场所、抹灰操作场所、机械喷漆场所、修理间、电镀间、钢筋加工场所
警告类(黄色)		
当心弧光	1个	焊工操作场所
当心塌方	2个	坑下作业场所、土方开挖
机械伤人	6个	机械操作场所、电锯、电钻、电刨、钢筋加工机械、机械修理场所
提示类(绿色)		
安全状态通行	5个	安全通道、行人车辆通道、外架施工层防护、人行通道、防护棚子

(1)红色：表示禁止、停止、消防和危险的意思。

(2)蓝色:表示指令,必须遵守的规定。

(3)黄色:表示通行、安全的提供信息的意思。

安全标志是指在操作人员容易产生错误,有造成事故危险的场所,为了确保安全,所采取的一种标示,此标志由安全色同几何图形符号构成,是用于表达特定安全信息的特殊标示,设置安全标志的目的是引起人们对不安全因素的注意,预防事故发生。

(1)禁止标志:是不准或制止人们某种行为的标志(图形为黑色,禁止符号与文字底色为红色)。

(2)警告标志:是使人们注意可能发生的危险的标志(图形警告符号及字体为黑色,图形底色为黄色)。

(3)指令标志:是告诉人们必须遵守的标志(图形为白色,指令标志底色均为蓝色)。

(4)提示标志:是向人们提示目标的方向,用于消防提示的标志(消防提示标志的底色为红色,文字、图形为白色)。

二、施工现场环境保护

施工现场环境保护是按照法律法规、各级主管部门和企业的要求,保护和改善作业现场的环境,控制现场的各种粉尘、废水、废气、固体废弃物、噪声、振动等对环境的污染和危害。环境保护也是文明施工的重要内容之一。

(一)环境保护措施的主要内容

1. 现场环境保护措施的制定

(1)对确定的重要环境因素制订目标、指标及管理方案。

(2)明确关键岗位人员和管理人员的职责。

(3)建立施工现场对环境保护的管理制度。

(4)对噪声、电焊弧光、无损检测等方面可能造成的污染和防治的控制。

(5)易燃、易爆及其他化学危险品的管理。

(6)废弃物,特别是有毒有害及危险品包装品等固体或液体的管理和控制。

(7)节能降耗管理。

(8)应急准备和响应等方面的管理制度。

(9)对工程分包方和相关方提出现场保护环境所需的控制措施和要求。

(10)对物资供应方提出保护环境行为要求,必要时在采购合同中予以明确。

2. 现场环境保护措施的落实

(1)施工作业前,应对确定的与重要环境因素有关的作业环节,进行操作安全技术交底或指导,落实到作业活动中,并实施监控。

(2)在施工和管理活动过程中进行控制检查,并接受上级部门和当地政府或相关方的监督检查,发现问题立即整改。

(3)进行必要的环境因素监测控制,如施工噪声、污水或废气的排放等,项目经理部自身无条件检测时,可委托当地环境管理部门进行检测。

(4)施工现场、生活区和办公区应配备的应急器材、设施应落实并完好,以备应急时使用。

(5)加强施工人员的环境保护意识教育,组织必要的培训,使制定的环境保护措施得到落实。

(二)施工现场的噪声控制

噪声是影响与危害非常广泛的环境污染问题。噪声环境可以干扰人的睡眠与工作、影响人的心理状态与情绪,造成人的听力损失,甚至引起许多疾病,此外噪声对人们的对话干扰也是相当大的。

噪声控制技术可从声源、传播途径、接收者防护、严格控制人为噪声、控制强噪声作业的时间等方面来考虑。

1. 声源控制

从声源上降低噪声,这是防止噪声污染的最根本的措施。

尽量采用低噪声设备和工艺代替高噪声设备与加工工艺,如低噪声振捣器、风机、电动空压机、电锯等。

在声源处安装消声器消声,即在通风机、鼓风机、压缩机、燃气机、内燃机及各类排气放空装置等进出风管的适当位置设置消声器。

2. 传播途径的控制

在传播途径上控制噪声方法主要有以下几种。

吸声:利用吸声材料(大多由多孔材料制成)或由吸声结构形成的共振结构(金属或木质薄板钻孔制成的空腔体)吸收声能,降低噪声。

隔声:应用隔声结构,阻碍噪声向空间传播,将接收者与噪声声源分隔。隔声结构包括隔声室、隔声罩、隔声屏障、隔声墙等。

消声:利用消声器阻止传播。允许气流通过的消声降噪是防治空气动力性噪声的主要装置,如对空气压缩机、内燃机产生的噪声进行消声等。

减振降噪沙地:对来自振动引起的噪声,通过降低机械振动减小噪声,如将阻尼材料涂在振动源上,或改变振动源与其他刚性结构的连接方式等。

3. 接收者的防护

让处于噪声环境下的人员使用耳塞、耳罩等防护用品,减少相关人员在噪声环境中的暴露时间,以减轻噪声对人体的危害。

4. 严格控制人为噪声

进入施工现场不得高声喊叫、无故甩打模板、乱吹哨,限制高音喇叭的使用,最大限度地减少噪声扰民。

5. 控制强噪声作业的时间

凡在人口稠密区进行强噪声作业时,须严格控制作业时间,一般晚 10 点到次日早 6 点之间停止强噪声作业。施工现场的强噪声设备宜设置在远离居民区的一侧。对因生产工艺要求或其他特殊需要,确需在 22 时至次日 6 时期间进行强噪声工作的,施工前建设单位和施工单位应到有关部门提出申请,经批准后方可进行夜间施工,并公告附近居民。

根据国家标准《建筑施工场界噪声限值》(GB 12523)的要求,对不同施工作业的噪声限值如表 8-2 所示。在工程施工中,要特别注意不得超过国家标准的限值,尤其是夜间禁止打桩作业。

表 8-2　建筑施工场界噪声限值

施工阶段	主要噪声源	噪声限值[dB(A)]	
		昼间	夜间
土石方	推土机、挖掘机、装载机等	75	55
打桩	各种打桩机械等	85	禁止施工
结构	混凝土搅拌机、振捣棒、电锯等	70	55
装修	吊车、升降机等	65	55

(三)施工现场空气污染的防治措施

施工现场宜采取措施硬化,其中主要道路、料场、生活办公区域必须进行硬化处理,土方应集中堆放。裸露的场地和集中堆放的土方应采取覆盖、固化或绿化等措施,施工现场垃圾渣土要及时清理出现场。

高大建筑物清理施工垃圾时,要使用封闭式的容器或者采取其他措施处理高空废弃物,严禁凌空随意抛撒。

施工现场道路应指定专人定期洒水清扫,形成制度,防止道路扬尘。

对于细颗粒散体材料(如水泥、粉煤灰、白灰等)的运输、储存要注意遮盖、密封,防止和减少飞扬。

车辆开出工地要做到不带泥沙,基本做到不撒土、不扬尘,减少对周围环境污染。施工现场混凝土搅拌场所应采取封闭、降尘措施。

除设有符合规定的装置外,禁止在施工现场焚烧油毡、橡胶、塑料、皮革、树叶、枯草、各种包装物等废弃物品以及其他会产生有毒、有害烟尘和恶臭气体的物质。

机动车都要安装减少尾气排放的装置,确保符合国家标准。

工地茶炉应尽量采用电热水器,若只能使用烧煤茶炉和锅炉时,应选用消烟除尘型茶炉和锅炉,大灶应选用消烟节能回风炉灶,使烟尘降至允许排放范围为止。

大城市市区的建设工程已不容许搅拌混凝土。在容许设置搅拌站的工地,应将搅拌站封闭严密,并在进料仓上方安装除尘装置,采用可靠措施控制工地粉尘污染。

拆除旧建筑物时,应适当洒水,防止扬尘。

(四)建筑工地上常见的固体废物

1. 固体废物的概念

施工工地常见的固体废物有:

(1)建筑渣土:包括砖瓦、碎石、渣土、混凝土碎块、废钢铁、碎玻璃、废屑、废弃装饰材料等。废弃的散装建筑材料包括散装水泥、石灰等。

(2)生活垃圾:包括炊厨废物、丢弃食品、废纸、生活用具、玻璃、陶瓷碎片、废电池、废旧日用品、废塑料制品、煤灰渣、粪便、废交通工具。

(3)设备、材料等的废弃包装材料。

2. 固体废物对环境的危害

固体废物对环境的危害是全方位的,主要表现在以下几个方面。

(1)侵占土地:由于固体废物的堆放,可直接破坏土地和植被。

(2)污染土壤:固体废物的堆放中,有害成分易污染土壤,并在土壤中发生积累,给作物生长带来危害。部分有害物质还能杀死土壤中的微生物,使土壤丧失腐解能力。

(3)污染水体:固体废物遇水浸泡、溶解后,其有害成分随地表径流或土壤渗流污染地下水和地表水;此外,固体废物还会随风飘迁进入水体造成污染。

(4)污染大气:以细颗粒状存在的废渣垃圾和建筑材料在堆放与运输过程中,会随风扩散,使大气中悬浮的灰尘废弃物提高;此外,固体废物在焚烧等处理过程中,可能产生有害气体造成大气污染。

(5)影响环境卫生:固体废物的大量堆放,会招致蚊蝇滋生,臭味四溢,严重影响工地以及周围环境卫生,对员工和工地附近居民的健康造成危害。

3. 固体废物的主要处理方法

(1)回收利用:回收利用是对固体废物进行资源化、减量化的重要手段之一。对建筑渣土可视其情况加以利用。废钢可按需要用做金属原材料。对废电池等废弃物应分散回收,集中处理。

(2)减量化处理:减量化是对已经产生的固体废物进行分选、破碎、压实浓缩、脱水等减少其最终处置量,降低处理成本,减少对环境的污染。在减量化处理的过程中,也包括和其他处理技术相关的工艺方法,如焚烧、热解、堆肥等。

(3)焚烧技术:焚烧用于不适合再利用且不宜直接予以填埋处置的废物,尤其是对于受到病菌、病毒污染的物品,可以用焚烧进行无害化处理。焚烧处理应使用符合环境要求的处理装置,注意避免对大气的二次污染。

(4)稳定和固化技术:利用水泥、沥青等胶结材料,将松散的废物包裹起来,减小废物的毒性和可迁移性,使得污染减少。

(5)填埋:填埋是固体废物处理的最终技术,经过无害化、减量化处理的废物残渣集中到填埋场进行处置。填埋场应利用天然或人工屏障。尽量使需处置的废物与周围的生态环境隔离,并注意废物的稳定性和长期安全性。

(五)防治水污染

(1)施工现场应设置排水沟及沉淀池,现场废水不得直接排入市政污水管网和河流;

(2)现场存放的油料、化学溶剂等应设有专门的库房,地面应进行防渗漏处理;

(3)食堂应设置隔油池,并应及时清理;

(4)厕所的化粪池应进行抗渗处理;

(5)食堂、盥洗室、淋浴间的下水管线应设置隔离网,并应与市政污水管线连接,保证排水通畅。

三、施工现场的卫生与防疫

(一)卫生保健

(1)施工现场应设置保健卫生室,配备保健药箱、常用药及绷带、止血带、颈托、担架等急救器材,小型工程可以用办公用房兼作保健卫生室;

(2)施工现场应当配备兼职或专职急救人员,处理伤员和职工保健,对生活卫生进行监督和定期检查食堂、饮食等卫生情况;

(3)要利用板报等形式向职工介绍防病的知识和方法,做好对职工卫生防病的宣传教育工作。

(4)当施工现场作业人员发生法定传染病、食物中毒、急性职业中毒时,必须在2 h内向事故发生所在地建设行政主管部门和卫生防疫部门报告,并应积极配合调查处理;

(5)现场施工人员患有法定的传染病或病源携带者时,应及时进行隔离,并由卫生防疫部门进行处置。

(二)保洁

办公区和生活区应设专职或兼职保洁员,负责卫生清扫和保洁,应有灭鼠、蚊、蝇、蟑螂等措施,并应定期投放和喷洒药物。

(三)食堂卫生

(1)食堂必须有卫生许可证;

(2)炊事人员必须持有身体健康证,上岗应穿戴洁净的工作服、工作帽和口罩,并应保持个人卫生;

(3)炊具、餐具和饮水器具必须及时清洗消毒;

(4)必须加强食品、原料的进货管理,做好进货登记,严禁购买无照、无证商贩经营的食品和原料,施工现场的食堂严禁出售变质食品。

四、施工现场文明施工

(一)文明施工的概念

文明施工是保持施工现场良好的作业环境、卫生环境和工作秩序。

文明施工主要包括以下几个方面的工作:

(1)规范施工现场的场容,保持作业环境的整洁卫生。

(2)科学组织施工,使生产有序进行。

(3)减少施工对周围居民和环境的影响。

(4)保证职工的安全和身体健康。

(二)现场文明施工的策划

1.施工项目文明施工管理组织体系

(1)施工现场文明施工管理组织体系根据项目情况有所不同。以机电安装工程为主、土建为辅的施工项目,机电总承包单位作为现场文明施工管理的主要负责人;以土建施工为主、机电安装为辅的项目,施工总承包单位作为现场文明施工管理的主要负责人;机电安装工程各专业分包单位在总承包单位的总体部署下,负责分包工程的文明施工管理系统。

(2)施工总承包文明施工领导小组,在开工前参照项目经理部编制的“项目管理实施规划”或“施工组织设计”,全面负责对施工现场的规划、制定各项文明施工管理制度、划分责任区、明确责任负责人,对现场文明施工管理具有落实、监督、检查、协调职责,并有处罚、奖励权。

2.施工项目文明施工策划(管理)的主要内容

(1)现场管理;

(2)安全防护;

(3)临时用电安全;

(4)机械设备安全;

(5)消防、保卫管理；

(6)材料管理；

(7)环境保护管理；

(8)环境卫生管理；

(9)宣传教育。

(三)组织和制度管理

(1)施工现场应成立以项目经理为第一责任人的文明施工管理组织。分包单位应服从总包单位的文明施工管理组织的统一管理,并接受监督检查。

(2)各项施工现场管理制度应有文明施工的规定,包括个人岗位责任制、经济责任制、安全检查制度、持证上岗制度、奖惩制度、竞赛制度和各项专业管理制度等。

(3)加强和落实现场文明检查、考核及奖惩管理,以促进施工文明管理工作提高。检查范围和内容应全面周到,包括生产区、生活区、场容场貌、环境文明及制度落实等内容。检查发现的问题应采取整改措施。

(4)施工组织设计(方案)中应明确对文明施工的管理规定,明确各阶段施工过程中现场文明施工所采取的各项措施。

(5)建立收集文明施工的资料,包括上级关于文明施工的标准、规定、法律法规等资料,并建立其相应保存的措施。建立施工现场相应的文明施工管理的资料系统并整理归档:

①文明施工自检资料;

②文明施工教育、培训、考核计划的资料;

③文明施工活动各项记录资料。

(6)加强文明施工的宣传和教育。

在坚持岗位练兵基础上,要采取派出去、请进来、短期培训、上技术课、登黑板报、广播、看录像、看电视等方法狠抓教育工作。要特别注意对临时工的岗前教育。专业管理人员应熟悉、掌握文明施工的规定。

五、绿色施工

绿色施工是指工程建设中,在保证质量、安全等基本要求的前提下,通过科学管理和技术进步,最大限度地节约资源与减少对环境负面影响的施工活动,实现“四节一环保”(节能、节地、节水、节材和环境保护)。

(一)绿色施工原则

(1)绿色施工是建筑全寿命周期中的一个重要阶段。实施绿色施工,应进行总体方案优化。在规划、设计阶段,应充分考虑绿色施工的总体要求,为绿色施工提供基础条件。

(2)实施绿色施工,应对施工策划、材料采购、现场施工、工程验收等各阶段进行控制,加强对整个施工过程的管理和监督。

(二)绿色施工总体框架

绿色施工总体框架由施工管理、环境保护、节材与材料资源利用、节水与水资源利用、节能与能源利用、节地与施工用地保护六个方面组成。这六个方面涵盖了绿色施工的基本指标,同时包含了施工策划、材料采购、现场施工、工程验收等各阶段的指标的子集。

(三)绿色施工要点

1. 环境保护技术要点

(1)扬尘控制

①运送土方、垃圾、设备及建筑材料等,不污损场外道路。运输容易散落、飞扬、流漏的物料的车辆,必须采取措施封闭严密,保证车辆清洁。施工现场出口应设置洗车槽。

②土方作业阶段,采取洒水、覆盖等措施,达到作业区目测扬尘高度小于1.5 m,不扩散到场区外。

③结构施工、安装装饰装修阶段,作业区目测扬尘高度小于0.5 m。对易产生扬尘的堆放材料应采取覆盖措施;对粉末状材料应封闭存放;场区内可能引起扬尘的材料及建筑垃圾搬运应有降尘措施,如覆盖、洒水等;浇筑混凝土前清理灰尘和垃圾时尽量使用吸尘器,避免使用吹风器等易产生扬尘的设备;机械剔凿作业时可用局部遮挡、掩盖、水淋等防护措施;高层或多层建筑清理垃圾应搭设封闭性临时专用道或采用容器吊运。

④施工现场非作业区达到目测无扬尘的要求。对现场易飞扬物质采取有效措施,如洒水、地面硬化、围档、密网覆盖、封闭等,防止扬尘产生。

⑤构筑物机械拆除前,做好扬尘控制计划。可采取清理积尘、拆除体洒水、设置隔档等措施。

⑥构筑物爆破拆除前,做好扬尘控制计划。可采用清理积尘、淋湿地面、预湿墙体、屋面敷水袋、楼面蓄水、建筑外设高压喷雾状水系统、搭设防尘排栅和直升机投水弹等综合降尘。选择风力小的天气进行爆破作业。

⑦在场界四周隔档高度位置测得的大气总悬浮颗粒物(TSP)月平均浓度与城市背景值的差值不大于0.08 mg/m^3。

(2)噪音与振动控制

①现场噪音排放不得超过国家标准《建筑施工场界环境噪声排放标准》(GB 12523—2011)的规定。

②在施工场界对噪音进行实时监测与控制。监测方法执行国家标准《建筑施工场界环境噪声排放标准》(GB 12523—2011)。

③使用低噪音、低振动的机具,采取隔音与隔振措施,避免或减少施工噪音和振动。

(3)光污染控制

①尽量避免或减少施工过程中的光污染。夜间室外照明灯加设灯罩,透光方向集中在施工范围。

②电焊作业采取遮挡措施,避免电焊弧光外泄。

(4)水污染控制

①施工现场污水排放应达到国家标准《污水综合排放标准》(GB 8978—1996)的要求。

②在施工现场应针对不同的污水,设置相应的处理设施,如沉淀池、隔油池、化粪池等。

③污水排放应委托有资质的单位进行废水水质检测,提供相应的污水检测报告。

④保护地下水环境。采用隔水性能好的边坡支护技术。在缺水地区或地下水位持续下降的地区,基坑降水尽可能少地抽取地下水;当基坑开挖抽水量大于50万 m^3 时,应进行地下水回灌,并避免地下水被污染。

⑤对于化学品等有毒材料、油料的储存地,应有严格的隔水层设计,做好渗漏液收集和处理。

(5)土壤保护

①保护地表环境,防止土壤侵蚀、流失。因施工造成的裸土,及时覆盖砂石或种植速生草种,以减少土壤侵蚀;因施工造成容易发生地表径流土壤流失的情况,应采取设置地表排水系统、稳定斜坡、植被覆盖等措施,减少土壤流失。

②沉淀池、隔油池、化粪池等不发生堵塞、渗漏、溢出等现象。及时清掏各类池内沉淀物,并委托有资质的单位清运。

③对于有毒有害废弃物如电池、墨盒、油漆、涂料等应回收后交有资质的单位处理,不能作为建筑垃圾外运,避免污染土壤和地下水。

④施工后应恢复施工活动破坏的植被(一般指临时占地内)。与当地园林、环保部门或当地植物研究机构进行合作,在先前开发地区种植当地或其他合适的植物,以恢复剩余空地地貌或科学绿化,补救施工活动中人为破坏植被和地貌造成的土壤侵蚀。

(6)建筑垃圾控制

①制定建筑垃圾减量化计划,如住宅建筑,每万平方米的建筑垃圾不宜超过400吨。

②加强建筑垃圾的回收再利用,力争建筑垃圾的再利用和回收率达到30%,建筑物拆除产生的废弃物的再利用和回收率大于40%。对于碎石类、土石方类建筑垃圾,可采用地基填埋、铺路等方式提高再利用率,力争再利用率大于50%。

③施工现场生活区设置封闭式垃圾容器,施工场地生活垃圾实行袋装化,及时清运。对建筑垃圾进行分类,并收集到现场封闭式垃圾站,集中运出。

(7)地下设施、文物和资源保护

①施工前应调查清楚地下各种设施,做好保护计划,保证施工场地周边的各类管道、管线、建筑物、构筑物的安全运行。

②施工过程中一旦发现文物,立即停止施工,保护现场并通报文物部门并协助做好工作。

③避让、保护施工场区及周边的古树名木。

④逐步开展统计分析施工项目的CO_2排放量,以及各种不同植被和树种的CO_2固定量的工作。

2. 节材与材料资源利用技术要点

(1)节材措施

①图纸会审时,应审核节材与材料资源利用的相关内容,达到材料损耗率比定额损耗率降低30%。

②根据施工进度、库存情况等合理安排材料的采购、进场时间和批次,减少库存。

③现场材料堆放有序。储存环境适宜,措施得当。保管制度健全,责任落实。

④材料运输工具适宜,装卸方法得当,防止损坏和遗洒。根据现场平面布置情况就近卸载,避免和减少二次搬运。

⑤采取技术和管理措施提高模板、脚手架等的周转次数。

⑥优化安装工程的预留、预埋、管线路径等方案。

⑦应就地取材,施工现场500公里以内生产的建筑材料用量占建筑材料总重量的70%以上。

(2)结构材料

①推广使用预拌混凝土和商品砂浆。准确计算采购数量、供应频率、施工速度等,在施工过程中动态控制。结构工程使用散装水泥。

②推广使用高强钢筋和高性能混凝土,减少资源消耗。

③推广钢筋专业化加工和配送。

④优化钢筋配料和钢构件下料方案。钢筋及钢结构制作前应对下料单及样品进行复核,无误后方可批量下料。

⑤优化钢结构制作和安装方法。大型钢结构宜采用工厂制作,现场拼装;宜采用分段吊装、整体提升、滑移、顶升等安装方法,减少方案的措施用材量。

⑥采取数字化技术,对大体积混凝土、大跨度结构等专项施工方案进行优化。

(3)围护材料

①门窗、屋面、外墙等围护结构选用耐候性及耐久性良好的材料,施工确保密封性、防水性和保温隔热性。

②门窗采用密封性、保温隔热性能、隔音性能良好的型材和玻璃等材料。

③屋面材料、外墙材料具有良好的防水性能和保温隔热性能。

④当屋面或墙体等部位采用基层加设保温隔热系统的方式施工时,应选择高效节能、耐久性好的保温隔热材料,以减小保温隔热层的厚度及材料用量。

⑤屋面或墙体等部位的保温隔热系统采用专用的配套材料,以加强各层次之间的粘结或连接强度,确保系统的安全性和耐久性。

⑥根据建筑物的实际特点,优选屋面或外墙的保温隔热材料系统和施工方式,例如保温板粘贴、保温板干挂、聚氨酯硬泡喷涂、保温浆料涂抹等,以保证保温隔热效果,并减少材料浪费。

⑦加强保温隔热系统与围护结构的节点处理,尽量降低热桥效应。针对建筑物的不同部位保温隔热特点,选用不同的保温隔热材料及系统,以做到经济适用。

(4)装饰装修材料

①贴面类材料在施工前,应进行总体排版策划,减少非整块材的数量。

②采用非木质的新材料或人造板材代替木质板材。

③防水卷材、壁纸、油漆及各类涂料基层必须符合要求,避免起皮、脱落。各类油漆及粘结剂应随用随开启,不用时及时封闭。

④幕墙及各类预留预埋应与结构施工同步。

⑤木制品及木装饰用料、玻璃等各类板材等宜在工厂采购或定制。

⑥采用自粘类片材,减少现场液态粘结剂的使用量。

(5)周转材料

①应选用耐用、维护与拆卸方便的周转材料和机具。

②优先选用制作、安装、拆除一体化的专业队伍进行模板工程施工。

③模板应以节约自然资源为原则,推广使用定型钢模、钢框竹模、竹胶板。

④施工前应对模板工程的方案进行优化。多层、高层建筑使用可重复利用的模板体系,模板支撑宜采用工具式支撑。

⑤优化高层建筑的外脚手架方案,采用整体提升、分段悬挑等方案。

⑥推广采用外墙保温板替代混凝土施工模板的技术。

⑦现场办公和生活用房采用周转式活动房。现场围挡应最大限度地利用已有围墙,或采用装配式可重复使用围挡封闭。力争工地临房、临时围挡材料的可重复使用率达到70%。

3. 节水与水资源利用的技术要点

(1)提高用水效率

①施工中采用先进的节水施工工艺。

②施工现场喷洒路面、绿化浇灌不宜使用市政自来水。现场搅拌用水、养护用水应采取有效的节水措施,严禁无措施浇水养护混凝土。

③施工现场供水管网应根据用水量设计布置,管径合理、管路简捷,采取有效措施减少管网和用水器具的漏损。

④现场机具、设备、车辆冲洗用水必须设立循环用水装置。施工现场办公区、生活区的生活用水采用节水系统和节水器具,提高节水器具配置比率。项目临时用水应使用节水型产品,安装计量装置,采取针对性的节水措施。

⑤施工现场建立可再利用水的收集处理系统,使水资源得到梯级循环利用。

⑥施工现场分别对生活用水与工程用水确定用水定额指标,并分别计量管理。

⑦大型工程的不同单项工程、不同标段、不同分包生活区,凡具备条件的应分别计量用水量。在签订不同标段分包或劳务合同时,将节水定额指标纳入合同条款,进行计量考核。

⑧对混凝土搅拌站点等用水集中的区域和工艺点进行专项计量考核。施工现场建立雨水、中水或可再利用水的搜集利用系统。

(2)非传统水源利用

①优先采用中水搅拌、中水养护,有条件的地区和工程应收集雨水养护。

②处于基坑降水阶段的工地,宜优先采用地下水作为混凝土搅拌用水、养护用水、冲洗用水和部分生活用水。

③现场机具、设备、车辆冲洗、喷洒路面、绿化浇灌等用水,优先采用非传统水源,尽量不使用市政自来水。

④大型施工现场,尤其是雨量充沛地区的大型施工现场建立雨水收集利用系统,充分收集自然降水用于施工和生活中适宜的部位。

⑤力争施工中非传统水源和循环水的再利用量大于30%。

(3)用水安全

在非传统水源和现场循环再利用水的使用过程中,应制定有效的水质检测与卫生保障措施,确保避免对人体健康、工程质量以及周围环境产生不良影响。

4. 节能与能源利用的技术要点

(1)节能措施

①制订合理施工能耗指标,提高施工能源利用率。

②优先使用国家、行业推荐的节能、高效、环保的施工设备和机具,如选用变频技术的节能施工设备等。

③施工现场分别设定生产、生活、办公和施工设备的用电控制指标,定期进行计量、核算、对比分析,并有预防与纠正措施。

④在施工组织设计中,合理安排施工顺序、工作面,以减少作业区域的机具数量,相邻作

业区充分利用共有的机具资源。安排施工工艺时，应优先考虑耗用电能的或其它能耗较少的施工工艺。避免设备额定功率远大于使用功率或超负荷使用设备的现象。

⑤根据当地气候和自然资源条件，充分利用太阳能、地热等可再生能源。

(2)机械设备与机具

①建立施工机械设备管理制度，开展用电、用油计量，完善设备档案，及时做好维修保养工作，使机械设备保持低耗、高效的状态。

②选择功率与负载相匹配的施工机械设备，避免大功率施工机械设备低负载长时间运行。机电安装可采用节电型机械设备，如逆变式电焊机和能耗低、效率高的手持电动工具等，以利节电。机械设备宜使用节能型油料添加剂，在可能的情况下，考虑回收利用，节约油量。

③合理安排工序，提高各种机械的使用率和满载率，降低各种设备的单位耗能。

(3)生产、生活及办公临时设施

①利用场地自然条件，合理设计生产、生活及办公临时设施的体形、朝向、间距和窗墙面积比，使其获得良好的日照、通风和采光。南方地区可根据需要在其外墙窗设遮阳设施。

②临时设施宜采用节能材料，墙体、屋面使用隔热性能好的的材料，减少夏天空调、冬天取暖设备的使用时间及耗能量。

③合理配置采暖、空调、风扇数量，规定使用时间，实行分段分时使用，节约用电。

(4)施工用电及照明

①临时用电优先选用节能电线和节能灯具，临电线路合理设计、布置，临电设备宜采用自动控制装置。采用声控、光控等节能照明灯具。

②照明设计以满足最低照度为原则，照度不应超过最低照度的20%。

5.节地与施工用地保护的技术要点

(1)临时用地指标

①根据施工规模及现场条件等因素合理确定临时设施，如临时加工厂、现场作业棚及材料堆场、办公生活设施等的占地指标。临时设施的占地面积应按用地指标所需的最低面积设计。

②要求平面布置合理、紧凑，在满足环境、职业健康与安全及文明施工要求的前提下尽可能减少废弃地和死角，临时设施占地面积有效利用率大于90%。

(2)临时用地保护

①应对深基坑施工方案进行优化，减少土方开挖和回填量，最大限度地减少对土地的扰动，保护周边自然生态环境。

②红线外临时占地应尽量使用荒地、废地，少占用农田和耕地。工程完工后，及时对红线外占地恢复原地形、地貌，使施工活动对周边环境的影响降至最低。

③利用和保护施工用地范围内原有绿色植被。对于施工周期较长的现场，可按建筑永久绿化的要求，安排场地新建绿化。

(3)施工总平面布置

①施工总平面布置应做到科学、合理，充分利用原有建筑物、构筑物、道路、管线为施工服务。

②施工现场搅拌站、仓库、加工厂、作业棚、材料堆场等布置应尽量靠近已有交通线路或

即将修建的正式或临时交通线路，缩短运输距离。

③临时办公和生活用房应采用经济、美观、占地面积小、对周边地貌环境影响较小，且适合于施工平面布置动态调整的多层轻钢活动板房、钢骨架水泥活动板房等标准化装配式结构。生活区与生产区应分开布置，并设置标准的分隔设施。

④施工现场围墙可采用连续封闭的轻钢结构预制装配式活动围挡，减少建筑垃圾，保护土地。

⑤施工现场道路按照永久道路和临时道路相结合的原则布置。施工现场内形成环形通路，减少道路占用土地。

⑥临时设施布置应注意远近结合（本期工程与下期工程），努力减少和避免大量临时建筑拆迁和场地搬迁。

（四）发展绿色施工的新技术、新设备、新材料与新工艺

（1）施工方案应建立推广、限制、淘汰公布制度和管理办法。发展适合绿色施工的资源利用与环境保护技术，对落后的施工方案进行限制或淘汰，鼓励绿色施工技术的发展，推动绿色施工技术的创新。

（2）大力发展现场监测技术、低噪音的施工技术、现场环境参数检测技术、自密实混凝土施工技术、清水混凝土施工技术、建筑固体废弃物再生产品在墙体材料中的应用技术、新型模板及脚手架技术的研究与应用。

（3）加强信息技术应用，如绿色施工的虚拟现实技术、三维建筑模型的工程量自动统计、绿色施工组织设计数据库建立与应用系统、数字化工地、基于电子商务的建筑工程材料、设备与物流管理系统等。通过应用信息技术，进行精密规划、设计、精心建造和优化集成，实现与提高绿色施工的各项指标。

【案例】

由上海张江集电港有限公司建设的上海张江集电港办公中心项目位于浦东张江高科技园区东部扩展区——集电港二期东块内，该区域属“聚集张江”宏伟战略的核心区域，原共六栋单体建筑，属于张江集电港二期五组团，经扩建后形成A栋、B栋、C栋、D栋、E栋、F栋和A+B楼之间新建中庭，C+D扩建区（多功能厅、休闲餐厅、展厅）及新建连廊等几部分组成的办公中心。

该项目绿色施工管理体系如下：建立项目各方的职责和对目标的责任分解，成立由项目经理负责的绿色施工实施小组，建立各种节能降耗激励机制。

1. 环境保护

环境保护包括固体废弃物处理计划、室内环境管理计划、现场环境管理计划、周边环境保护计划。从噪声、水、光、电磁波、空气污染（扬尘）、废油、废弃物、临时用房以及作业面等各方面全面控制污染。

2. 能源利用与管理

从节约能源以及能源优化两方面，综合管理及利用能源。

3. 节地与施工用地保护

一方面优化施工的平面布置，合理分区及布置道路，尽量减少不必要的开挖，埋填土方。

4. 节水与水资源利用

一方面合理收集雨水、泥浆水上清液,另一方面减少不必要的用水环节。

5. 施工管理

通过专门的培训课程,提高施工人员的低碳环保意识,自觉地减少产生二氧化碳排放的活动。

该项目为住建部绿色施工示范项目并获三星级绿色建筑评价标识。

第二节　施工现场文明施工和绿色施工评价

一、文明施工评价

文明施工检查评定应符合现行国家标准《建设工程施工现场消防安全技术规范》(GB 50720)和现行行业标准《建筑施工现场环境与卫生标准》(JGJ 146)、《施工现场临时建筑物技术规范》(JGJ/T 188)的规定。

文明施工检查评定保证项目应包括现场围挡、封闭管理、施工场地、材料管理、现场办公与住宿、现场防火。一般项目应包括综合治理、公示标牌、生活设施、社区服务。

(一)文明施工保证项目的检查评定

文明施工保证项目的检查评定应符合下列规定。

1. 现场围挡

(1)市区主要路段的工地应设置高度不小于2.5 m的封闭围挡;

(2)一般路段的工地应设置高度不小于1.8 m的封闭围挡;

(3)围挡应坚固、稳定、整洁、美观。

2. 封闭管理

(1)施工现场进出口应设置大门,并应设置门卫值班室;

(2)应建立门卫职守管理制度,并应配备门卫职守人员;

(3)施工人员进入施工现场应佩戴工作卡;

(4)施工现场出入口应标有企业名称或标志,并应设置车辆冲洗设施。

3. 施工场地

(1)施工现场的主要道路及材料加工区地面应进行硬化处理;

(2)施工现场道路应畅通,路面应平整坚实;

(3)施工现场应有防止扬尘措施;

(4)施工现场应设置排水设施,且排水通畅无积水;

(5)施工现场应有防止泥浆、污水、废水污染环境的措施;

(6)施工现场应设置专门的吸烟处,严禁随意吸烟;

(7)温暖季节应有绿化布置。

4. 材料管理

(1)建筑材料、构件、料具应按总平面布局进行码放;

(2)材料应码放整齐,并应标明名称、规格等;

(3)施工现场材料码放应采取防火、防锈蚀、防雨等措施;

(4)建筑物内施工垃圾的清运,应采用器具或管道运输,严禁随意抛掷;

(5)易燃易爆物品应分类储藏在专用库房内,并应制定防火措施。

5.现场办公与住宿

(1)施工作业、材料存放区与办公、生活区应划分清晰,并应采取相应的隔离措施;

(2)在施工程、伙房、库房不得兼做宿舍;

(3)宿舍、办公用房的防火等级应符合规范要求;

(4)宿舍应设置可开启式窗户,床铺不得超过 2 层,通道宽度不应小于 0.9 m;

(5)宿舍内住宿人员人均面积不应小于 2.5 m^2,且不得超过 16 人;

(6)冬季宿舍内应有采暖和防一氧化碳中毒措施;

(7)夏季宿舍内应有防暑降温和防蚊蝇措施;

(8)生活用品应摆放整齐,环境卫生应良好。

6.现场防火

(1)施工现场应建立消防安全管理制度、制定消防措施;

(2)施工现场临时用房和作业场所的防火设计应符合规范要求;

(3)施工现场应设置消防通道、消防水源,并应符合规范要求;

(4)施工现场灭火器材应保证可靠有效,布局配置应符合规范要求;

(5)明火作业应履行动火审批手续,配备动火监护人员。

(二)文明施工一般项目的检查评定

文明施工一般项目的检查评定应符合下列规定。

1.综合治理

(1)生活区内应设置供作业人员学习和娱乐的场所;

(2)施工现场应建立治安保卫制度、责任分解落实到人;

(3)施工现场应制定治安防范措施。

2.公示标牌

(1)大门口处应设置公示标牌,主要内容应包括工程概况牌、消防保卫牌、安全生产牌、文明施工牌、管理人员名单及监督电话牌、施工现场总平面图;

(2)标牌应规范、整齐、统一;

(3)施工现场应有安全标语;

(4)应有宣传栏、读报栏、黑板报。

3.生活设施

(1)应建立卫生责任制度并落实到人;

(2)食堂与厕所、垃圾站、有毒有害场所等污染源的距离应符合规范要求;

(3)食堂必须有卫生许可证,炊事人员必须持身体健康证上岗;

(4)食堂使用的燃气罐应单独设置存放间,存放间应通风良好,并严禁存放其他物品;

(5)食堂的卫生环境应良好,且应配备必要的排风、冷藏、消毒、防鼠、防蚊蝇等设施;

(6)厕所内的设施数量和布局应符合规范要求;

(7)厕所必须符合卫生要求;

(8)必须保证现场人员卫生饮水;

(9)应设置淋浴室,且能满足现场人员需求;

(10)生活垃圾应装入密闭式容器内,并应及时清理。

4. 社区服务

(1)夜间施工前,必须经批准后方可进行施工;

(2)施工现场严禁焚烧各类废弃物;

(3)施工现场应制定防粉尘、防噪声、防光污染等措施;

(4)应制定施工不扰民措施。

二、绿色施工评价

绿色施工评价指标体系由施工管理、环境保护、节材与材料资源利用、节水与水资源利用、节能与能源利用、节地与施工用地保护六类指标组成。每类指标包括控制项、一般项与优选项。

绿色施工评价以一个施工项目为对象,分为施工过程评价、施工阶段评价、单位工程评价三个层次。

单位工程划分为地基与基础、主体结构(含屋面)、装饰装修与安装三个施工阶段,每个施工阶段又按时间段或形象进度划分为若干个施工过程。

群体工程或面积较大分段流水施工的项目,在同一时间内两个或三个施工阶段同时施工,可按照工程量较大的原则划分施工阶段。

施工过程、施工阶段和单位工程评价均可按照满足本标准的程度,划分为基本绿色、绿色、满意绿色三个等级。

(一)绿色施工过程评价方法及等级划分

(1)控制项全部符合要求。

(2)各类指标中的一般项满分为 100 分,按满足要求程度逐项评定得分(最低为 0 分,最高为该项应得分),然后计算一般项合计得分,如有不发生项,按实际发生项评定实际得分。

(3)每类指标中的优选项满分为 20 分,按实际发生项满足要求的程度逐项评定加分(最低为 0 分,最高为该项应加分),然后计算优选项合计加分。

(4)该类指标合计得分 = 一般项合计得分 + 优选项合计加分。

(5)该过程评价总分为六类指标合计得分总和。

(6)评价总分≥360 分时,评价为基本绿色;评价总分≥450 分时,评价为绿色;评价总分≥540 分时,评价为满意绿色。

(二)施工阶段绿色施工评价

(1)施工阶段绿色施工评价在该阶段施工基本完成并在过程评价的基础上进行。施工阶段评价包括现场评价和复核过程评价档案资料两个部分。

(2)当现场评价为基本绿色,该阶段所有过程评价结果均为基本绿色以上,该施工阶段评价为基本绿色。

(3)当现场评价为绿色,该阶段所有过程评价结果 50% 为绿色以上,且所有过程评价总分平均≥450 分,该施工阶段评价为绿色。

(4)当现场评价为满意绿色,该施工阶段所有过程评价结果 50% 为满意绿色,且所有过程评价总分平均≥540 分,可评价为满意绿色。

（三）单位工程绿色施工评价

（1）单位工程绿色施工评价在竣工交验后进行。

（2）单位工程评价主要汇总、复核施工阶段评价资料。

（3）当单位工程只有一个施工阶段时（如单独的装饰或安装工程等），施工阶段评价等级即为单位工程评价等级。

（4）当单位工程含有两个施工阶段时，按以下条件确定评价等级：

①一个施工阶段评价为满意绿色，另一个施工阶段评价为绿色以上，单位工程评价为满意绿色。

②一个施工阶段评价为绿色以上，另一个施工阶段评价为基本绿色以上且该阶段所有过程评价总分平均≥420 分时，单位工程评价为绿色。

③两个施工阶段均评价为基本绿色以上，达不到本款①、②项规定条件的，单位工程评价为基本绿色。

（5）当单位工程含有三个施工阶段时，按以下条件确定评价等级：

①三个施工阶段中有两个评价为满意绿色，其中主体阶段必须为满意绿色，另一个为绿色以上时，单位工程评价为满意绿色。

②三个施工阶段中有两个评价为绿色以上，其中主体阶段必须为绿色以上，另一个施工阶段为基本绿色以上且该施工阶段所有过程评价总分≥420 分时，该单位工程评价为绿色。

③三个施工阶段均评价为基本绿色以上，达不到本款①、②项规定条件的，单位工程评价为基本绿色。

（四）绿色施工评价组织

（1）施工过程评价由项目经理组织相关人员（亦可聘请外部相关人员参加）进行评价，填写评价记录，收集相关证明资料，并建立评价档案。

（2）施工过程评价按时间段或工程形象进度控制评价频率。每个阶段至少评价 2 次；阶段工期超过一个月的，每月评价一次。

（3）施工阶段和单位工程评价，应由公司组织相关人员进行评价。

本章小结

本章主要讲解了文明施工和绿色施工的基本知识以及对其评价指标体系。通过本章学习可以了解文明施工、绿色施工的相关知识，参与对项目文明施工、绿色施工的管理并对相关管理体系进行评价。

思考练习题

1. 安全标志的概念和分类是什么？

2. 安全色如何表达，其放置位置有何要求？

3. 施工现场环境保护的概念是什么？

4. 建筑工地常见固体废物有哪些？

5. 如何进行施工现场噪声的控制？

6. 文明施工的概念及主要工作分别是什么?
7. 现场文明施工管理包括哪些内容?
8. 绿色施工的概念、原则、总体框架分别是什么?
9. 绿色施工管理的主要内容有哪些?
10. 绿色施工组织管理的要求有哪些?
11. 绿色施工规划管理的要求有哪些?
12. 绿色施工实施管理的要求有哪些?
13. 环境保护的技术要点有哪些?
14. 节材与材料资源利用技术要点有哪些?
15. 节水与水资源利用的技术要点有哪些?
16. 节能与能源利用的技术要点有哪些?
17. 如何对绿色施工进行管理评价?

第九章　安全资料管理

【学习目标】

通过安全资料管理相关知识的学习，了解安全管理资料的要求，熟悉工程项目安全资料的收集、整理、分类和归档，能够组织实施项目作业人员的安全教育培训，能够编制、收集、整理施工安全资料。掌握安全检查报告和总结的编写。

第一节　工程项目安全资料的收集、整理、分类和归档

一、安全管理资料管理要求

(1)施工现场安全管理资料的管理应为工程项目施工管理的重要组成部分，是预防安全生产事故和提高文明施工管理的有效措施。

(2)建设单位、监理单位和施工单位应负责各自的安全管理资料管理工作，逐级建立健全施工现场安全资料管理岗位责任制，明确负责人，落实各岗位责任。

(3)建设单位、监理单位和施工单位应建立安全管理资料的管理制度，规范安全管理资料的形成、收集、整理、组卷等工作，应随施工现场安全管理工作同步形成，做到真实有效、及时完整。

(4)施工现场安全管理资料应字迹清晰，签字、盖章等手续齐全，计算机形成的资料可打印、手写签名。

(5)施工现场安全管理资料应为原件，因故不能为原件时，可为复印件。复印件上应注明原件存放处，加盖原件存放单位公章，有经办人签字并注明时间。

(6)施工现场安全管理资料应分类整理和组卷，由各参与单位项目经理部保存备查至工程竣工。

二、参建单位安全资料管理职责

(一)建设单位的管理职责

(1)建设单位应负责本单位施工现场安全管理资料的管理工作，并监督施工、监理单位施工现场安全管理资料的整理。

(2)建设单位在申请领取施工许可证时，应提供该工程安全生产施工监管备案登记表。

(3)建设单位在编制工程概算时，应将建设工程安全防护、文明施工措施等所需费用专项列出，按时支付并监督其使用情况。

(4)建设单位应向施工单位提供施工现场供电、供水、排水、供气、供热、通信、广播电视等地上、地下管线资料，气象水文地质资料，毗邻建筑物、构筑物和相关的地下工程等资料。

（二）监理单位的管理职责

（1）监理单位应负责施工现场监理安全管理资料的管理工作，在工程项目监理规划、监理安全实施细则中，明确安全监理资料的项目及责任人。

（2）监理安全管理资料应随监理工作同步形成，并及时进行整理组卷。

（3）监理单位应对施工单位报送的施工现场安全生产专项措施资料进行重点审查认可。

（三）施工单位的管理职责

（1）施工单位应负责施工现场施工安全管理资料的管理工作，在施工组织设计中列出安全管理资料的管理方案，按规定列出各阶段安全管理资料的项目。

（2）施工单位应指定施工现场安全管理资料责任人，负责安全管理资料的收集、整理和组卷。

（3）施工现场安全管理资料应随工程建设进度形成，保证资料的真实性、有效性和完整性。

（4）实行总承包施工的工程项目，总包单位应督促检查各分包单位施工现场安全管理资料的管理。分包单位应负责其分包范围内施工现场安全管理资料的形成、收集和整理。

（5）施工单位的安全生产专项措施资料应遵循“先报审、后实施”的原则，实施前向建设单位和监理单位报送有关安全生产的计划、方案、措施等资料，得到审查认可后方可实施。

三、安全管理资料分类

安全管理资料分类应以形成资料的单位来划分。安全管理资料的代号应为SA。

（1）建设单位形成的施工现场安全管理资料代号应为SA－A。当有多种资料时，资料代号可按SA－A－1、SA－A－2、SA－A－3……依次排列。

（2）监理单位形成的施工现场安全管理资料代号应为SA－B。监理单位自身形成的有关施工现场安全管理资料，资料代号为SA－B1；监理单位对施工单位申报审核的有关施工现场安全管理资料，资料代号为SA－B2。当一项中有多种资料时，资料代号可按SA－B1－1、SA－B1－3……依次排列。

（3）施工单位形成的施工现场安全管理资料代号应为SA－C。施工单位形成的施工现场安全管理资料有多项，其资料代号可按项目依次分为SA－C1、SA－C2……等。当一项中有多种资料时，资料代号可分别按SA－C1－1、SA－C1－2、SA－C1－3……依次排列。

四、安全资料管理

建筑施工安全资料管理，目前常规作法有以下几类：

（1）施工现场的安全资料，按《建筑施工安全检查标准》中规定的内容为主线整理归集，并按“安全管理”检查评分表所列的10个检查项目名称顺序排列，其他各分项检查评分表则作为子项目分别归集到安全管理检查评分表相应的检查项目之内。10个子项目是：

①安全生产责任制；

②目标管理；

③施工组织设计；

④分部(分项)工程安全技术交底；

⑤安全检查；

⑥安全教育；

⑦班前安全活动；

⑧特种作业持证上岗；

⑨工伤事故处理；

⑩安全标志。

(2)施工现场的安全资料，按安全生产保证体系进行整理归集，可分成：

①安全生产管理职责；

②安全生产保证体系文件；

③采购；

④分包管理；

⑤安全技术交底及动火审批；

⑥检查、检验记录；

⑦事故隐患控制；

⑧安全教育和培训。

(3)施工企业的安全资料，按《建筑施工企业安全生产评价标准》中规定的内容为主线整理归集，即分为企业安全生产条件和企业安全生产业绩两大类：

①企业安全生产条件：

- 安全生产管理制度；
- 资质、机构与人员管理；
- 安全技术管理；
- 设备与设施管理。

②企业安全生产业绩：

- 生产安全事故控制；
- 安全生产奖惩；
- 项目施工安全检查；
- 安全生产管理体系推行。

(4)依据安全管理资料管理的单位来划分：

①建设单位项目施工安全管理资料：

- 建设工程施工许可证及施工安全备案手续；
- 建设单位安全生产制度；
- 建设单位安全保证体系组织机构；
- 建设单位安全管理人员名册及履行职责情况；

• 施工合同、监理合同、协议及安全责任承诺；

• 建设单位与施工单位、监理单位签订的安全责任书；

• 总承包、分包方相关资质、资格审查资料；

• 项目周边安全环境评价、安全评估资料；

• 基坑开挖及支护方案；

• 项目扬尘污染整治方案；

• 现场安全监控摄像相关管理资料；

• 规划场地管线、建(构)筑物资料；

• 建设工程安全生产、文明施工措施费用支付记录；

• 安全审查检查记录；

• 安全验收记录；

• 安全奖惩记录；

• 安全例会记录。

②监理单位项目施工安全管理资料内容：

• 工程准备阶段，包括施工单位总承包、分包单位的资质有关情况；监理合同；项目监理机构及人员分工名单；监理单位安全管理和安全保证体系的组织机构和人员名册、附项目安全管理人员任命文件；总监及安全监理培训合格证书；涉及施工安全相关监理制度；监理规划、监理实施细则。

• 施工阶段资料，包括安全监理专题会议纪要；工程开工/复工报审表；混凝土浇筑报审表；安全文明措施费用审查落实情况；施工单位报审的施工组织设计、各类安全施工专项方案等；安全监理日记；相关旁站记录。

• 安全监理工作、安全验收记录，包括施工现场起重机械拆装报审表、验收核查表；安全防护、文明施工措施费用支付审查资料；安全隐患整改告知书；监理工作联系单；监理工程师通知单，包括安全事故报告及隐患整改情况报告；工程停工令；监理工程师通知回复单；分部分项工程安全验收记录；危险性较大分部分项工程方案审批、旁站监理、过程验收记录。

• 监理总结，包括安全文明生产施工报告、报表；月、季度安全总结；工程竣工施工安全总结；监理安全报告、报表。

• 安全评价资料。

③施工单位现场安全技术管理资料共分十三册，包括以下内容：安全保证；安全管理安全教育；安全技术；安全检查；临时用电；消防安全；机具机械；安全设施；劳动保护；文明施工；事故处理；安全达标。

五、安全管理资料的整理及组卷

施工现场安全管理资料整理应以单位工程分别进行整理及组卷。施工现场安全管理资料组卷应按资料形成的参与单位组卷。一卷为建设单位形成的资料；二卷为监理单位形成的资料；三卷为施工单位形成的资料，各分包单位形成的资料单独组成为第三卷内的独立卷。每卷资料排列顺序为封面、目录、资料及封底。封面应包括工程名称、案卷名称、编制单位、编制人员及编制日期。案卷页号应以独立卷为单位顺序编写。

施工现场安全管理资料整理应符合建筑工程施工现场安全管理资料分类整理及组卷的规定，详见二维码 9-1。

六、安全管理资料案例

参照《建设工程施工现场安全资料管理规定》(DB—383)和《郑州市建设工程安全资料管理规定》，建设施工现场安全资料整理的常见内容详见二维码 9-2。

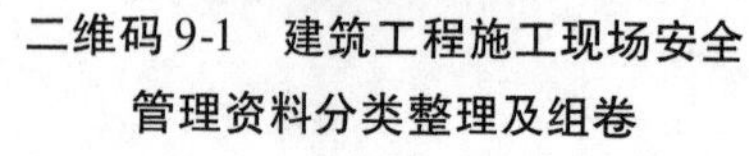

二维码 9-1　建筑工程施工现场安全管理资料分类整理及组卷

二维码 9-2　建设施工现场安全常用资料

第二节　安全检查报告和总结的编写

一、安全检查报告

(一)安全检查报告内容

(1)基本情况及安全检查评分。

安全检查评分依据《建筑施工安全检查标准》(JGJ 59—2011)，对工地进行安全检查评分。

(2)存在问题。

(3)问题分析。

(4)整改措施和办法。

(二)安全检查报告实例

某宿舍项目施工现场安全检查报告实例：

为进一步加强建筑施工安全生产工作，严防重特大安全事故的发生，确保年底、元旦和春节前期的生产，我公司将对所有项目部进行安全生产大检查，彻底排查安全隐患，对检查发现的问题和安全隐患，要落实整改的责任单位，限期整改，并落实专人跟踪监督，确保安全隐患整改率达到100%。凡安全隐患整改不到位或拒不整改的，要依法从严处罚。于2012年11月19日至2012年11月22日对项目进行安全检查。

1. 基本情况

我公司根据《安全生产法》、《建设工程安全管理条例》和《建筑施工安全检查标准》等法律、法规及规范标准，采取听汇报、现场检查、集中讲评等方法进行检查。

从检查情况看，个别施工项目部安全意识薄弱，没有制定各项安全生产管理制度和操作规程，没有建立安全事故应急救援预案，深基坑、高支模、施工起重机械和脚手架等危险性较大的工程未能按规定编制安全专项施工方案并报监理企业审批，但没有认真执行建设工程施工安全评价制度，施工企业“三类人员”基本上能做到持安全生产考核合格证上岗，没有认真落实执行节日期间领导带班、专人值班制度。施工企业未能执行强制性技术标准,做到安全生产,基本符合有关规范和标准的要求。

2. 存在问题

经过检查,发现存在很多安全隐患和问题,主要表现在以下几个方面:

(1)部分安全专项施工没有方案,部分现场实际施工与方案不相符;部分危险性较大的工程的安全专项施工方案未经专家论证审查。

(2)安全员不到位,部分特种作业人员无证上岗或上岗证到期未年审。

(3)安全生产责任制没有完全落实,未进行一、二级安全培训教育,三级安全教育落实不到位。未制订安全防护、文明施工措施费的使用计划或无具体落实措施。

(4)施工现场消防设施配置不足,建筑材料堆放混乱,建筑垃圾未及时清理,文明施工管理较差。

(5)部分物料提升机的安装单位不具备相应资质,使用前未经有资质的检测机构进行检测。

(6)部分安全网未按规范要求进行搭设,搭设不严密、不牢固,"四口"、临边防护不严或无防护措施,外脚手架搭设不符合规范要求。

(7)部分施工用电配电箱未上锁,无警示标志,线路乱拉乱接,违反"一机、一闸、一漏、一箱"规定。物料提升机卸料平台搭设不符合要求,未独立搭设,两侧无防护栏杆,脚手板搭设不严、不牢,平台无防护门,部分吊篮无安全门,进料口无防护棚。

(8)虽然已制订安全事故应急救援预案,但没有组织演练。大部分受检工程施工现场没有在明显位置公示重大危险源和落实专人负责。

3. 问题分析

(1)安全生产管理机构不健全,专、兼职安全生产管理人员配备不足,安全生产没有形成系统化管理模式。

(2)安全入场教育培训落实不到位,工人安全意识得不到有效提高。

(3)安全技术交底内容不详细,缺乏针对性,不能起到规范和指导施工的作用与效果。

(4)日常安全检查流于形式,不能消除安全隐患。

(5)施工单位安全经费投入不足,安全防护措施不到位,从而导致作业环境恶劣,不能保证施工人员安全。

(6)施工人员素质低下,安全意识淡薄,施工现场"三违"行为频繁出现。

(7)施工企业专职安全管理人员素质参差不齐,管理素质较为粗放,安全管理人员队伍匮乏。

4. 措施和办法

(1)针对检查排查出的安全隐患和问题,我公司要求项目部对生产安全实行动态管理,每周对施工现场进行安全检查,对安全隐患进行登记造册,并发出整改通知书,责令5日内整改完毕,并于整改通知书下发之日起10日内将整改情况报送我公司,我公司将严格监督整改落实情况,确保消除安全隐患和施工安全生产。

(2)必须严格建立健全本单位安全生产管理机构和安全管理制度,严格落实专职安全生产管理人员的配备并将标准延伸到各个施工单位,明确安全员的生产岗位责任制等,应对三级安全教育认真执行,严格履行入场三级安全教育,完善教育制度,认真贯彻落实国家的安全生产法律法规，杜绝走过场现象。

(3)应认真履行安全交底程序，施工工长对各班组实行口头和书面交底，并留有文字记录。同时规范交底内容，并且要结合工程的实际情况和工程施工特点进行有针对性的交底工作。对每周的安全例行检查要认真落实到位，并且进行记录，公司对项目部每月进行例行的安全检查。由于现场大部分是农民工，其文化程度较低，安全意识淡薄，管理难度大，很容易造成事故，因此必须对他们进行安全教育，通过对安全事故案例的讲述，剖析事故原因，达到警示的作用，从而引导农民工转变思想观念，从"要我安全"过渡要"我要安全"的地步，做到"三不伤害"，达到规范其安全行为的目的。

(四)施工现场安全检查常见安全隐患

1.安全管理

1)建筑企业安全责任制

(1)公司经理、项目经理、专职安全员、施工班组长、企业各部门安全生产责任制不健全，企业对各级、各部门管理人员的安全生产责任制多流于形式，是给上级管理部门检查时的样品，对管理人员进行抽查提问，他们普遍未能完整回答岗位责任的具体内容。

(2)企业各级、各部门管理人员生产责任制的系统性不强，无具体的考核办法，有的即使制定考核办法，但未认真考核，无考核记录。

(3)一级建筑企业一般均制定各工种安全技术操作规程，二级及二级以下的建筑企业一般均未制定，项目经理部很少组织各工种工人学习各工种安全操作规程。安全生产责任制不健全、不落实，各工种工人不懂各自的安全操作规程，就削弱了安全系统工程的安全防护措施，是造成伤亡事故的间接原因。

2)施工现场的安全管理目标

(1)二级以下的建筑施工企业不够重视。伤亡事故控制目标、安全达标、文明施工管理目标，建设部均有明确的规定，很多建筑施工企业没有认真贯彻执行这些规定，有的建筑企业根本没有执行。

(2)企业没有制定年度安全管理目标，没有将目标分解到企业各部门，尤其是项目经理部、班组，也没有分解到人。目标管理无整体性、系统性，更无安全管理目标执行情况的考核措施。

3)施工组织设计

(1)对专业性较强的项目，有的项目经理部未编制专项施工组织设计。

(2)单位工程施工组织设计中，安全措施不全面、无针对性，写几条原则措施，施工安全管理过程中未具体落实。

4)技术交底

项目经理部普遍无分部(分项)工程安全技术交底资料，即使有书面交底材料，但也不全面、针对性不强，未履行签字手续。

5)安全检查

项目经理部一般无定期自查制度，未认真进行自查，往往经上级主管部门进行抽查或企业定期检查发现安全隐患之后，经督促才进行整改。

6)安全教育

有些企业未制定安全教育制度，且无具体安全教育内容。

7)班前活动

未制定班前活动制度,项目经理部不重视班前活动,嫌麻烦,没有意识到这是当天预防安全事故的一项很有必要的措施,所以未开展班前活动,更无班前安全活动记录。

8)持证上岗

个别特种作业工作未持证上岗,如龙门架卷扬机操作。

9)工伤事故

个别工地发生工伤事故后,项目经理部和建筑企业怕影响企业资质年审及工程项目投标,与受伤者或死亡家属私了,隐瞒不报。大多数建筑企业未建立工伤事故档案。

10)安全标志

一般施工现场无安全标志布置总平面图,因此安全标志的布置不能形成总的体系,位置不适当。

2. 文明施工

1)现场围挡

(1)有的工程在市区主要路段的工地周围未设置高于2.5 m的围挡。

(2)有的工地围挡材料不坚固、不稳定、不整洁、不符合当地的美观要求。

2)封闭管理

(1)有的工地门头未设置企业标志。

(2)进入施工现场的人员佩戴工作卡不全。

3)施工场地

(1)施工现场地面未做硬化处理。

(2)无排水措施或排水不通畅。

(3)工地施工的泥浆未做沉淀处理。

(4)工地未设置吸烟处,随意吸烟。

(5)无绿化布置。

4)材料堆放

(1)建筑材料、构件料具不按总平面图堆放。

(2)料堆的标准牌材料名称、品种、规格标注不全。

(3)材料堆放不整齐。

(4)未做到工完料清。

5)现场防火

(1)无消防措施制度或无灭火器材。

(2)灭火器材配备不合理。

(3)现场需用明火者无动火审批手续或无动火监护。

6)治安综合治理

(1)生活区无工人学习和娱乐场所。

(2)治安制度责任未分解到人。

(3)治安防范措施不力,发生失盗事件。

7)施工现场标牌

(1)标牌不规范、不整齐、内容不全。

(2)安全标语不全、不醒目。

(3)无“五牌一图”设施。

8)生活设施

(1)无厕所或厕所不符合卫生要求(未改为水冲式厕所)。

(2)食堂卫生不达标。

(3)无淋浴室或淋浴室不符合要求。

(4)生活垃圾无处理措施。

9)保健急救

(1)无保健医药箱。

(2)无急救措施和急救器材。

(3)无培训上岗的急救人员。

(4)未开展卫生防病宣传教育。

10)社区服务

(1)无防粉尘、防噪声措施。

(2)夜间施工无施工许可证。

(3)现场焚烧有毒有害物质。

(4)无施工不扰民措施等。

3.脚手架

(1)脚手架无搭设方案,尤其是落地式外脚手架,项目经理将脚手架的施工承包给架子工,架子工有的凭经验搭设,根本未编制脚手架施工方案。

(2)脚手架与建筑物的拉结不够牢固。

(3)杆件间距与剪刀撑的位置不符合规范的规定。

(4)脚手板、立杆、大横杆、小横杆材质不符合要求。

(5)施工层脚手板未铺满。

(6)脚手架搭设前未进行交底,项目经理部施工负责人未组织脚手架分段及搭设完毕的检查验收,即使组织验收,也无量化验收内容。

(7)脚手架上材料堆放不均匀,荷载超过规定。

(8)通道及卸料平台的防护栏杆不符合规范规定。

(9)脚手架搭设及操作人员,经过专业培训的未上岗,未经专业培训的却上岗。

4.基坑支护与模板工程

1)基坑支护

(1)基础施工无支护方案。有支护方案的,方案无针对性,不能指导施工。基坑深度超过5 m的,无专家论证方案。

(2)基坑临边防护措施不符合要求。

(3)坑槽开挖设置的安全边坡不符合安全坡度要求。

(4)基坑施工未设置有效的排水措施;深基础施工采用坑外排水,无防止临近建筑物危险沉降的措施。

(5)基坑周边弃土堆料距坑边的距离小于设计和规范的规定。

(6)基坑内作业人员上下通道的搭设不符合规定,或陡、或窄、或无扶手。

(7)机械挖土,挖土机作业位置不牢固。

2)模板工程

(1)无模板工程施工方案。

(2)现浇混凝土模板支撑系统无设计计算书,支撑系统不符合规范要求。

(3)支撑模板的立杆材质及间距不符合要求。

(4)立柱长度不一致,或采用接短柱加长,交接处不牢固,或在立柱下垫几块砖加高。

(5)未按规范要求设计纵横向支撑。

(6)木立柱下端未锯平,下端无垫板。

(7)混凝土浇灌运输道不平稳、不牢固。

(8)作业面孔洞及临边无防护措施。

(9)垂直作业上下无隔离防护措施。

(10)2 m 以上高处作业无可靠立足点。

5."三宝"及"四口"防护

(1)部分工人自我防护意识不强,进入施工现场不戴安全帽,尤其在夏季施工嫌戴安全帽头部热燥,即使戴安全帽,也不符合规定。

(2)安全网的规格和材质不符合要求,未按规定设置平网和立网。

(3)悬空作业、高空作业未系安全带,系挂安全带的,安全带系挂不符合要求。

(4)楼梯口、楼梯踏步悬挑端无防护措施。

(5)预留洞口无防护措施,坑井无防护措施。

(6)通道口未设防护棚,设置防护棚的不牢固。

(7)未安装栏杆的阳台周边、无脚手架的屋面周边、井架通道的两侧边、卸料台的外侧边、框架建筑的楼层周边等五临边无防护措施,有防护措施的不符合要求。

6.施工用电

1)施工用电管理

(1)未编制临时用电施工组织设计。

①既无施工组织设计,又无技术交底。

②施工组织设计不履行手续,技术交底无交接人签字。

③施工组织设计无针对性。

④施工组织设计与现场用电情况不符。

⑤无平面图无法按图施工,系统图与平面图不符,平面图与现场布置不符。

⑥施工组织设计不是由电气工程技术人员编制。

⑦无安全用电技术措施和电气防火措施。

⑧统一打印件,各工地千篇一律,没有针对性,起不到什么作用。

(2)不重视施工用电的管理。

①施工用电无专人负责,不配备电气工程技术人员,甚至整个企业没有一名电气工程技术人员;不懂电的或者一知半解的其他负责人违章指挥,造成用电管理混乱。

②工地上没有专职电工,其他人无证操作,由于缺乏必要的施工用电安全技术知识,致使用电状况险象环生,距标准相去甚远。

③对施工用电的维修没有安排足够的力量,电工数量少,只顾安装,没有时间和精力做

好施工用电的维护修理，因而造成其他工种的工人违章乱接电线、乱勾保险、乱拉照明。

④缺乏对电工作业人员的安全技术培训，造成某些电工作业人员不了解新规范和新标准，凭老经验办事，因而施工用电多处不符合规定。

⑤只讲经济效益，忽视安全生产，对施工用电舍不得投入人力、物力、财力。

⑥安全工作有布置、无检查，只喊口号，不见行动；平时不抓，应付上级时临阵磨枪。

(3)在施工程用电的安全技术资料。

①技术交底无针对性或不详细。

②对临时用电工程不进行检查验收，无检查验收表；查出的问题不复查。

③已装设的重复接地和防雷接地装置不测试接地电阻。

④线路、设备不进行绝缘电阻测试，有高压部分无任何资料。

⑤漏电保护器没有定期试验记录。

2)接零保护

(1)在施工现场专用的中性点直接接地的用电线路中，不实行 TN - S 接零保护系统，即不设专用保护零线。

(2)电气设备有的接地保护，有的接零保护；接地保护的只用一根不足 1 m 长的圆钢插到地下，按接地要求接地电阻值太大。

(3)采用 TN - S 接零保护系统，总配电箱处不设重复接地，或重复接地极太短，只有一根，接地电阻值大于 10 Ω。

(4)接地装置不用圆钢或扁钢作连线引到地面上，而是用电线在地下与接地体连接。

(5)接零保护线接在电动机、电焊机的吊环上或接在电动机的风扇罩上。

(6)保护零线不专用。

(7)工作零线与保护零线在系统中连接，失去了“专用”的意义。

(8)在 TN - S 系统中，重复接地接在工作零线上，造成漏电保护器合不上开关。(重复接地除在总配电箱处与电源侧零线接通外，线路上一律接在保护零线上，工作零线上不设重复接地。)

3)漏电保护器

(1)未经国家有关部门认证，不合格。

(2)开关箱中的漏电保护器，额定漏电动作电流大于 30 mA，有的工地所有漏电保护器的额定漏电动作电流都是 50 mA 的，不符合规定。

(3)接线不正确。

①有单相用电设备时工作零线不通过漏电保护器，造成误动作和不起保护作用。

②四极漏电保护器电源端不接工作零线，造成试验不动作或漏电不动作。

③保护零线通过漏电保护器，造成漏电时漏电保护器不动作，危害甚大。

(4)总配电箱不设总漏电保护器，只有开关箱中装漏电保护器，保护功能不完善。

(5)不装漏电保护器。对漏电保护器的作用没有足够的认识，一旦发生触电事故，后悔就来不及了。

(6)安装位置不当。

①漏电保护器安装在隔离开关的电源侧。

②开关箱设一总隔离开关(胶盖闸)，下面分路用漏电保护器分别直接控制用电设备。

③漏电保护器装在开关箱外壁上或放在其他地方,不符合规定。

4)临近高压线的防护

(1)在建工程与临近高压线的距离小于规定要求又无防护措施。

(2)防护措施不严密。

①防护长度不够。

②防护物空隙太大,不能防止料具穿过。

③防护物绑扎不牢靠,零散失落,风刮摇摆。

④防护物没有足够强度,经编布、席子等不能阻挡坚硬物品的穿过。

⑤防护屏障在外脚手架外侧时,靠近高压线水平位置上下的横杆伸出太长。

⑥防护屏障上没有醒目的警告标志牌。

⑦实施防护时无人监护。

5)支线架设

(1)导线的材质。

①导线非正规厂家的合格产品,由于图便宜,造成导线截面面积不足,严重发热烧坏;或绝缘不合格,不能保证安全。

②导线严重破损,绝缘失效,破皮漏电。

③橡皮电缆由于乱绑乱拽,造成破裂;由于不注意保管,造成线间短路。

④各种导线接头处理不好,漏电。

(2)配电箱、开关箱内外的线路。

①配电箱、开关箱下引出线混乱,既不分路成束,又不穿保护管,甚至长短不齐,乱成一团,乱加接头,导线直接接触箱孔的尖锐断口,险象环生。

②违反规定,有的从侧进线,有的从顶进线,还有的直接从箱门口进线,一旦下雨下雪,雪水或雨水顺线进入箱内。

③导线从电杆上引下不加保护管,从箱内引到杆上的照明线随便拽上去。

④箱内布线太随意,导线进入开关、电器削头过长,导体外露,不进行绝缘包扎;保护零线、工作零线不是经过接线端子板,而是乱接乱挂,形成“鸡爪线”,极易发生触电事故。

(3)线路过道。

①电线或电缆架空过道时不注意高度,一旦车辆通过,极易挂断电线造成事故。

②橡皮电缆等明放在道路上或场内工具车经常经过的地方,容易被轧断,很不安全。应该用保护管保护并埋入地下,架空时必须符合高度要求。

③卷扬机、钢筋加工机械作业现场的电缆线明放地下,任人乱踩、钢筋等乱压。

(4)导线的选择和敷设。

①移动划配电箱的电源或设备负荷线不用橡皮电缆。

②电焊机的电源线用橡皮绝缘电线乱拉。

③橡皮电缆或穿管电线从地面配电箱直接斜拉到楼顶,距离几十米,机械强度不够,很容易断开;一旦被风刮断,后果严重。

④在施工作业面上或钢筋加工现场采用瓷瓶配线,极易被挂断。

⑤保护零线不和相线一起敷设;线路保护零线太细;敷设由开关箱至用电设备的保护零线不用截面面积不小于2.5 mm^2 的多股铜线。

⑥手持电动工具或移动式电气设备三相时用三芯电缆，没有保护零线芯线。

⑦非电工接线或电工疏忽，把保护零线接在相线上，造成不应有的触电事故。

⑧导线敷设后不进行绝缘电阻测试。

⑨水中或潮湿场所的防水电缆有接头。

⑩大把线，乱绑乱拉不加任何保护。

⑪导线被压在机具、物料下或泡在水中。

⑫蛙夯电缆线无人提线。电缆线在地上既被来回扯拽，又会到处弯卷，稍不注意就会被夯头砸断。

6）现场照明

（1）安全电压。

①手持照明灯不使用安全电压，手持 220 V 电压的灯泡作照明，且往往使用在阴暗潮湿的场所或犄角旮旯、金属容器内，非常危险。

②危险场所不使用安全电压。

③认为使用了安全电压，所以电线乱拉乱拽。

④安全电压变压器放在室外地下，任凭风吹日晒雨淋；其一次是 380 V 或 220 V 的电压，接线柱处导体外露，很不安全。

⑤变压器金属外壳不采取接零保护，又不符合规范要求。

（2）照明线。

①电线老化破皮，绝缘差。

②导线既不绑在绝缘子上，又不穿管保护。

③照明线架高太低，导线间支持点间距太大，导线弛度太大，线间距离太小，两线绞到了一起。

④施工作业面上或钢筋加工等现场采用瓷瓶配照明线，很容易被挂断。

⑤照明线架空敷设，不按架空线的规定选择导线的截面，常见的是路灯线。既是架空敷设，铜线不得小于 10 mm^2，铝线不得小于 16 mm^2。

⑥照明线路不设开关箱，也不设闸刀开关，照明线直接挂在其他设备的闸刀上。

⑦照明线路没有漏电保护器保护。

⑧照明线连灯具绑在铁丝上、铁架上、架管上、木棍上、树杈上或挂在钉子上。

（3）照明开关。

①照明灯具悬挂太低。

• 碘钨灯绑在木棍上，靠在室内墙上作抹灰照明，甚至只有 1 m 多高，且灯罩、灯具歪歪扭扭不水平。

• 在地基、基础的夯实、绑钢筋和打混凝土时头顶一串灯泡，低者碰到人头。

• 灯泡挂在机架上，伸手就碰着。

• 临建小矮房，照明灯泡碰脑袋。

②室外露天或潮湿场所（包括食堂）的灯具开关不用瓷质防水型。

③在存着火药类及汽油、乙炔罐、氧气瓶等能引起爆炸危险的场所用普通照明灯泡照明。

④灯具破损，导电部分带电外露，灯具不设任何开关。电源线直接挂在胶盖闸熔丝上，

或拉线开关不拧盖，搬把、跷板式开关板只上一个螺钉。

⑤插座放在床头，电源线用塑料或橡皮绝缘电线顺床板或蚊帐杆爬，插座上又插电炉子、电褥子，晚上睡觉很容易触电。

7）低压干线架设

a. 电缆干线

①电缆干线明放地上。

②电缆干线选择路径不合适，被推土机等铲坏，或被挖在淋灰池中。

③埋地电缆引出地面不加保护管。

④接头处不加接线盒，不防水。

⑤电缆架空时用铁丝绑扎固定。

b. 架空线

（1）电线杆方面：

①木杆太细，过分弯曲或电杆长度不够。

②木杆底部长时间埋在地下，已腐朽。

③电杆埋设太浅，时间一长，被导线拉歪。

（2）拉线方面：

①拉线用一根铁线。

②拉线地锚太小，埋深不足 1 m，甚至不装拉线，电杆东倒西歪。

③拉线方向不对。

④拉线影响通行，常被大小车碰撞（应根据情况改用水平接线—过道拉线）。

（3）横担及绝缘方面：

①横担用小方木，绝缘子用小瓷柱，满足不了导线机械强度的需要。

②横担太短，满足不了架空线线间距离的要求。

③横担固定不牢固，铁横担不是用抱箍固定，木横担不是用穿钉固定，而是全用铁线绑扎，造成横担歪斜，线路随之歪斜。

④木横杆上不用木担直脚针式绝缘子，造成固定不牢固；或者直线上用茶台，导线吊在横担下，造成导线的左右摇摆。

（4）架空电线方面：

①电杆上无横担无绝缘子，把导线绑在杆体上，或有横担无绝缘子，把导线绑在横担上或搭挂在横担上。

②违反规程将电线架设在脚手架上、树上等。

③大把线既不固定在瓶子上，又不采取穿管保护，乱绑乱拉，甚至明放房顶上或地面上。

④导线距地不足 4 m，跨越机动车道时不足 6 m，线间距离不足 0.3 m。

⑤导线排列顺序不对，一旦被人误接，后果不堪设想。这种现象较多，必须高度重视。

⑥导线截面太小，违反规定。

⑦导线接头太多，导线弛度太大。

⑧架空线与在建工程及机具、临建易燃仓库等不能保持安全距离；跨越屋顶、临建工棚等垂直距离不足 2.5 m。

⑨保护零线小于其他线截面的 50%。

架设在高坡、野外空旷地带的临时架空线，不注意防雷，受到很大损失。

8）配电箱开关箱

（1）箱体材料不符合要求：

①用木制。

②用白铁皮制。

（2）把开关钉在木板上，不用开关箱。

（3）设备负荷线从杆上引下不经开关箱，以插座当开关。

（4）用电设备上只有接触器和按钮、主控开关，设备旁不设开关箱，不能使用电设备与电源实行电气隔离。

（5）开关箱位置不当。

①距固定式用电设备距离超过3 m。

②距交流弧焊机的距离大于5 m。

③距桩工作机械、水泵的距离小于1.5 m。

④开关箱放在防护棚外，虽然不超过3 m的水平距离，但机械操作者拉闸又非常困难，一旦发生故障，需立即切断电源来不及，只操作按钮开关，交流接触器一次侧或部分控制线路仍然带电，很不安全。

⑤开关箱下有积水或堆满沙子、水泥、白灰、水泥袋等，无法正常操作和维修；箱下长满灌木、杂草。

⑥开关箱距地垂直距离不够。

⑦固定式用电设备用移动式配电箱，距地距离不按固定式配电箱、开关箱的规定装设。

（6）配电箱开关箱无门无锁，或有门无锁。

（7）配电箱开关箱有门但门坏，或有锁但锁锈打不开（应事先在活动部分抹点黄油）。

（8）配电箱开关箱门缝太大不防雨，太紧关上打不开。

（9）箱门钥匙无专人保管，机械操作者不带钥匙，工作时不打开（箱内闸常合），紧急时需拉闸又打不开，或打开后不再管，人走后（1 h以上）无人锁。

（10）配电箱、开关箱固定不牢靠，箱体不严密，不防雨。

（11）箱内电器方面。

①不设端子板，工作零线和保护零线都是“鸡爪线”。

②工作零线和保护零线都接在铁质箱体上，破坏了五线制。

③一闸多用，乱接用电设备。

④交流接触器和开关放在一起，电器带电体外露，接线混乱，对操作者和维修者非常不安全。

⑤胶盖闸不上闸盖，电磁开关不上保护壳；小开关接大负荷，造成开关烧坏。

⑥金属箱体及装在绝缘板上的电器不带电金属外壳不接零保护。

⑦电器缺楞掉角或没有固定螺丝、螺母。

（12）箱内放置小工具或螺丝、铁钉、电线头；残熔体、灰尘、积土等不清除，操作工把手套、眼镜、油壶等放在开关箱里，甚至把鞋帽、食品等放在箱内。

（13）已拆下的负荷线仍甩在箱内，裸露线头靠近开关电器，稍不注意就造成短路或连电，太不安全。

(14)开关箱太小,箱内电器紧靠,操作很不方便,也非常不安全。

9)熔丝

(1)熔丝不按顺时针方向压紧,导致接触不良。

(2)熔丝不压在胶盖闸等的灭弧槽内,由于在熔丝上挂接电线,导致熔丝翘起来。

(3)熔丝断后又接头。

(4)三相熔丝不同规格或不同材料。

(5)熔丝或熔片容量大,用刀刮或切口改变容量。

(6)不根据用电设备的额定电流大小按合理倍数选择熔体规格,甚至导线或电气设备都烧了,熔丝也不断。

(7)三相熔体,有的单股,有的双股,还有的多股,不能保证三相熔体容量一致。

(8)熔体在安装中受到损伤。

(9)熔断管内熔体断后用普通熔丝代替。

(10)小熔断器装大熔体,熔断器被烧坏。

(11)熔丝的固定螺丝已坏,把导线直接接在熔丝上,或者不通过熔丝直接接在熔体上端。

(12)瓷插保险卡口松动或螺旋保险扣失效,熔体接触不良,容易造成电机两相运转,被烧坏绕组。

10)变配电装置

(1)低压配电室及配电装置。

①潮湿场所,房子低矮,不通风。

②屋顶漏雨。

③屋顶用油毡等易燃材料搭设。

④配电室无门或有门向里开。

⑤房间窄小,不便于维护。

⑥配电装置与其他物品放在一个房间内。

⑦配电室内存放易燃物。

⑧缺少必要的安全用具的消防用品。

⑨配电屏安装不稳固,进出线不整齐。

⑩母线不涂色漆。

(2)工地自备发动机组。

①工地自备发电机组,不向供电部门申请和备案。

②不设联锁装置。

③房间低矮、潮湿、不通风。

④室内存放贮油桶。

⑤放在席棚里。

⑥工地上的动力干线,一端接发电机输出电源,另一端接外电源,分别用胶盖闸控制(有的工地用双电源也用这种方法),这样做太危险,一方面容易造成误操作,形成两电源之间短路,另一方面必然形成闸刀下带电,非常不安全,这是规范上绝对禁止的。

7.物料提升机(龙门架与井字架)

(1)吊篮无停靠装置。

(2)吊篮无超高限位装置。
(3)未设置缆风绳。
(4)缆风绳不使用钢丝绳,缆风绳的组装、角度、地锚不符合要求。
(5)钢丝绳磨损已超过报废标准。
(6)钢丝绳无过路保护。
(7)钢丝绳拖地。
(8)楼层卸料平台和防护不符合要求。
(9)地面进料口无防护棚。
(10)吊篮无安全门,违章乘坐吊篮上下。
(11)架体垂直度偏差超过规定。
(12)卷筒上无防止钢丝绳滑脱保险装置。
(13)无联络信号。
(14)在相邻建筑物防雷保护范围以外无避雷装置。

8.塔吊

(1)无力矩限制器,或力矩限制器不灵敏。
(2)无超高、变幅、行走限位器,或限位器不灵敏。
(3)吊钩无保险装置。
(4)卷扬机滚筒无保险装置。
(5)上人爬梯无护圈或护圈不符合要求。
(6)塔吊高度超过规定不安装附墙装置。
(7)附墙装置不符合说明书规定。
(8)无夹轨钳或有夹轨钳不用。
(9)无安装及拆卸施工方案或违反操作规程,造成坠落事故。
(10)司机或指挥人员无证上岗。
(11)路基不坚实、不平整、无排水措施。
(12)轨道无极限位置阻挡器。
(13)行走塔吊无卷线器或卷线器失灵,高塔基础不符合设计要求。
(14)塔吊与架空线路小于安全距离又无防护措施。
(15)道轨无接地、接零,或接地接零不符合要求。

9.超重吊装

(1)超重吊装作业无方案,有作业方案但未经上级审批,方案针对性不强。
(2)起重机无超高和力矩限制器。
(3)起重机吊钩无保险装置。
(4)起重扒杆组装不符合设计要求。
(5)钢丝绳磨损、断丝超标。
(6)缆风绳安全系数小于3.5倍。
(7)吊点不符合设计规定位置。
(8)司机或指挥无证上岗,非本机型司机操作。
(9)起重机作业路面地耐力不符合说明书要求。

(10)被吊物体无防坠落措施。

(11)结构吊装未设置防坠落措施。

(12)作业人员不系安全带,或安全带无牢靠挂点。

(13)人员上下无专用爬梯、斜道。

(14)作业平台临边防护不符合要求,作业平台脚手板不满铺。

(15)起重吊装作业人员无可靠立足点。

(16)物件堆放超高、超载。

10. 施工机具

(1)平刨、圆盘锯、钢筋机械、手持电动工具、搅拌机的共同隐患是未做保护接零和无漏电保护器,传动部位无防护罩,护手、手柄等无安全装置,安装后均无验收合格手续。

(2)平刨和圆盘锯合用一台电机。

(3)使用Ⅰ类手持电动工具不按规定穿戴绝缘用品。

(4)电焊机无二次空载降压保护器或无触电保护器,一次线长度超过规定或不穿管保护,电源不使用自动开关,焊把线接头超过3处或绝缘老化,无防雨罩。

(5)搅拌机作业台不平整、不安全,无防雨棚,料斗无保险挂钩或挂钩不使用。

(6)气瓶存放不符合要求,气瓶相互间距和气瓶与明火间距不符合规定,无防震圈和防护帽。

(7)翻斗车自动装置不灵敏,司机无证驾车或违章驾车。

(8)潜水泵保护装置不灵敏、使用不合理。

(9)打桩机械无超高限位装置,其行走路线地耐力不符合说明书的规定。

11. 电动建筑机械上的电动机及开关电器

(1)电动机缺乏维修,进线盒无盖、风扇罩缺螺丝或电动机绝缘老化,绝缘电阻值太低。

(2)电动机与机械功率不配套。电动机太大,大马拉小车造成功率因数太低,浪费电能;电动机功率太小,小马拉大车容易烧坏电动机。

(3)开关电器长期使用已老化、变质,螺丝锈蚀,触头烧伤,接触不良。

(4)更换的开关电器与原型号、规格不符。

(5)久置不用的电动建筑机械,其电气部分保管不善,重新使用时不作全面检查。

二、安全工作总结

(一)安全工作总结的要求

1. 要注意共性,把握个性

安全工作总结要有很强的实践性,安全工作总结是对本单位、本部门或个人以往一个时期安全工作的简要回顾,材料要从安全生产实际工作中选取,总结的观点要从具体工作中归纳。写文章最忌讳千篇一律,与人雷同。为避免这个毛病,就要深入调查、全面了解,大量占有第一手资料,在着手写总结前,就应对总结期的工作进行全面回顾,可以对以往所做工作进行“分拣”,把与安全工作无关的工作剔出去,在“筛选”内容时,可以围绕第二大部分的“材料组织”的要求进行。然后,对选出的材料进行仔细的分析研究,选取那些最典型、最新颖、最有特色的材料,从中总结出典型的经验,挖掘出深刻新颖的观点,这样写出来的总结,就能在保持文体共性的基础上,显出个性。

2. 安全工作总结的内容必须实事求是，突出重点

安全工作总结以安全计划为依据，检查计划的执行情况，检验计划的准确程度，为下一阶段的计划提供依据，安全总结对下一阶段的具体工作有着很强的指导性。因此，安全总结必须实事求是，从实际工作中找出规律，避免简单地评功摆好，或盲目地自我批评。写总结要从实际出发，对工作中的成绩，既不夸大，也不缩小，对工作中的失误，既不推脱，也不掩饰。但也应注意，切不可把总结写成"流水账"，而要抓住问题的本质，突出工作中最重要的部分，以观点统领材料，达到二者的完美统一，从理论与实际的结合上说明问题，防止产生那种材料一大堆，观点看不见，或罗列观点，缺乏材料的现象。

（二）安全工作总结的种类

（1）按时间分有季度总结、阶段总结、年度总结等；

（2）按范围分有单位总结、地区总结、个人总结等；

（3）按内容分有全面总结、专题总结。全面总结是比较全面地总结一个工区、一个单位，在某一时期内的主要安全工作各个方面的情况。专题总结是对某一项工作，或工作中的某一侧面、某一问题所作的总结。它的内容比较集中，针对性强、适用性也强，比较容易引起人们的注意。

（三）安全工作总结的基本内容

（1）安全工作基本情况及评价。

（2）主要工作及体会。

（3）存在的主要问题。

（4）下步工作意见等。

其结构通常有标题、正文和落款3个固定部分。

（四）安全工作总结的写法

1. 标题

安全工作总结标题最常见的格式包括单位名称、时间和内容，如《××工程2012年上半年安全工作总结》；有的只是内容的概括，并不标明"总结"字样，而把"总结"二字的含义蕴含在标题之中，有时总结要用双标题，正题用简明、能代表总结中心议题的语言，点明文章的主旨或重心，而副题则具体说明文章内容和文体，如《防、打、护相结合，确保线路安全运行——输电工区保电工作总结》。在用正副标题时，要注意正题用词的严谨性和概括性，力争通过正题简短的几个并列词，勾画出总结的大概内容，反映出总结的精髓所在。

2. 正文

安全工作总结的正文分为开头、主体、结尾三部分，各部分都有其特定的内容。

1）开头

这一部分主要反映概况，它或者交代有关的时间、地点、背景等，或者说明写作的指导思想，或者扼要提示主要的成绩、经验和问题，有些专门介绍经验的总结还在开头说明动机、目的，以便引起注意。安全工作总结在这一部分，一般用简洁的语言，概括一个时期以来本单位在安全生产方面所做的主要的、有特色的工作以及取得的主要成绩。主要成绩往往是通过有关的技术统计数字来反映的，这样会更有说服力，更易于人们一下子建立直观的印象。作为年度总结，往往要列出当年与上年的有关技术数据的对比。如年百千米线路跳闸率、年变压器事故跳闸率、设备完好率、人身重伤率以及继电保护正确动作率等。另外，对一个时

期的安全生产情况，还要给出总体评价。

2)主体

这是总结的重心所在，篇幅大、内容多，其中包括以下几个方面：

(1)主要工作及体会。主要工作即成绩，是指工作中取得的物质成果和精神成果，体会或经验是指取得这些成绩的原因、方法等。这些内容要求材料翔实，言之有物，条理清楚。在这一部分，要总结的内容比较多，而且往往相互之间也没有直接的联系，所以必须有一个合理的次序安排，才不至于造成内容混乱。对于这些内容，可按照它们的逻辑关系安排，或以主次为序，或以轻重为序，或以因果为序，或以时间的先后为序。这一块内容一般可以从以下几个方面组织总结：一是贯彻上级及局有关的安全工作会议、落实年度工作安排情况；二是执行有关的安全规章制度情况；三是落实安全例行工作情况；四是人员工作安全情况；五是主要生产完成情况，包括"双措"完成情况；六是总结期安排的其他主要工作。在围绕上述几大内容总结时，往往要首先提炼一个比较鲜明的主题，然后沿这个主线组织材料来进一步说明，否则，总结出的内容要么比较散，要么成了"工作日志"或"流水账"。作为一个单位的安全工作总结，有时也按照专业或分管职能来组织材料。在总结工作时，要求一是一，二是二，不说大话，避免空话、套话，切忌弄虚作假。经验和体会必须能从实践中反映出来，不脱离实际，同时，也有一定的理论高度。

(2)存在的主要问题和不足。问题是指工作中的缺点和不足，缺点和不足也就是反面经验，能发现问题，接受教训，总结才有意义。和成绩经验相比，它的份量不可太多，一般是指存在的有代表性或共性的问题。写作时，一般放在成绩经验之后，简单说明，也可以单列一项，较具体地阐述，也可以将内容相近的经验和教训合并在一起写，联系起来分析，正反对照，相得益彰，更显得突出鲜明。在总结中，成绩和教训是一分为二的，是一个矛盾的共同体，二者本身是分不开的，这样安排内容，可以避免内容前后重复、前后使用。

(3)下一步工作打算。这一部分内容是与上述"主要工作、存在问题"相对应的，作为完整的工作总结，既然存在问题，就应在今后工作中加以克服，提出解决办法，或作为下一步的工作打算。此外，也可结合下一步的工作特点、气候特点、年度工作计划和上级有关精神进行有重点的安排部署，力求工作内容清楚，简单明了。

3)结尾

结尾应在总结经验教训的基础上，明确下一步的任务，提出措施，表明决心，展望前景，结尾应与开头对应，篇幅可长可短。

4)落款

落款包括总结单位和日期。年、月、日一般放在单位之后。如果总结标题已标明单位，落款就可省去这一项内容。

(五)安全工作总结实例

2012年上半年度安全生产工作总结

根据××文件精神，为贯彻落实开展"安全生产月"、"安全生产年"活动，结合公司上半年安全生产实际情况，现将上半年项目部安全工作情况总结汇报如下。

一、安全制度的制定与落实情况

公司安全生产工作始终贯彻"安全第一,预防为主,综合治理"的方针不动摇,切实加强对安全工作的认识,始终将安全工作放在各项工作之首。所以年初制定了《安全生产管理制度》、《安全检查制度》、《安全教育制度》、《安全奖惩制度》等安全制度。围绕"安全发展、预防为主、以人为本"原则,深化隐患治理,强化基础管理,明确和落实安全责任制;强化安全教育培训工作,提高全员安全意识,克服麻痹思想、侥幸心理和厌战情绪,确保安全生产投入,建立安全生产长效机制,确保安全文明施工。目前整个工程的安全生产处于安全、有效、合理的受控状态。

安全生产管理目标完成情况:

(1)未发生人身伤亡事故。

(2)未发生火灾、机械设备事故和财产损失。

(3)未发生集体食物中毒事故。

(4)未发生交通安全责任事故。

(5)未发生流行性传染病。

(6)未发生重大环境污染事件。

(7)未发生环境污染事故。

(8)未发生治安保卫事件。

项目部制定的安全管理目标全部实现。

二、上半年安全生产情况

上半年,我项目部主要从以下几个方面对现场施工安全进行管理。

1. 建立健全的安全生产保证体系,完善安全管理制度体系,依法规范安全生产管理

本工程自进场开工以来,项目部把安全生产工作列入重要议事日程,时刻绷紧安全生产这根弦,正确处理生产进度、经济效益与安全生产的关系。项目部及时建立健全安全保证体系和安全管理组织机构及安全管理网络,制定安全规章制度、安全奖罚制度,各种应急预案、控制措施和各种机械安全技术操作规程,形成了完整、规范、科学、有效的安全管理规章制度体系。认真落实安全生产责任制,坚持"管生产必须管安全"的原则,全面落实各工作环节、岗位的安全责任,确保安全工作责任制到人,做到事事有人抓,处处有人管。按照上级公司、建设单位、监理单位和有关部门的规定制定了本工程的安全管理目标,并层层分解,落实到人,每月底对安全生产责任制和安全管理目标执行与落实情况进行考核。

2. 做好安全教育培训工作,提高员工整体素质

加强安全教育培训,提高全员安全意识,是促进项目部安全管理工作的重要手段。项目部对所有进场施工人员进行了进场教育和"三级"安全教育,并进行了考试,合格人员才允许进场施工,对所有人员登记造册,共计130人次。加强健康、安全、环境管理体系培训,提升员工素质。组织员工学习本岗位的应知应会技能、操作规程及相关文件的学习等。并对岗位应知应会技能、岗位危害因素、风险控制措施和应急处置措施等有关知识进行深入的学习、讨论,以促进员工自学的积极性,参加人数共计80多人次。在"五一"和端午节前对职工进行节假日安全教育,要求职工克服假日思乡情绪,做到安全生产,确保了节假日期间的

安全生产。同时，充分利用宣传标语和宣传栏对安全生产、文明施工等进行宣传，共计悬挂安全标语30多幅，宣传板报二期。通过各种形式的安全教育，为广大职工开辟了学知识、长技能的渠道，提高了操作水平和安全文化素质。增强了施工人员的安全意识，提高了自我保护能力。

3. 抓好班前安全活动和安全技术交底

督促各施工班组的班前安全会活动，班组长在每天安排工作时，对班组施工人员进行交底，主要包括施工位置环境、设备情况、个人防护用品佩戴、危险作业部位的检查、各种防护措施的保护等；施工前根据各分项工程的特性、施工工艺、特点、难点、注意事项等，向每一个作业人员进行针对性的安全技术交底，让每个施工人员了解施工程序和施工过程中可能出现的危险因素及处理措施，避免出现违章指挥和违章操作。

4. 特殊工种持证上岗

所有特殊工种人员（包括塔吊司机、指挥、电焊工、架子工、电工等）必须持有经相关部门考核合格的有效证件上岗。同时项目部搞好所有进场作业人员的档案管理，防止有不良前科的人员从事本工程作业。

5. 危险源和应急预案的管理

工程开工之前项目部组织相关管理人员对本工程的危险源、环境因素进行识别和分析评价工作，建立了项目部的危险源和环境因素清单，并根据工程的实际情况确定了重大危险源和重大环境因素，并制定了控制措施。施工过程中对辨识出的危险源和环境因素进行重点监控，落实专人进行监护，发现安全隐患立即组织人员整改，从而确保了各危险源和环境因素均在受控状态。

根据工程的实际情况，为防止施工过程中潜在安全、环境事故的发生，项目部编制了触电、中毒、火灾、塔吊安全事故等应急预案，并组织学习。5月，项目部组织了火灾和触电应急预案的演练。通过演练使应急领导小组的人员熟悉了消防器材的使用方法和灭火方法，同时掌握了一定的应急救援知识。检验了预案的可行性。

6. 开展安全检查和加强隐患排查

为了及时发现施工现场的事故隐患，排除施工过程中的不安全因素，纠正违章作业，监督安全技术措施的实行，根据项目部的安全检查制度，对施工现场进行全过程的监督检查和隐患排查。主要有以下几种形式：

（1）安全人员的日常巡检；

（2）周安全检查；

（3）月安全检查；

（4）专项安全检查；

（5）节假日前、季节性安全检查；

（6）综合检查；

（7）配合上级公司、建设单位、监理单位检查。

通过检查查出隐患，并对检查出的隐患，全部按“三定”原则进行整改结束，通过安全检查确保大大减少施工现场的安全隐患，给广大职工创造了一个安全的施工环境。

对现场隐患进行排查，对多次出现的问题进行分析，制定管理措施，加强监督落实。

7. 安全防护设施的管理

为所有进场施工人员配备了安全帽、防护鞋、反光背心等个人安全防护用品，为登高作业人员配备了安全带，并检查监督施工人员正确佩戴。随着工程施工进度，搭设脚手架，对临边洞口进行防护，并组织人员进行验收，挂牌标识，在危险部位挂设警示标牌。

8. 施工用电和机械设备

对施工用电材料和施工机械等进行进场验收、安装结束后的验收，合格后挂牌标识，专业电工和机械操作人员每天进行检查，对维修情况进行记录，并做好登记台账。塔吊安装过程中安全员全程监控，安装结束后报地方检测部门进行检测，验收合格后挂牌使用。所有操作人员持证上岗。钢筋、木工机械按规定搭设双层防护棚，并挂设机械设备安全操作规程。

9. 现场防火

在办公区、生活区、施工现场等重点防火部位按规定配备灭火器和消防栓等消防器材，并定期进行检查。现场动火作业，按要求办理动火证。

10. 文明施工方面

施工现场在易发事故(或危险)处设置明显的、符合国家标准要求的安全警示标牌，各种材料按规格堆放整齐，建筑垃圾及时清运出场，施工结束后材料、垃圾及时清理，切实做好落手清工作。施工道路全部硬化，并安排人员每天打扫两次，保持现场清洁。为避免流动吸烟和为施工人员提供饮用水，施工现场搭设吸烟室和茶水亭。生活区食堂按规定办理了卫生许可证，食堂操作人员办理了健康证，保证食品卫生，配备了灭蚊蝇设施。生活区、办公区每天安排人员打扫，厕所每天打扫、冲洗。

11. 安全生产月

安全生产月期间，项目部结合上级公司和核电公司要求编制了活动方案和活动计划，并进行了实施，期间配合核电公司的活动实施，使得施工现场安全形式和人员安全意识得到进一步提高，达到了活动的目的。

三、存在问题

项目部在上半年安全生产工作取得成绩的同时，我们也清醒地认识到安全管理还存在不足之处：一是工期短，施工人员流动大，施工时间短，对施工人员教育培训时间不足。二是由于施工区域范围大，栋号多，车辆多，这给施工现场管理带来一定的难度，在日常管理上仍需加大管理力度。三是防护设施搭设一度滞后，由于对于人员的估计不足，脚手架搭设不能跟上施工进度，虽然后期增加了架子工，满足了施工要求，也暴露出了项目部对人员协调不利。四是由于个别施工人员素质差，垃圾随处乱扔，生活区卫生保持较差，仍需加大管理力度。

四、下半年安全生产工作计划

1. 安全目标

(1)不发生人身重伤及以上事故；

(2)不发生交通安全责任事故(造成1人死亡或财产损失3万元以上的交通事故)；

(3)不发生火灾事故(造成1人死亡或烧毁财物损失2万元以上的火灾事故)及责任性重大防汛事故；

(4)不发生集体食物中毒事件(同时5人及以上的食物中毒)；

(5)不发生流行性传染病(无甲型传染病,其他常见传染病未形成多人同时患病);

(6)不发生环境污染事件(生活、工业垃圾及其他污染物造成环境污染和大面积水土流失);

(7)不发生治安保卫事件(构成刑事拘留及以上的事件、盗窃直接损失超过1万元人民币的事件);

(8)不发生人为原因造成的重大设施、设备等财产损失(直接损失一次10万元人民币)。

2.安全管理重点

7月以后,主体施工陆续结束,工程将进入砌体施工、装饰装修、水电安装阶段,交叉作业增多,搅拌机及各种小型施工机具将进场,安全形势依然比较严峻。项目部在巩固上半年安全成果的基础上,安全管理重点主要集中在以下几个方面:

(1)安全教育;

(2)施工用电;

(3)施工机械;

(4)高空作业;

(5)安全检查;

(6)安全防护;

(7)消防管理;

(8)"三防"安全管理;

(9)配合核电公司组织的各种安全活动。

项目部将在总结成功经验和欠缺的基础上,继续增加安全措施费的投入,加强安全生产的宣传、教育工作,加强安全监督检查和隐患排查以及安全防护设施和施工机械的管理,使我项目部的安全生产工作在新的一年再上一个台阶。

××××建筑工程有限公司

××××年××月××日

本章小结

本章介绍了施工安全管理资料要求和安全资料的收集、整理、分类和归档,以及施工现场安全检查报告和总结的编写。

思考练习题

1.参建单位安全管理的职责是什么?

2.安全资料管理要求有哪些?

3.安全管理资料的分类有哪些?

4.安全管理资料的整理和组卷要求有哪些?

5.简述安全检查报告的内容。

6.分项检查评分表的填写原则是什么?

7.施工现场安全生产工作等级评定的原则是什么?

参考文献

[1] 周和荣. 安全员管理实务[M]. 北京:中国建筑工业出版社,2007.
[2] 叶刚. 建筑施工安全手册[M]. 北京:金盾出版社,2005.
[3] 高正军. 建筑工程安全员一本通[M]. 武汉:华中科技大学出版社,2008.
[4] 中华人民共和国建筑法.
[5] 建设工程安全生产管理条例.
[6] 中华人民共和国国家标准. GB/T 50326—2006 建设工程项目管理规范[S].
[7] 中华人民共和国国家标准. JGJ 59—2011 建筑施工安全检查标准[S].
[8] 中国工程建设协会标准. CECS 266—2009 建筑工程施工现场安全资料管理规程[S].
[9] 中华人民共和国国家标准. JGJ/T 77—2010 施工企业安全生产评价标准[S].
[10] 中华人民共和国国家标准. 建筑施工安全技术统一规范[S].